高等院校药学类专业创新型系列教材

"十三五"江苏省高等学校重点教材（编号：2019-2-187）

本教材可供制药工程、生物制药、中药制药、药物制剂、
药学、药事管理、医药营销及相关专业使用

制药工程原理与设备

主　编　王车礼　张丽华

副主编　徐德锋　李朋伟　吴德智

编　者　（按姓氏笔画排序）

王天帅　湖北医药学院

王车礼　常州大学

李朋伟　河南中医药大学

吴德智　贵州中医药大学

邱婧然　湖北医药学院

张　烨　内蒙古医科大学

张丽华　陕西中医药大学

岳　鑫　内蒙古医科大学

徐德锋　常州大学

华中科技大学出版社
http://www.hustp.com
中国·武汉

内 容 简 介

本书是高等院校药学类专业创新型系列教材。

本书以制药工业生产过程为主线,选取具有代表性的单元过程和加工工序,讲述其工程原理、设备结构、设计与控制方法等。除绪论外,全书分为三篇八章。第一篇为药物活性成分获取,包括化学反应器、生物反应器和中药提取设备等内容;第二篇为药物分离与纯化,分为机械分离和传质分离两部分;第三篇为药物制剂与包装,包括固体制剂、液体制剂和包装等内容。

本书根据制药工程专业国家标准及相关教学大纲的要求编写而成,内容系统、全面,详略得当。书中以二维码的形式提供了网络增值服务,内容包括课件、案例导入解析、知识链接、知识拓展、操作视频、思考与练习题答案等,提高了学生的学习兴趣。

本书可供制药工程、生物制药、中药制药、药物制剂、药学、药事管理、医药营销及相关专业使用。

图书在版编目(CIP)数据

制药工程原理与设备/王车礼,张丽华主编.—武汉:华中科技大学出版社,2020.11
ISBN 978-7-5680-1043-6

Ⅰ.①制… Ⅱ.①王… ②张… Ⅲ.①制药工业-化工原理-高等学校-教材 ②制药工业-化工设备-高等学校-教材 Ⅳ.①TQ460.1 ②TQ460.3

中国版本图书馆 CIP 数据核字(2020)第 234959 号

制药工程原理与设备 王车礼 张丽华 主编
Zhiyao Gongcheng Yuanli yu Shebei

策划编辑:居 颖
责任编辑:曾奇峰 丁 平
封面设计:原色设计
责任校对:李 琴
责任监印:周治超
出版发行:华中科技大学出版社(中国·武汉) 电话:(027)81321913
　　　　　武汉市东湖新技术开发区华工科技园 邮编:430223
录　排:华中科技大学惠友文印中心
印　刷:武汉科源印刷设计有限公司
开　本:889mm×1194mm 1/16
印　张:17.25
字　数:481 千字
版　次:2020 年 11 月第 1 版第 1 次印刷
定　价:59.80 元

高等院校药学类专业创新型系列教材
编委会

网络增值服务使用说明

欢迎使用华中科技大学出版社医学资源网yixue.hustp.com

1.教师使用流程

（1）登录网址：http://yixue.hustp.com （注册时请选择教师用户）

注册　　登录　　完善个人信息　　等待审核

（2）审核通过后，您可以在网站使用以下功能：

管理学生

建立课程　　　　布置作业

下载教学资源　　教师　　查询学生学习记录等

2.学员使用流程

建议学员在PC端完成注册、登录、完善个人信息的操作。

（1）PC端学员操作步骤

①登录网址：http://yixue.hustp.com （注册时请选择普通用户）

注册　　登录　　完善个人信息

②查看课程资源

如有学习码，请在个人中心-学习码验证中先验证，再进行操作。

首页课程 → 选择课程 → 课程详情页 → 查看课程资源

（2）手机端扫码操作步骤

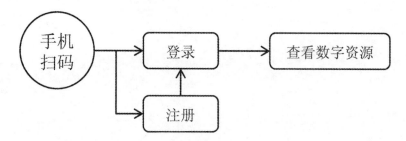

手机扫码 → 登录 → 查看数字资源

注册

总序

Zongxu

　　教育部《关于加快建设高水平本科教育 全面提高人才培养能力的意见》("新时代高教 40 条")文件强调要深化教学改革,坚持以学生发展为中心,通过教学改革促进学习革命,构建线上线下相结合的教学模式,对我国高等药学教育和药学专业人才的培养提出了更高的目标和要求。我国高等药学类专业教育进入了一个新的时期,对教学、产业、技术融合发展的要求越来越高,强调进一步推动人才培养,实现面向世界、面向未来的创新型人才培养。

　　为了更好地适应新形势下人才培养的需求,按照《中国教育现代化 2035》《中医药发展战略规划纲要(2016—2030 年)》以及党的十九大报告等文件精神要求,进一步出版高质量教材,加强教材建设,充分发挥教材在提高人才培养质量中的基础性作用,培养合格的药学专业人才和具有可持续发展能力的高素质技能型复合人才。在充分调研和分析论证的基础上,我们组织了全国 70 余所高等医药院校的近 300 位老师编写了这套高等院校药学类专业创新型系列教材,并得到了参编院校的大力支持。

　　本套教材充分反映了各院校的教学改革成果和研究成果,教材编写体例和内容均有所创新,在编写过程中重点突出以下特点。

　　(1)服务教学,明确学习目标,标识内容重难点。进一步熟悉教材相关专业培养目标和人才规格,明晰课程教学目标及要求,规避教与学中无法抓住重要知识点的弊端。

　　(2)案例引导,强调理论与实际相结合,增强学生自主学习和深入思考的能力。进一步了解本课程学习领域的典型工作任务,科学设置章节,实现案例引导,增强自主学习和深入思考的能力。

　　(3)强调实用,适应就业、执业药师资格考试以及考研的需求。进一步转变教育观念,在教学内容上追求与时俱进,理论和实践紧密结合。

　　(4)纸数融合,激发兴趣,提高学习效率。建立"互联网+"思维的教材编写理念,构建信息量丰富、学习手段灵活、学习方式多元的立体化教材,通过纸数融合提高学生个性化学习的效率和课堂的利用率。

　　(5)定位准确,与时俱进。与国际接轨,紧跟药学类专业人才培养,体现当代教育。

　　(6)版式精美,品质优良。

　　本套教材得到了专家和领导的大力支持与高度关注,适应当下药学专业学生的文化基础和学习特点,具有趣味性、可读性和简约性。我们衷心希望这套教材能在相关课程的教学中发挥积极作用,并得到读者的青睐;我们也相信这套教材在使用过程中,通过教学实践的检验和实际问题的解决,能不断得到改进、完善和提高。

高等院校药学类专业创新型系列教材

编写委员会

前言

Qianyan

近年来,我国生物医药产业发展迅速。许多药企开始开展跨界生产经营,即同时在化学药、生物药或中药等多个领域开展生产经营活动,不仅生产原料药,同时也生产制剂。为了顺应这些变化,制药工程专业作为一个宽口径专业,理应涵盖化学制药、生物制药、中药(天然药物)制药以及药物制剂等领域。然而,许多学校的制药工程专业由于办学惯性和办学条件的限制,专业口径偏小,不能满足当前生物医药产业的发展需要。

根据教育部高等学校药学类专业教学指导委员会 2017 年对全国 278 家制药工程专业办学点的调研分析,制药工程专业办学存在的主要问题是"未有效体现工科专业的属性,药味不足"。我们认为,未有效体现工科专业的属性,与学生工程理论知识学习偏少、工程能力训练不足有关;而解决药味不足问题,不仅要加强药学科学知识和技能的培养,更要加强相关工程学在制药工业中应用能力的培养。

"制药工程原理与设备"是制药工程专业的一门重要的专业课程,主要学习制药工业生产过程中典型单元过程和加工工序的工程原理、设备结构、设计与控制方法等。其教学内容的选取和组织不仅对本门课程和相关专业课程,如制药工艺学、药厂车间工艺设计等的学习影响很大,而且对拓宽专业口径、增加药味和提高学生工程能力起重要支撑作用。

基于以上分析,本书在教学内容选取上,与宽口径制药工程专业相一致。本书内容涵盖了化学制药、生物制药、中药(天然药物)制药以及药物制剂等领域。在教学内容编排上,为避免繁杂凌乱,本书以制药工业生产过程为主线,选取具有代表性的单元过程和加工工序,依次学习其工程原理、设备结构、设计与控制方法。除绪论外,全书分为三篇八章。第一篇为药物活性成分获取,包括化学反应器、生物反应器和中药提取设备等内容;第二篇为药物分离与纯化,分为机械分离和传质分离两部分;第三篇为药物制剂与包装,含固体制剂、液体制剂和包装等内容。为了强化对学生工程能力的培养,本书以化工原理和机械原理为基础,整合了化学反应工程、生物反应工程、中药提取工程、分离工程、制剂工程和包装工程等学科的内容。

本书将教学内容、学习指导融为一体,每章前面有学习目标,章后有知识线路图和思考与练习。各章以案例为引导,激发学生学习兴趣,提高学生学习效率。为便于学生理解复杂的制药工程设备及其运行原理,部分章节配有彩图、操作视频等教学资料。各章附有知识拓展、知识链接,书末附有参考文献,以便于学生了解学科最新研究进展,加深对书中知识的理解。

本书由常州大学王车礼、陕西中医药大学张丽华担任主编,常州大学徐德锋、河南中医药大学李朋伟、贵州中医药大学吴德智担任副主编。具体分工如下:绪论由王车礼编写,第一章由徐德锋编写,第二章由王车礼编写,第三章由内蒙古医科大学张烨、岳鑫编写,第四章和第五章由张丽华编写,第六章由李朋伟和湖北医药学院王天帅编写,第七章由吴德智编写,第八章由湖北医药学院邱婧然编写。王车礼对全书进行了认真审阅并统稿。

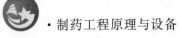

　　在本书编写过程中，编者参考和引用了一些制药工程及相关学科工作者的研究成果、资料和图片，在此表示深深的敬意和感谢。

　　由于编者水平有限，书中难免有疏漏和不足，敬请广大读者批评指正。

编　者

目录

Mulu

1

绪　论

 学习目标 ...

1. 掌握:工业制药过程阶段划分,制药工程学科内涵,GMP 概念及主要内容。
2. 熟悉:制药设备分类,我国现行 GMP 的特点,GMP 对制药设备的基本要求。
3. 了解:过程工业和加工工业的概念,反应停等药害事件,制药设备现状及发展趋势,本课程在制药工程学科中的地位、任务与主要内容。

扫码看课件

案例导入
解析

 **案例导入**

缬沙坦是一种血管紧张素 II 受体拮抗剂,它在降低血压的同时,不影响心脏肌肉的收缩和节律,是一种理想的降压药。

2018 年 7 月 6 日,某药业公司发布公告称,该公司在对缬沙坦原料药生产工艺进行优化评估的过程中,发现并检定出一种含有基因毒性的杂质——亚硝基二甲胺(NDMA),含量极微。在发现该情况后,该公司随即告知相关客户和监管机构,并召回相关产品。

问题:

(1) 事件发生后,社会舆论及市场反应怎么样?

(2) 事件发生后,监管部门做了什么?

(3) 事件发生后,对患者的影响怎么样?

(4) 含有基因毒性的杂质 NDMA 是怎么产生的? 为什么之前没有发现?

制药工业是国际公认的当今发展较快、经济潜力巨大、前景广阔的高新技术产业之一。一方面,世界各国纷纷将制药工业列为未来优先发展的优势产业,制药工业在全球化背景下成为各国经济实力竞争的关键。另一方面,制药工业与人类的健康密切相关,药品的质量来不得半点马虎。

发展制药工业、保证药品质量,离不开对制药工程原理的深入把握,离不开对制药新技术、新装备的研究与开发,更离不开对药品生产质量管理规范(GMP)的严格执行。

本章首先对工业制药过程进行分析,在此基础上讨论制药工程学科的内涵;其次介绍制药设备的分类、现状及发展趋势;再次介绍 GMP 及其对药品生产、制药设备等的强制性规范作用;最后介绍"制药工程原理与设备"课程的地位、作用和内容。绪论内容是学习后续章节必需的基础知识。

第一节　制药过程与制药工程

一、制药过程

利用原料进行批量生产,制造出可用于治疗疾病的药品的过程就是制药过程。制药过程

NOTE

可概括为两大步。

第一步,将各种原料放入特制的设备中,经过一系列复杂的过程,生产出原料药;第二步,在特定的环境条件下,利用专门的设备将原料药加工成各种制剂,经过包装,成为药品。

上述第一步为原料药的生产过程,主要由单元过程组成,如氧化、磺化、发酵、提取、结晶等。在这一历程中,物质的结构和形态不断发生变化,称为药物的制造过程,它在工程学中属于过程工业的范畴。第二步为制剂的生产过程,主要由加工工序组成,如配料、混合、灌装、压片、包衣等。在这一历程中,物质的结构和形态不变,称为制剂工程。它在工程学中属于加工工业的范畴。

过程工业与加工工业的区别见表 0-1。

表 0-1 过程工业与加工工业的区别

比 较 项 目	过 程 工 业	加 工 工 业
物质结构和形态	变化	不变化
实现方法	各种反应过程和分离过程	不同的加工工序
生产设备	釜、罐、塔、泵	专门的设备
产品计量	质量或体积(千克、吨、升等)	件数(片、支、粒等)

原料药的生产过程又可分为两个阶段。第一阶段为药物成分的获取;第二阶段为药物成分的分离纯化,如图 0-1 所示。

图 0-1 原料药生产阶段划分示意图

药物成分的获取,是将原料通过化学合成(化学制药)、微生物发酵(生物制药)等或提取(中药或天然药物制药)而获得产物。产物中除了含有目标药物成分外,还存在大量的杂质及未反应的原料,需进行分离纯化。

药物成分的分离纯化,是将上一阶段的产物采用萃取、离子交换、色谱分离、结晶等一系列技术手段处理,提高药物成分纯度,同时降低杂质含量,最终获得原料药产品,使其纯度和杂质含量符合制剂加工的要求。

与原料药生产过程类似,药剂生产过程也可进一步分为两个阶段:制剂阶段和包装阶段。

制剂阶段是将药物制成各种适合患者使用的剂型,如口服液、片剂、胶囊剂、注射剂等。

药品包装是将生产出来的药品采用适当的材料、容器进行包装,使得药品在到达患者之前的运输、装卸、保管、供应或销售的整个流通过程中,质量得到保证。

二、制药工程

笼统地说,工业上制造药品全过程所应用的技术都可归入制药工程技术的范围。一般认为,制药工程技术最初是在药学、化学、工程学三大学科基础上形成的。化学、药学、工程学是最初支撑制药工程的三大基石。随着现代生物技术在制药工业的大量运用,以及对药品质量和安全性要求的不断提高,生物技术和管理学现已成为制药工程不可或缺的基础。制药工程与相关学科的关系见图 0-2。

从学科角度来讲,制药工程是奠定在药学、生物技术、化学、工程学和管理学基础之上的一门交叉学科,它探索和研究制造药物的基本原理、新工艺、新设备,以及在药品生产全过程中如何按 GMP 要求进行研究、开发、放大与优化。

针对制药工业的不同领域,制药工程技术相应地产生、发展出一些分支学科或方向,详见图 0-3。

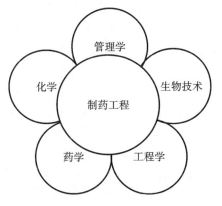

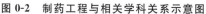

图 0-2　制药工程与相关学科关系示意图

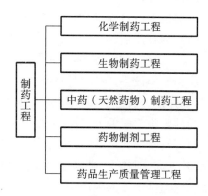

图 0-3　制药工程及其分支学科示意图

制药工程技术在药物产业化过程中具有举足轻重的作用,它涉及原料药及药品生产的方方面面,直接关系到产品生产技术方案的确定、设备选型、车间设计、环境保护,决定着产品是否能够投入市场、以怎样的价格投入市场等企业生存与发展的关键因素。具体而言,制药工程技术至少涉及以下内容。

（1）制药工艺路线设计、评价和选择。

（2）药物生产工艺优化。

（3）制药设备及工程设计。

（4）药物原料、中间品和最终产品的质量分析检测与控制技术。

（5）药品生产质量管理系统工程。

（6）新药(包括新剂型)的研究与开发。

第二节　制药设备

一、制药设备的分类

药品生产企业为进行生产所采用的各种机器设备都属于制药设备的范畴。由于制药设备种类繁杂、数目庞大,为了学习、研究或者使用、管理的方便,必须进行合理分类。本节主要介绍两种分类方法,一种是根据原理来分类,另一种是根据用途进行分类。

（一）按原理分类

根据设计时所依据的工程原理的不同,制药设备可分为两类。

1. 制药化工设备

一方面,原料药的生产过程与一般化学品、生物产品等的生产过程有相通之处,亦即原料药的生产要通过反应(化学反应或生物反应)、分离、加热、冷却、混合、溶解等单元过程。因此,与其他流程工业生产过程一样,药物的生产过程也需要相应的设备,如反应釜、罐、塔等。这类设备的设计主要依据过程工程原理。

另一方面,由于药品是一类特殊的商品,制药化工设备又有其特殊性,必须符合 GMP 的要求。此外,由于制药分离技术装备必须适应原料药生产中药物成分含量低、稳定性差和药品质量要求高的特点,往往需要对化工分离技术装备加以改进和发展,然后应用于制药生产。

2. 制药机械设备

在制药生产中，广泛使用各种机器，如粉碎机、压片机、灌装机、包装机等。一台完整的机器一般由动力部分、执行部分和传动部分组成。这类设备设计时，主要依据机械工程原理。

一般说来，药物制剂生产以机械设备为主（大部分为专用设备），化工设备为辅。目前生产的药物制剂有片剂、针剂、粉针剂、胶囊剂、颗粒剂、口服液、栓剂、膜剂、软膏剂、糖浆等多种剂型，每生产一种剂型都需要一套专用生产设备。

制剂专用设备又有两种形式。一种是单机生产，由操作者衔接和运输物料，完成整个生产过程，如片剂、颗粒剂等基本上是这种生产形式，其生产规模可大可小，比较灵活，容易掌握，但受人为的影响因素较大，效率较低。另一种是联动生产线（或自动化生产线），基本上是将原材料和包装材料加入后，通过机械加工、传输和控制，完成生产。如针剂、粉针剂等，其生产规模较大，效率高，但操作、维修技术要求较高，对原料、包装材料质量要求高。一处出故障，就会影响整个联动生产线的生产。

（二）按用途分类

根据设备的用途，可将制药设备分为八类。

1. 原料药生产用设备及机械

这类设备包括化学和生物反应设备（反应釜、发酵罐等）、分离设备（结晶装置、萃取设备等）、物料输送设备（如泵、风机、螺杆加料器）等。其中，关键的设备是反应设备和分离设备。

2. 药物制剂机械与设备

这类设备为将药物制成各种剂型的机械与设备，包括片剂机械、水针（小容量注射）剂机械、粉针剂机械等。每一类制剂机械与设备又包含各种功能的操作设备，如片剂生产用设备依工序来看，有高效混合制粒机、高速自动压片机、包衣机以及铝塑包装机械等；又如水针（小容量注射）剂生产用机械设备，它有配料罐及过滤系统、自动灌装设备、水浴式灭菌柜以及在线检测设备等。

3. 药用粉碎机械

用于药物粉碎（含研磨）使之符合药品生产要求的机械，包括万能粉碎机、超微粉碎机、气流粉碎机、球磨机等。

4. 饮片机械

对天然药用动、植物材料进行选、洗、润、切、烘等，制取中药饮片的机械，包括选药机、洗药机、烘干机、切药机、润药机、炒药机等。

5. 制药用水设备

采用各种方法制取药用纯水（含蒸馏水）的设备，包括电渗析设备、反渗透设备、离子交换设备等，以及纯蒸汽发生器、多效蒸馏水机和热压式蒸馏水机等。

6. 药品包装机械

完成药品包装过程以及与包装相关的机械与设备，包括小袋包装机、泡罩包装机、瓶装机、印字机、贴标签机、装盒机、捆扎机、拉管机、安瓿制造机、制瓶机、吹瓶机、铝管冲挤机、硬胶囊壳生产自动线。

7. 药物检测设备

检测各种药物制品或半成品的机械与设备，包括崩解仪、溶出试验仪、融变仪、脆碎度仪和冻力仪，以及紫外-可见分光光度计、近红外分光光度计和高效液相色谱仪等。

8. 制药用其他机械设备

辅助制药生产设备的其他设备，包括空调净化设备、局部层流罩、物料传输装置、提升加料设备、不锈钢卫生泵以及废弃物处理设备等。

二、我国制药设备现状

据 2019 年的统计数据,我国制药设备企业已达 800 余家,市场规模已超过 450 亿元。在许多技术方面,我国都达到了世界先进水平,比如袋装/塑料瓶注射剂生产设备、压片机、水针机、冻干机等。业内许多专家认为,我国已经成为名副其实的制药设备生产大国。但制药设备行业整体上与国际先进水平仍有差距,我国是制药设备生产大国,不是生产强国。

三、制药设备发展趋势

制药设备对药品的质量起着举足轻重的作用。一个好的设备既要满足制药工艺的要求,又要符合 GMP,还要便于操作、维护、维修、清洗、灭菌等。当前,制药设备出现了以下发展趋势。

1. 模块化设计

模块化设计是指根据工序性质的不同,将原有的连续工艺分成若干个不同的模块,比如将片剂生产工艺分成粉体前处理模块(包括粉碎、筛分等)、制粒干燥模块(湿法制粒、干法制粒、沸腾干燥等)、整粒及总混模块、压片模块、包衣模块、包装模块等。所有这些模块既要单独进行系统配置的考虑,又要用相应的手段如定量称量、批号打印、密闭转序、中央集中控制等,进行合理的连接,最后组成一个完整的系统。

图 0-4 所示为 Adapta 型胶囊充填机,可以将粉末、颗粒、液体等充填到硬胶囊中。它有以下特点。

（1）设计灵活。可以使两种充填单元互换,让不同机器配置和充填组合的即插即用转换成为可能。

（2）多产品复合充填设计。可满足在同一胶囊中充填三种产品的要求,产量达到每小时 100000 粒胶囊。

图 0-4　Adapta 型胶囊充填机

（3）全过程控制。产品装量单独检测,可以实现总重或净重 100% 控制。

（4）清洁和维护操作简单。

（5）根据要求,可配置高隔离防护系统,满足 GMP 要求。

2. 隔离技术的应用

隔离技术实际上源于第二次世界大战时的手套箱,当时主要用于放射性物质的处理,其实质是为了保护操作人员免受放射性物质的伤害。战后,这种适用于核工业的隔离技术逐渐被应用于制药工业、食品工业、医疗领域、电子工业、航天工业等众多行业。

隔离技术在制药工业中主要用于药品的无菌生产过程控制以及生物学实验。隔离技术在制药工业中的应用,不仅满足了产品质量改进的需要,同时也能用于保护操作者免受在生产过程中有害物质和有毒物质带来的伤害,降低了制药工业的运行成本。

随着 21 世纪生物医药技术、微电子等技术的快速发展,以及对洁净技术要求的不断提高,传统的洁净室(局部屏蔽)已越来越不能满足使用者的需求,无菌隔离器的应用变得越来越普及。

无菌隔离技术是一种采用物理屏障手段,将受控空间与外部环境相互隔绝的技术。无菌隔离器采用无菌隔离技术,突破了传统的洁净技术,为用户带来一个高度洁净、持续有效的操作空间,它能最大限度地降低微生物、各种微粒和热原的污染,实现无菌制剂生产全过程以及无菌原料药的灭菌和无菌生产过程的无菌控制。

NOTE

图 0-5 所示为意大利 Steriline 公司为国内某制药企业提供的一条用于抗癌药生产的带隔离器的液体灌装线。这套设备可在 C 级或 D 级洁净区使用。其特点主要有以下几点。

(1) 自动汽化过氧化氢灭菌器灭菌,省时省力,气体分布均匀,效果较好,易进行 GMP 验证。

(2) 与外界完全隔离,仅通过 HEPA 进行空气交换,并可恒定隔离舱内的压力,以隔绝外界污染。

(3) 采用双门或 RTP 快速传递系统,保证了在无菌环境中的传递。

(4) 能够明显降低操作和维护成本,洁净室要求 C 级或 D 级,与 B+A 方式相比,投资成本大大降低。

图 0-5　带隔离器的液体灌装线

3. 三合一无菌灌装技术

医药行业采用 BFS 三合一无菌灌装设备(即吹瓶/灌装/封口一体机)生产塑料无菌包装制剂。这是一项先进技术,在受控的无菌环境下分别完成塑料容器的吹瓶、灌装、封口的整个过程,具有很强的技术优势。

随着新版 GMP 和药典的出台,我国对水针剂的生产提出了更为严格的要求,特别是对灭菌温度进行了硬性规定。因此,PE 材料将无法应用于塑料水针剂的生产。但由于 PP 材料的性质与 PE 材料差别较大,PP 塑料安瓿生产设备必须具备特定的性能方能长期、稳定地运行。

图 0-6 所示为意大利 Brevetti Angela 公司生产的三合一无菌灌装机。该无菌灌装机是专

图 0-6　三合一无菌灌装机

门为使用 PP 材料而设计、制造的,它无须更换任何部件即可随时更换原料,如 PP、PE、HDPE。该灌装机具有下列特点。

(1) 通用性。无须更换任何部件即可生产 PE、PP 以及 HDPE 容器。

(2) 可靠性。结构坚固,运行平稳。

(3) 生产成本和维护费用低。

(4) 占地面积小。

(5) 产量高。

第三节 GMP 与药品制造

一、GMP 概念

GMP,全称为 good manufacturing practice,中文名称是生产质量管理规范,也有人译为良好作业规范,或优良制造标准。GMP 是指从负责指导药品生产质量控制的人员和生产操作者的素质,到生产厂房、设施、建筑、设备、仓储、生产过程、质量管理、工艺卫生、包装材料与标签,直至成品的储存与销售的一整套保证药品质量的管理体系。

GMP 包括机构与人员、厂房和设施、设备、卫生管理、文件管理、物料控制、生产控制、质量控制、发运和召回管理等方面内容,涉及药品生产的方方面面,强调通过对生产全过程的管理来保证生产出优质药品。

从专业化管理的角度,GMP 可以分为质量控制系统和质量保证系统两大方面。对原料、中间品、产品的系统质量控制,称为质量控制系统。对影响药品质量、生产过程中易产生的人为差错和污染等问题进行系统的严格管理,以保证药品质量,称为质量保证系统。

从硬件和软件系统的角度,GMP 可分为硬件系统和软件系统。硬件系统主要包括对人员、厂房、设施、设备等的目标要求,可以概括为以资本为主的投入产出。软件系统主要包括组织机构、组织工作、生产技术、卫生、制度、文件、教育等方面内容,可以概括为以智力为主的投入产出。

二、GMP 的产生与分类

20 世纪最大的药物灾难"反应停事件",在美国引起公众广泛的不安,激起公众对药品监督管理和药品法律法规的普遍关注,最终导致美国国会对《联邦食品、药品和化妆品法》进行了重大修改,明显加强了药品法的作用。1962 年 10 月 10 日美国国会通过《科夫沃-哈里斯修正案》,该修正案主要有以下几方面的内容。

(1) 要求制药企业对出厂的药品提供 2 种证明材料:不仅要证明药品是"安全的",而且要证明药品是"有效的"。

(2) 要求实行新药研究申请(investigational new drug,IND)制度和新药上市申请(new drug application,NDA)制度。

(3) 要求实行药品不良反应(adverse drug reaction,ADR)报告与监测制度和药品广告申请制度。

(4) 要求制药企业实施 GMP。

GMP 最初由美国坦普尔大学 6 名教授起草,1963 年由美国 FDA 首次发布。其后各国及一些工业组织也纷纷出台了相关的 GMP。

从 GMP 适用范围来看,现行 GMP 可分为 3 类。

反应停事件

NOTE

（1）具有国际性质的 GMP。如 WHO 的 GMP，欧洲自由贸易联盟制定的 PIC-GMP，东南亚国家联盟的 GMP 等。

（2）国家权力机构颁布的 GMP。如中华人民共和国卫生部及国家食品药品监督管理局、美国 FDA、英国卫生和社会保险部、日本厚生劳动省等制定的 GMP。

（3）工业组织制定的 GMP。如美国制药工业联合会制定的 GMP，其标准不低于美国政府制定的 GMP。

三、我国现行 GMP 特点

我国现行 GMP 为 2010 年版 GMP，基本要求共有 14 章 313 条，详细描述了药品生产质量管理的基本要求，适用于所有药品的生产。2010 年版 GMP 在技术要求水准上基本相当于 WHO 和欧盟 GMP 标准，但在具体条款上结合我国国情做了相应的调整。

2010 年版 GMP 除基本要求外，还有配套的附录。附录包括无菌药品、中药制剂、原料药、生物制品、血液制品、中药饮片、放射性药品、医用气体等内容。

2010 年版 GMP 的特点如下。

（一）强化了人员、体系和文件管理

2010 年版 GMP 提高了对人员的要求。在"机构与人员"一章，明确将质量受权人与企业负责人、生产管理负责人、质量管理负责人一并列为药品生产企业的关键人员，并从学历、技术职称、工作经验等方面提高了对关键人员的资质要求。

2010 年版 GMP 还明确要求企业建立药品质量管理体系。在"总则"中，增加了对企业建立质量管理体系的要求，以保证药品 GMP 的有效执行。

2010 年版 GMP 分门别类地对主要文件（如质量标准、生产工艺规程、批生产和批包装记录等）的编写、复制以及发放，提出了具体要求。

（二）提高了硬件要求

为了确保无菌药品的质量安全，2010 年版 GMP 在无菌药品附录中，采用了 WHO 和欧盟最新的 A、B、C、D 分级标准，对无菌药品生产的洁净度级别提出了具体要求；增加了在线监测的要求，特别是对生产环境中的悬浮粒子的静态、动态监测，对生产环境中微生物和表面微生物的监测都做了详细的规定。

2010 年版 GMP 将厂房设施分生产区、仓储区、质量控制区和辅助区，分别提出设计和布局的要求。

2010 年版 GMP 对制药设备的要求将在下节叙述。

（三）围绕质量风险管理，增设了一系列新制度

质量风险管理是美国 FDA 和欧盟在推动和实施的一种全新理念。2010 年版 GMP 引入了质量风险管理的概念，并相应增加了一系列新制度。如供应商的评估和批准、变更控制、偏差管理、超标调查、纠正和预防措施、持续稳定性考察计划、产品质量回顾分析等。

这些制度分别从原辅料采购、生产工艺变更、操作中的偏差处理、发现问题的调查和纠正、上市后药品质量的持续监控等方面，对各个环节可能出现的风险进行管理和控制，及时发现影响药品质量的不安全因素，主动防范质量事故的发生。

（四）与药品注册和药品召回等其他监管环节有效衔接

2010 年版 GMP 在多项条款中都强调了生产要求与注册审批要求的一致性。如：企业必须按注册批准的处方和工艺进行生产，按注册批准的质量标准和检验方法进行检验，采用注册批准的原辅料，与药品直接接触的包装材料的质量标准也必须与注册批准一致，只有符合注册

NOTE

批准各项要求的药品才可放行销售。

2010 年版 GMP 还注重与《药品召回管理办法》的衔接,规定企业应当召回存在安全隐患的已上市药品,同时细化了召回的管理规定,要求企业建立产品召回系统,指定专人负责执行召回及协调相关工作,制订书面的召回处理操作规程等。

四、GMP 对制药设备的要求

制药设备与医药工业生产有着十分密切的联系。制药设备既是药品生产的手段,又是一类不可忽略的污染因素。制药设备是保证药品质量的关键,没有品质精良的制药设备,要生产高质量的药品是不可能的。

各类 GMP 都为设备设立独立的章节,包括设计、制造、安装、使用、维修等方面的要求,其原则性很强。如我国 GMP 对直接参与药品生产的制药设备做了指导性规定,设备的设计、选型、安装应符合生产要求,易于清洗、消毒和灭菌,便于生产操作和维修、保养,并能防止差错和减少污染。药品生产企业除要求制药设备厂生产、销售的设备应符合 GMP 规定外,还要求有第三方权威机构证明的材料。

GMP 对制药设备有如下要求。

（1）有与生产能力相适应的设备,能最经济、合理、安全地生产运行。

（2）能满足制药工艺所要求的完善功能及多种适应性。

（3）能保证药品加工中品质的一致性。

（4）易于操作和维修。

（5）设备内外清洗方便。

（6）各种接口符合协调、配套、组合的要求。

（7）易安装、易移动,有组合的可能。

（8）进行设备验证（包括型式、结构、性能等）。

制药设备验证

第四节 "制药工程原理与设备"课程的地位、任务和内容

一、课程的地位与任务

前已述及,制药工程是一门涉及面广、内容繁多的新型交叉学科,试图将其内容纳入一门课程组织教学,难度很大。按照制药工程基本内容、学科内外逻辑关系以及教学规律,将其适当分成若干课程组织教学,可收到更好的教学效果。

2017 年教育部高等学校药学类专业教学指导委员会对全国 278 家制药工程专业办学点调研后指出,制药工程专业办学存在的主要问题是"未有效体现工科专业的属性,药味不足"。"未有效体现工科专业的属性",与工程理论知识学习偏少、工程能力训练不足有关;而改进"药味不足",不仅需要增加药学方面知识和技能的培养,而且要加强制剂工程方面知识和技能的培养。此外,教育部高等学校药学类专业教学指导委员会的报告还特别指出,制药工程专业普遍存在学生工程设计能力培养明显不足的问题。因此有必要加强设计课程的教学和设计环节的训练。

基于以上情况,宜将"制药工程原理与设备"课程的地位及任务放在制药工程学科的大背景下进行讨论。在课程关系上,本课程的定位是在"化工原理"和"机械原理"等课程的基础上,学习和研究制药工程专业有代表性的单元过程和加工工序的工程原理、设备结构与设计计算方法等,为学习"制药工艺学"提供支持,为进一步学习"药厂工艺设计"打下基础;在专业口径

上,本课程的内容应能覆盖化学制药、生物制药、中药(天然药物)制药和药物制剂。作为制药工程学科的重要组成部分,本课程与相关课程之间的关系见图0-7。

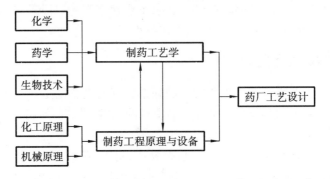

图 0-7　"制药工程原理与设备"课程与相关课程之间关系示意图

需要说明的是,有关过程工业通用的流体流动、传热与传质方面的内容,以及加工工业常用机构与机械传动等方面的内容,分别在"化工原理"和"机械原理"等课程上讲授,本课程重点学习和研究制药工程专业有代表性的单元过程和加工工序的工程原理和设备。

二、课程内容

本书以制药工业生产过程为主线,选取具有代表性的单元过程和加工工序作为学习和研究对象。全书除绪论外,分三篇八章。

绪论主要介绍制药过程的概念、制药工程学科的内涵;制药设备的分类、现状及发展趋势;GMP与药品制造;"制药工程原理与设备"课程的地位、任务和内容。通过对本章的学习,学生能对"制药工程原理与设备"这门课程有一个总体了解。

第一篇为药物活性成分获取,包含三章内容。其中,第一章为化学反应器,第二章为生物反应器,第三章为中药提取设备。这三章内容分别属于化学反应工程、生物反应工程和中药提取工程,本教材着重介绍三类原料药活性成分获取过程的工程原理与设备。

第二篇为药物分离与纯化,包含机械分离和传质分离两章。这两章的内容属于制药分离工程。

第三篇为药物制剂与包装,分三章。其中,第六章、第七章分别介绍固体制剂和液体制剂生产的工程原理与设备,属于制剂工程;第八章介绍药品包装,属于包装工程。

可见,本书是在整合了多门学科知识的基础上编写的,其内容构成参见图0-8。

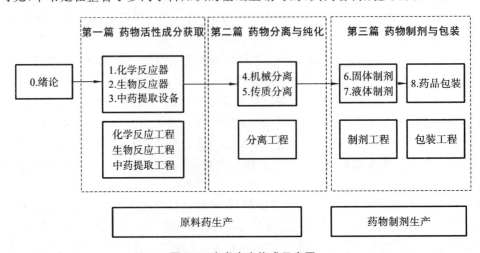

图 0-8　本书内容构成示意图

本章小结

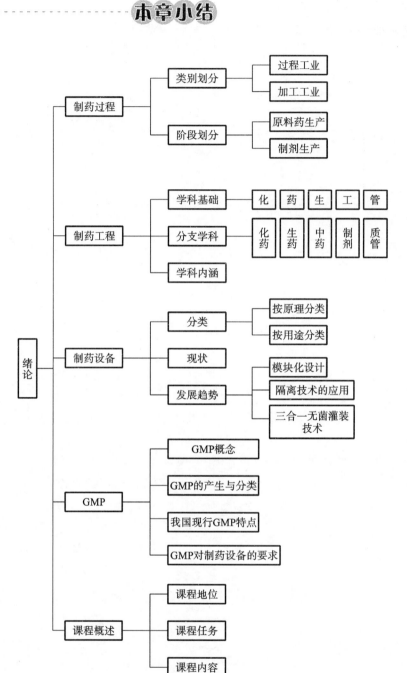

思考与练习

1. 工业制药过程涉及哪两类工业？药品生产过程一般可划分为哪几个阶段？

2. 支撑制药工程的学科有哪些？

3. 制药工程的分支学科有哪些？

4. 制药设备有哪两种分类方法？按用途划分，有哪几类？

参考答案

 NOTE

5. 简述 GMP 的含义。

6. 简述 GMP 对制药设备的要求。

7. 简述本课程在制药工程学科中的地位、任务、内容。

（王车礼）

·第一篇·

药物活性成分获取

药物活性成分(active pharmaceutical ingredient)是指用于药品生产的任何一种或多种物质,该种物质在疾病诊断、预防、治疗及症状缓解中有药理活性或能影响机体的功能或结构。药物活性成分可以通过化学合成、生物发酵及中药(天然药物)提取获得。

通过化学合成手段获取药物活性成分的过程为化学制药。化学制药过程中的合成、分离、干燥等单元过程均需要化学制药设备。

利用生物体、生物组织、细胞、体液等获取药物活性成分的过程为生物制药。生物反应、生物分离纯化和生物制剂生产等过程均需要生物制药设备。

以中国传统医药理论指导采集、炮制、制剂,说明作用机制,指导临床应用的药物,统称为中药。中药主要来源于天然药物及其加工品,包括植物药、动物药及矿物药。通过传统中药获取活性分子,其制备过程需要提取罐、冷凝器、冷却器、分离器、过滤器等。

本篇主要针对大规模生产药品时常用的化学合成、生物发酵和中药提取的过程原理、设备结构、操作特性、设备计算和放大方法等进行阐述。通过对本篇的学习,掌握化学合成反应器、生物发酵设备及中药提取设备的基本原理,熟悉合成反应釜、生物发酵罐和中药提取罐的分类、特性及设计方法。

第一章　化学反应器

学习目标

1. 掌握：化学制药、返混、理想反应器、反应速率、化学反应器等基本概念。
2. 熟悉：化学反应器分类及其特性，等温等容化学反应器的工艺计算及其设计。
3. 了解：苯佐卡因、恩杂鲁胺、固定床反应器、流化床反应器。

一个化学合成药物往往可以有多种合成途径，只有具有工业生产价值的化学合成途径才能成为最终的化学药物工艺路线。所有流程、设备、车间设计、岗位设置、生产工艺规程等都必须围绕药物工艺路线这一核心来进行。

化学药物工艺路线工业化要求：反应时间短、操作简单、收率高、产品纯度高、"三废"污染少、安全性好。进行细致的工艺研究，设计出相应的工业化生产设备和完整合理的车间工艺。

本章学习目标是掌握化学制药生产过程所需要的化学反应器的基本理论，熟悉其特性、分类和设计，为化学制药产业化提供理论基础。

案例导入

苯佐卡因（benzocaine，对氨基苯甲酸乙酯）是人类合成的第一个麻醉药，有镇痛、止痒作用，主要用于创面、溃疡面、黏膜表面和痔疮的麻醉镇痛和止痒，其软膏还可用作鼻咽导管、内镜等的润滑剂。

以对硝基甲苯为起始原料，有三种不同的合成路线制备苯佐卡因。通常通过氧化、酯化和还原三步单元反应合成苯佐卡因。

问题：

对苯佐卡因化学合成工艺进行研究，谈谈如何科学合理地选择化学反应器。

第一节　化学反应器基本理论

一、化学制药

化学制药（chemical medicine）是指通过化学合成的手段来获得药物活性成分。化学合成药是指人工合成得到的有药用价值的化合物分子。例如，2012 年美国食品药品监督管理局（FDA）批准用于治疗晚期前列腺癌的化学药物恩杂鲁胺，见图 1-1。

恩杂鲁胺，英文名称为 enzalutamide，商品名为 Xtandi，化学名称为 4-[3-[4-氰基-3-(三氟甲基)苯基]-5,

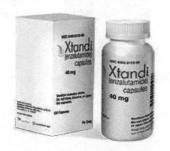

图 1-1　恩杂鲁胺药品图

5-二甲基-4-氧代-2-硫酮-1-咪唑烷基]-2-氟-N-甲基苯甲酰胺。恩杂鲁胺属于雄激素抑制剂类新药,旨在干扰睾酮结合前列腺癌细胞的能力。其临床化学药品主要用于治疗已扩散或复发的晚期男性去势耐受前列腺癌。

恩杂鲁胺是以 N-甲基-2-氟-4-溴苯甲酰胺为起始原料,经取代、酯化、与 3-三氟甲基-4-氰基苯基异硫氰酸酯反应得到,其合成路线如图 1-2 所示。

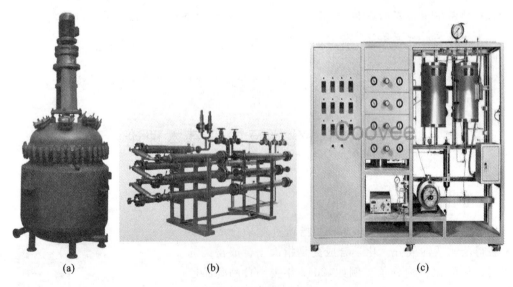

图 1-2　恩杂鲁胺药品合成路线图

二、化学反应器类型

化学反应器(chemical reactor)为实现合成反应过程的设备,广泛应用于制药、化工、炼油、轻工等工业部门。化学制药过程控制以化学药品为目标,通过化学反应器进行过程控制,运用数学模型方法建立化学反应器模型,研究其传递过程对化学制药过程的影响、动态特性及参数敏感性,以实现化学反应器的可靠设计和操作控制。

为了适应不同的化学制药过程,在化学制药生产中出现了形状、大小、操作方式等不同的化学反应器。按设备结构,化学反应器可分为釜式、管式和塔式等类型,详见图 1-3。

(a)　　　　　　　　(b)　　　　　　　　(c)

图 1-3　常见化学反应器

注:(a) 搅拌釜式反应器;(b) 管式反应器;(c) 固定床反应器。

(1) 搅拌釜式反应器:由搅拌器和釜体组成。搅拌器包括传动装置、搅拌轴、叶轮(搅拌桨），釜体包括筒体、夹套和内件、盘管、导流筒等。

（2）管式反应器：一种呈管状、长径比很大的连续操作反应器，属于平推流反应器。

（3）塔式反应器：一种广泛应用于液体相参与的中速、慢速反应和放热量大的反应的反应器。

这几种化学反应器内物料流动状况具有典型性，深入研究其中的物料流动状况对化学反应影响的规律，将有助于对其他化学反应器的理解。

三、化学反应器操作方式

工业反应器有三种操作方式：间歇操作、连续操作和半连续操作。

1. 间歇操作

与大化工不同，化学原料药生产规模小、品种多、原料与工艺条件多种多样，常采用搅拌釜式反应器间歇操作。

间歇操作的特点是物料一次加入，反应完毕后一起放出，全部物料参加化学反应的时间相同；在良好搅拌下，釜内各点温度、浓度可达到均匀一致；釜内反应物浓度随时间而变化，所以反应速率也随时间而变化，如图1-4所示。

2. 连续操作

管式反应器连续操作的特点是从反应器的一端加入反应物，从另一端引出反应产物；反应物沿流动方向前进，反应时间是管长的函数；反应物浓度、反应速率沿流动方向逐渐降低，在出口处达到最低值，如图1-5所示。在操作达到定常状态时，沿管长上任一点反应物浓度、温度、压力等参数都不随时间而改变，因而反应速率也不随时间而改变。

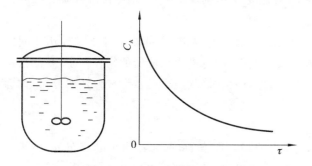

图1-4 搅拌釜式反应器间歇操作及浓度变化　　　　图1-5 管式反应器连续操作及浓度变化

搅拌釜式反应器连续操作的特点是釜内装有搅拌器，使物料剧烈翻动，反应器内各点温度、浓度均匀一致；物料一边进一边出，连续流动，出口物料中反应物浓度与釜内反应物浓度相同；在定常状态流动时，釜内反应物浓度、温度都不随时间而变化，因而反应速率也保持恒定不变，如图1-6所示。

连续操作时搅拌釜式反应器内反应物浓度与出口物料中反应物浓度相等，因而釜内反应物浓度很低，反应速率很慢，这是它的缺点。要达到同样的转化率，其需要的反应时间较其他型式反应器更长，因而需要的反应器容积较大。

连续操作时搅拌釜式反应器内反应物浓度、温度及反应速率保持恒定不变，这是它的优点，对于自催化反应特别有利。因为自催化反应利用反应产物作为催化剂，反应速率与反应物浓度的关系如图1-7所示。当反应物浓度为 C_A 时，反应速率最大。采用连续操作时，搅拌釜式反应器内反应物浓度可始终保持在最佳的 C_A 值，则反应可以一直保持在最大的速率下进行，大大提高了反应器的生产能力。

NOTE

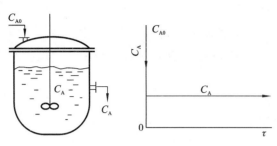

图1-6 搅拌釜式反应器连续操作及浓度变化

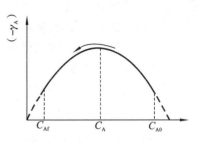

图1-7 自催化反应的反应速率

3. 半连续操作

原料与产物有一种为连续输入或输出,而其余则为分批加入或卸出的操作,均属半连续操作,相应的化学反应器称为半连续反应器或半间歇反应器。例如,由氯气和苯合成一氯苯的反应就采用半连续操作。苯一次加入化学反应器内,氯气则连续通入化学反应器,未反应的氯气连续从化学反应器排出,当反应物系的产品分布符合要求时,停止通氯气,卸出反应产物。

由此可见,半连续操作具有连续操作和间歇操作的某些特征。有连续流动的物料,这点与连续操作相似;也有分批加入或卸出的物料,因而生产是间歇的,这反映了间歇操作的特点。由于这些原因,半连续反应器的反应物系组成必然既随时间而改变,也随其在反应器内的位置而改变。管式、搅拌釜式、塔式以及固定床反应器都可采用半连续操作。

四、连续操作反应器流动特性——返混

若连续操作反应器容积为 V_R,物料的体积流量为 v,则 $V_R/v = \bar{\tau}$ 就代表物料通过反应器所需要的时间,称为平均停留时间。

在间歇操作反应器中,物料一次加入,反应完毕后一起放出,全部物料粒子都经历相同的反应时间,没有停留时间分布;而在连续操作反应器中,同时进入反应器的物料粒子,有的很快就从出口流出,有的则经过很长时间才从出口流出,停留时间有长有短,形成一定的分布,称为停留时间分布,其平均停留时间为 $\bar{\tau} = V_R/v$。

1. 停留时间分布与返混

停留时间分布有两种:一种是针对反应器内的物料而言的,称为器内年龄分布,简称年龄分布;另一种是针对反应器出口的物料而言的,称为出口年龄分布,也称寿命分布。

(1)年龄分布:从进入反应器瞬间开始算年龄,到所考虑的瞬间为止,反应器内物料粒子,有的已经停留了1 s(年龄为1 s),有的已经停留了10 s(年龄为10 s)或更长。这些不同年龄的物料粒子混在一起,形成一定的分布,称为年龄分布。而不同年龄的物料粒子混在一起的现象称为返混。所以,返混是时间概念上的混合,是反应器内不同停留时间的物料粒子之间的混合,它与停留时间分布联系在一起,有返混就必然存在停留时间分布;反之,若没有停留时间分布,则不存在返混。如在间歇操作反应器内,强烈的搅拌作用使釜内各处物料均匀混合,但由于物料是一次加入,反应完毕一起放出,全部粒子在釜内的停留时间相同,所以不存在返混现象。在连续操作管式反应器中,虽然在层流流动时粒子之间互不干扰,但管中心的粒子流速最大,停留时间最短;靠近管壁的粒子流速小,停留时间长,速率不均,造成了停留时间分布,引起管式反应器中返混。所以,返混是连续操作反应器中特有的现象。它与一般所谓在空间上的均匀混合具有不同的概念。

(2)寿命分布:从进入反应器的瞬间开始算年龄,到所考虑的瞬间为止,在反应器出口的物料中,有的粒子在器内已经停留了5 s,有的已经停留了8 s或更长。因为这些粒子已经离开反应器,它们的年龄也就是寿命。在出口物料中,不同寿命的粒子混在一起,形成一定的分

布,称为寿命分布。

年龄分布与寿命分布之间存在着一定的关系,已知其中一种分布,即可求出另一种分布。由于反应器内的物料容积大,取样难以代表整个反应器的情况,所以一般测定寿命分布。

2. 产生返混的原因

产生返混的原因很多,归纳起来大致有下列 5 种。

(1) 涡流与扰动:管式反应器进出口的涡流与扰动,引起物料粒子间的轴向混合,造成返混。

(2) 速率分布:管式反应器中沿径向各点的流速不同,因而停留时间的长短不同,引起返混。

(3) 沟流:填充床中由于沟流等造成物料粒子以不同的流速通过反应器,引起返混。

(4) 倒流:连续操作搅拌釜式反应器中由于搅拌作用引起物料倒流,造成返混。

(5) 短路与死角:连续操作反应器中由于短路与死角使物料粒子在反应器内的停留时间不同,造成返混。

3. 返混对化学反应的影响

由于返混,物料粒子停留时间长短不一,停留时间短的粒子还未反应完全就离开了反应器,而停留时间长的粒子可能进一步反应生成副产物。所以,总的来说,返混会使产品的收率、质量降低。

此外,返混还使反应物的浓度降低。以间歇操作搅拌釜式反应器与连续操作搅拌釜式反应器做比较,若两者进行同一反应,且转化率相同,则前者因不存在返混,反应物的浓度随时间而变化,从开始时 C_{A0} 降为反应结束时的 C_A;而后者由于返混程度很大,反应物一加入釜内,就立即与釜内物料混合,浓度降为 C_A,反应始终在最低的浓度 C_A 下进行,所以反应速率小,需要的反应器容积大。可见,连续操作本身并不意味着强化生产。

在某些情况下返混可能是有利的。如前述对自催化反应,采用连续操作搅拌釜式反应器,可以使釜内反应物浓度保持在最佳浓度,需要的反应器容积将最小。

五、化学反应器内流体流动类型与理想反应器

流体流动情况对化学反应的影响,归根结底还是在于它们的返混程度不同。所以,根据返混程度的大小,可以将流动情况分为 3 种类型。

(1) 平推流:这是不存在返混的一种理想流动形式,其特点是流体通过细长管道时,在与流动方向垂直的截面上,各粒子的流速完全相同,就像活塞平推过去一样,故称为平推流,也称为活塞流。流体粒子在流动方向(轴向)上没有混合与扩散,所以,同时进入反应器的粒子将同时离开反应器,即物料粒子的停留时间都是相同的。细长形的管式反应器,当 Re 很大时,流动情况近似平推流。

(2) 全混流:这是返混程度最大的一种理想流动形式,其特点是物料一进入反应器就立即均匀分散在整个反应器内,且同时在出口可检测到新加入的物料粒子。反应器内物料的温度、浓度完全均匀一致,且分别与出口物料的温度、浓度相同。物料粒子在反应器内的停留时间有长有短,分布得最分散。连续操作搅拌釜式反应器内的物料流动情况近似于这种形式。

(3) 中间流:返混程度介于平推流和全混流之间,即具有部分返混的流动形式,也称为非理想流动。

流动情况为平推流的反应器称为平推流(或活塞流)反应器,以 PFR 表示;流动情况为全混流的反应器称为全混流反应器,以 CSTR 表示。这两种反应器的返混程度分别为零和最大,被称为两种理想反应器。实际生产中,连续操作的反应器内都存在不同程度的返混,物料的流动情况为中间流,为非理想反应器。

19

六、等温等容过程的反应器容积

1. 反应速率及其表示式

均相反应的速率,以单位时间、单位体积反应物料中某一组分物质的量的变化来表示,即

$$(\pm \gamma_A) = \pm \frac{1}{V} \cdot \frac{dn_A}{d\tau} \tag{1-1}$$

当 A 为生成物时,取"+"号,表示生成速率;当 A 为反应物时,取"-"号,表示消耗速率。

反应速率也可以用转化率来表示。转化率的定义是反应物转化掉的量占原始量的分数。设反应开始时组分 A 的物质的量为 n_{A0},经过 τ 时间后,组分 A 的物质的量为 n_A,则组分 A 的转化率 x_A 为

$$x_A = \frac{n_{A0} - n_A}{n_{A0}} \tag{1-2}$$

式(1-2)可写成 $n_A = n_{A0}(1-x_A)$,微分得

$$dn_A = -n_{A0}dx_A$$

代入式(1-1)中,反应速率可用转化率表示为

$$(-\gamma_A) = -\frac{1}{V} \cdot \frac{dn_A}{d\tau} = \frac{1}{V} \cdot \frac{n_{A0}dx_A}{d\tau} \tag{1-3}$$

化学反应的速率与反应物的浓度及温度有关。如反应 $A \longrightarrow R$,若反应速率为 $(-\gamma_A) = kC_A$,则称为一级反应,即反应速率与反应物浓度的一次方成正比,k 称为反应速率常数。

反应速率常数随温度而改变,其关系可以用阿伦尼乌斯(Arrhenius)经验式来表示,即

$$k = A_0 e^{-E/RT} \tag{1-4}$$

式中,A_0 为频率因子,其单位与 k 的单位相同;E 为活化能,$J \cdot mol^{-1}$;R 为气体常数(8.314 $kJ \cdot kmol^{-1} \cdot K^{-1}$);$T$ 为热力学温度,K。

k 的单位与反应级数有关。对于一级反应,k 的单位是 s^{-1};对于二级反应,k 的单位是 $m^3 \cdot kmol^{-1} \cdot s^{-1}$;对于零级反应,$k$ 的单位是 $kmol \cdot m^{-3} \cdot s^{-1}$。

因为反应中各组分的物质的量变化不一定相同,所以反应速率用不同的组分表示时,数值也不相同。如在反应 $aA + bB \longrightarrow sS$ 中,组分 A、B 的消耗速率与组分 S 的生成速率各不相同,但若将它们分别除以化学计量式中该组分的系数,则有下列比例关系:

$$\frac{(-\gamma_A)}{a} = \frac{(-\gamma_B)}{b} = \frac{\gamma_S}{s} \tag{1-5}$$

2. 间歇操作搅拌釜式反应器容积

反应物料按一定配比一次加入釜内,开动搅拌,使物料的温度、浓度保持均匀。通常这种反应器都配有夹套或蛇管,以控制反应在指定的温度范围内进行。经过一定时间,反应达到所要求的转化率后,将物料排出反应器,即完成一个生产周期。这种反应器主要用于液相反应,也用于液固相反应,或者用于液体与连续鼓入的气泡之间的气液相反应。化学原料药生产反应条件复杂,原料品种多样,而间歇操作搅拌釜式反应器操作灵活,适应性强,所以应用广泛。

1)等温操作反应时间　在间歇操作搅拌釜式反应器中,由于强烈的搅拌作用,釜内各点的温度、浓度均相同,故可对整个反应器做组分 A 的物料衡算;又因为间歇操作是不定常过程,反应器内的温度、浓度都随时间改变,所以物料衡算要取微元时间为基准,即

微元时间内反应的组分 A 的物质的量＝微元时间内组分 A 减少的物质的量

于是得

$$(-\gamma_A)Vd\tau = -dn_A$$

因为

$$\mathrm{d}n_A = -n_{A0}\,\mathrm{d}x_A$$

所以

$$(-\gamma_A)V\mathrm{d}\tau = n_{A0}\,\mathrm{d}x_A$$

即

$$\mathrm{d}\tau = \frac{n_{A0}\,\mathrm{d}x_A}{(-\gamma_A)V}$$

所以

$$\tau = n_{A0}\int_0^{x_A}\frac{\mathrm{d}x_A}{(-\gamma_A)V} \tag{1-6}$$

式(1-6)即为间歇操作搅拌釜式反应器的基础设计式。对于液相反应,反应前后物料体积变化不大,可视为等容过程,则基础设计式可表示为

$$\tau = \frac{n_{A0}}{V}\int_0^{x_A}\frac{\mathrm{d}x_A}{(-\gamma_A)} = C_{A0}\int_0^{x_A}\frac{\mathrm{d}x_A}{(-\gamma_A)} \tag{1-7}$$

由于定容过程存在 $C_A = C_{A0}(1-x_A)$、$\mathrm{d}C_A = -C_{A0}\,\mathrm{d}x_A$ 的关系,代入式(1-7)并相应改变积分的上下限,便得

$$\tau = -\int_{C_{A0}}^{C_A}\frac{\mathrm{d}C_A}{(-\gamma_A)} \tag{1-8}$$

若反应物的初始浓度 C_{A0} 以及反应速率与转化率或浓度的关系已知,则利用式(1-7)或式(1-8),即可求得达到一定转化率所需要的反应时间。例如,对于一级反应

$$(-\gamma_A) = kC_A = kC_{A0}(1-x_A)$$

所以

$$\tau = C_{A0}\int_0^{x_A}\frac{\mathrm{d}x_A}{kC_{A0}(1-x_A)} = \frac{1}{k}\ln\frac{1}{1-x_A} \tag{1-9}$$

对于二级反应

$$(-\gamma_A) = kC_A^2 = kC_{A0}^2(1-x_A)^2$$

所以

$$\tau = C_{A0}\int_0^{x_A}\frac{\mathrm{d}x_A}{kC_{A0}^2(1-x_A)^2} = \frac{1}{k}\cdot\frac{x_A}{C_{A0}(1-x_A)} \tag{1-10}$$

对于零级反应

$$(-\gamma_A) = k$$

则

$$\tau = C_{A0}x_A/k$$

从式(1-7)可以看出,只要 C_{A0} 相同,达到一定转化率所需要的反应时间只取决于反应速率,而与处理量无关。即不论处理量多少,对同一反应,达到同样转化率时,工业生产与实验室中的反应时间是相同的。所以,利用小试数据进行间歇操作搅拌釜式反应器的放大设计时,只要保证放大后的反应速率与小试时相同,就可以实现高倍数放大。由此可见,间歇操作搅拌釜式反应器的放大关键在于保证放大后的搅拌与传热效果。

当反应速率与转化率或浓度的关系已知时,式(1-7)和式(1-8)也可以用图解积分方法来计算,如图1-8所示。

2) 反应器容积 在间歇操作时,将原料加入反应器中,待反应进行到规定的转化率后,再将产品放出,这样就完成了一批操作。设反应时间为 τ,加料、出料及清洗等辅助时间为 τ',则每批操作所需要的时间为($\tau+\tau'$)。如果生产上要求平均单位时间处理的物料量为 υ,则每批操作需要处理的物料量为 $V_R = \upsilon(\tau+\tau')$,这也就是反应器的装料容积,也称有效容积。式中,反应时间可由式(1-7)或式(1-8)求得,辅助时间 τ' 由生产实践的经验来确定,而 υ 可按生产规

NOTE

21

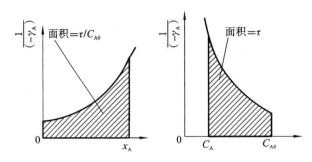

图 1-8　间歇操作搅拌釜式反应器反应时间的图解表示

定的产量来计算。例如,在反应 A+B $\longrightarrow$ R 中,若规定 R 的产量为 W,即 kmol/h,因为反应掉 A 的物质的量应当与生成 R 的物质的量相同,所以有 $vC_{A0}x_A = W$,即 $v = W/C_{A0}x_A$。

　　反应器的有效容积也可视为由两部分组成:$v\tau$ 是完成反应所必需的容积,简称反应容积;$v\tau'$ 是完成加料、出料、清洗等辅助操作所必需的容积,简称辅助容积。如果 τ 很小,而 τ' 相对来说较大,则反应器大部分时间不是在进行化学反应,而是被加料、出料、清洗等辅助操作所占据。因此,间歇操作搅拌釜式反应器用于快速反应是不合适的。实际生产中,液相反应的反应时间一般比较长(τ 为 τ' 的几倍乃至几十倍)。这就是间歇操作搅拌釜式反应器在制药生产中获得广泛应用的原因之一。

　　实际生产中,由于搅拌、产生泡沫等原因,物料不能装满,所以间歇操作搅拌釜式反应器的容积要比有效容积大。有效容积与总容积的比值称为装料系数,以 φ 表示,即 $\varphi = V_R/V_T$,它表示反应器内的物料占反应器总容积的百分率。式中,V_T 为反应器的总容积,简称反应器容积。装料系数的大小根据经验来选定,对不产生泡沫、不沸腾的液体,φ 值可取 0.7~0.85;对同时沸腾和产生泡沫的液体,φ 值可取 0.4~0.6。

　　【例题 1-1】　苯醌(A)与环戊二烯(B)合成 5,8-桥亚甲基-5,8,9,10-四氢-α-萘醌(R),反应速率公式为 $(-\gamma_A) = kC_AC_B$,反应温度为 25 ℃,$k = 9.92 \times 10^{-3}$ m³/(kmol · s),原始浓度 $C_{A0} = 0.08$ kmol/m³,$C_{B0} = 0.1$ kmol/m³,反应在搅拌良好的间歇操作搅拌釜式反应器中进行,容积变化可忽略,计算转化率达到 95%(以 A 计算)时需要的反应时间。如每小时生产 0.05 kmol R,每批操作的辅助时间为 1 h,装料系数取 0.8,求反应器有效容积与总容积。

　　解:反应方程式为

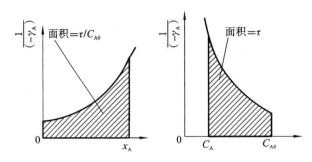

根据间歇操作搅拌釜式反应器的基础设计式(1-7),

$$\tau = C_{A0} \int_0^{x_A} \frac{\mathrm{d}x_A}{(-\gamma_A)}$$

式中

$$(-\gamma_A) = kC_AC_B = kC_{A0}(1-x_A)(C_{B0} - x_AC_{A0})$$

所以

$$\tau = C_{A0} \int_0^{x_A} \frac{\mathrm{d}x_A}{kC_{A0}(1-x_A)(C_{B0} - x_AC_{A0})}$$

$$= \frac{1}{k} \int_0^{x_A} \frac{\mathrm{d}x_A}{(1-x_A)(C_{B0} - x_AC_{A0})}$$

$$= \frac{1}{k} \int_0^{x_A} \frac{\mathrm{d}x_A}{C_{A0} x_A^2 - (C_{A0} + C_{B0}) x_A + C_{B0}}$$

$$= \frac{1}{k} \frac{1}{\sqrt{(C_{A0} + C_{B0})^2 - 4C_{A0} C_{B0}}}$$

$$\times \ln \frac{2C_{A0} x_A - (C_{A0} + C_{B0}) - \sqrt{(C_{A0} + C_{B0})^2 - 4C_{A0} C_{B0}}}{2C_{A0} x_A - (C_{A0} + C_{B0}) + \sqrt{(C_{A0} + C_{B0})^2 - 4C_{A0} C_{B0}}} \Big|_0^{x_A}$$

将 $x_A = 0.95$ 及有关数据代入,计算后得 $\tau = 7.9 \times 10^3$ s 或 $\tau = 2.20$ h。

由反应方程式可见,反应的 A 的物质的量与生成的 R 的物质的量相等,所以,每小时处理的物料量为

$$\upsilon = \frac{W}{C_{A0} x_A} = \frac{0.05}{0.08 \times 0.95} \text{ m}^3/\text{h} = 0.658 \text{ m}^3/\text{h}$$

每批操作需要的时间为

$$\tau + \tau' = (2.2 + 1) \text{ h} = 3.2 \text{ h}$$

反应器的有效容积为

$$V_R = \upsilon(\tau + \tau') = 0.658 \times 3.2 \text{ m}^3 = 2.106 \text{ m}^3$$

其中,反应容积为 1.448 m^3,辅助容积为 0.658 m^3。

反应器的总容积为

$$V_T = \frac{V_R}{\varphi} = \frac{2.106}{0.8} \text{ m}^3 = 2.632 \text{ m}^3$$

反应、过滤、干燥是化学制药中三个非常重要的单元操作,一般由反应器、过滤机、干燥机三个单元设备来完成。这三个单元设备分别有各自的配套装置,因而占地面积大,造价贵。单元与单元间物料的搬运或输送较麻烦,不但劳动强度大,还易造成物料的流失和浪费。对于易燃、易爆、有毒或剧毒的物料或不允许有污染的化学药品,均需要密闭操作。

反应、过滤、干燥这三个装置间物料的输送难度很大,常常因此而使整套装置不能完全正常操作,或劳动强度大、生产周期长、能耗大、效率低,影响化学药品质量。SR-筒锥式反应过滤干燥多功能机实现了制药装备技术的重大突破。

SR-筒锥式反应过滤干燥多功能机(图 1-9)为筒锥式结构,在圆筒体和下部锥体上设有加热套,在内部设置有变角度、变导程的空心螺旋搅拌装置,对物料进行搅拌和提升,在出料时推出物料。在下部锥体内设有圆锥形过滤装置,在设备底部有无死角快开出装置或无死角气动出料球阀。

SR-筒锥式
反应过滤
干燥多功
能机

1. 反应

反应物料从顶部加入,独特的搅拌结构可使物料在机内得到十分均匀的搅拌,有效的加热或冷却使物料在机内充分反应。

2. 过滤

物料在机内通过加压或真空过滤滤干,可加入洗涤液,使物料在机内进行多次自动打浆洗涤,达到洗涤要求后压干。

3. 干燥

在顶部抽真空,对物料进行真空密闭干燥,干燥后自动密闭出料。

4. 主要优点

(1) 一机多用:可在一台机内完成反应、萃取、过滤、洗涤、反复多次过滤洗涤、干燥等多种操作,可直接得到化学原料药。

(2) 密闭操作:特别适合易燃、易爆、有毒或剧毒的化学原料药的生产。

(3) 操作方便:简化和缩短工艺流程,占地面积小,厂房和设备投资大大节省,操作方便,

NOTE

劳动强度低,产品质量好。

图 1-9　SR-筒锥式反应过滤干燥多功能机

第二节　搅拌釜式反应器

　　搅拌釜式反应器是一种低高径比的圆筒形反应器,是化学制药企业生产中普遍采用的一种化学反应器。通常化学反应需要将两种或两种以上的液体混合,有时还需要加入固体或通入气体,反应过程中往往需要加热或冷却。搅拌可以加速物料之间的混合,提高传热与传质速率,促进反应的进行,减少副产物的生成等。

　　典型的搅拌釜式反应器如图 1-10 所示。它由釜体、釜盖、搅拌器、减速机及传热装置等组成。根据工艺要求,釜盖上还设有各种接管口、温度计口、人孔、手孔、视镜等部件。

　　化学药品生产中大部分选用搅拌釜式反应器,如阿司匹林的生产。

阿司匹林

一、搅拌器

(一)搅拌器的型式

1. 高转速搅拌器

(1)螺旋桨式搅拌器:又称推进式搅拌器,实质上是一个无外壳轴流泵,转速较高,叶端圆

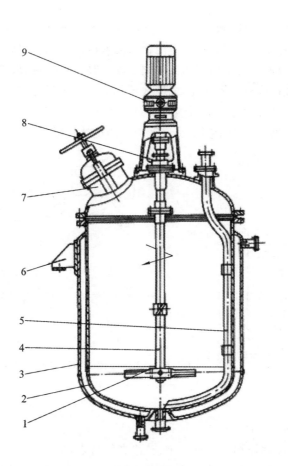

图 1-10 搅拌釜式反应器结构图

注:1. 搅拌器;2. 罐体;3. 夹套;4. 搅拌轴;5. 压出管;6. 支座;7. 人孔;8. 轴封;9. 传动装置。

周速率一般为 5~15 m/s,适用于黏度小于 2 Pa·s 的液体的搅拌。螺旋桨旋转时,液体做轴向和切向运动。切向分速度使釜内液体做圆周运动,会将颗粒抛向壁面,起到与分散相反的作用,须安装挡板予以抑制。轴向分速度使液体沿轴向下流动,到达釜底后再沿壁折回,返入旋桨入口形成如图 1-11 所示的总体循环流动,这种总体循环流动的湍动程度不高,但循环量大,因此适用于以宏观混合为目的的搅拌过程,尤其适用于要求容器内液体上下均匀的场合,如制备固体悬浮液。

有文献报道,三叶片式搅拌器在流体力学性能方面较推进式搅拌器稍差,但制造简便得多,在一般情况下可用来代替推进式搅拌器。推进式搅拌器与三叶片式搅拌器构造如图 1-12 所示。

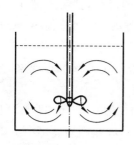

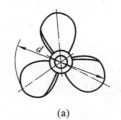
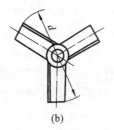

(a)   (b)

图 1-11 推进式搅拌器的总体循环流动

图 1-12 推进式搅拌器(a)与三叶片式搅拌器(b)

(2)涡轮式搅拌器:该型搅拌器实质上是一个无泵壳的离心泵,直径一般为釜内径的 1/3~1/2。转速较高,叶端圆周速率一般为 3~8 m/s,适用于黏度低于 50 Pa·s 的液体的搅拌。

 NOTE

25

在涡轮式搅拌器中,液体做切向和径向运动,并以很高的绝对速率由出口冲出。出口液体的径向分速度使液体流向壁面,然后分成上、下两路回流入搅拌器,形成总体循环流动,如图1-13所示。出口液体的切向分速度使釜内液体做圆周运动,同样须安装挡板来抑制。图1-14所示为涡轮的几种型式,与推进式搅拌器相比,涡轮式搅拌器所造成的总体循环流动回路较曲折,出口的绝对速率大,桨叶外缘附近造成激烈的漩涡运动和很大的剪切力,可将液体微团破碎得很细。因此,涡轮式搅拌器更适用于要求小尺度均匀的搅拌过程。

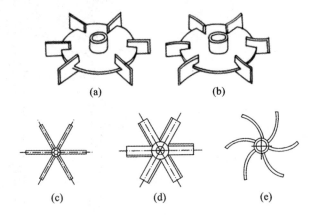

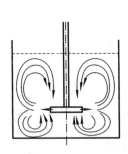

图 1-13　涡轮式搅拌器的总体循环流动

图 1-14　涡轮式搅拌器的几种涡轮

注:(a) 直叶圆盘涡轮;(b) 弯叶圆盘涡轮;
(c) 直叶涡轮;(d) 折叶涡轮;(e) 弯叶涡轮。

2. 大叶片低转速搅拌器

推进式和涡轮式搅拌器都具有直径小、转速高的特点,对黏度不高的液体很有效,但对高黏度液体,搅拌器提供的机械能会因巨大的黏性阻力而被很快地消耗掉,不仅湍动程度随靠近出口而急剧下降,而且总体循环流动的范围也大为缩小。例如,对与水黏度相近的低黏度液体,涡轮式搅拌器的所及范围,在轴向上、下可达釜内径的 4 倍;但当液体黏度为 50 Pa·s 时,其所及范围将缩小为釜内径的一半。此时,釜内距搅拌器较远的液体流速缓慢,甚至接近静止。因此对于高黏度液体应采用低转速、大叶片的搅拌器。

(1) 桨式搅拌器:桨式搅拌器的桨叶尺寸大、转速低,其旋转直径为釜内径的 1/2~4/5,桨叶宽度为其直径的 1/6~1/4,叶端圆速率为 1.5~3 m/s。垂直于轴安装的桨叶(平桨)使液体做径向及切向运动。该型搅拌器可用于简单的液体混合,固体的悬浮和溶解以及气体的分散等。即使是斜叶的桨式搅拌器,所造成的轴向流动范围也不大,故当釜内液位较高时,应在同一轴上安装几个桨式搅拌器,或与螺旋桨配合使用。桨式搅拌器的径向搅动范围大,故可用于较高黏度液体的搅拌。

(2) 框式和锚式搅拌器:当液体黏度更高时,可按照釜底的形状,把桨式搅拌器做成框式或锚式,如图 1-15 所示。这种搅拌器的旋转直径与釜内径近乎相等,间隙很小,转速很低,叶端圆周速率为 0.5~1.5 m/s。其所产生的剪切作用很小,但搅动范围很大,不会产生死区,适用于高黏度液体的搅拌。在某些生产过程(如结晶)中,可用来防止器壁沉积现象。这种搅拌器基本不产生轴向流动,故难以保证轴向的均匀混合。

(3) 螺带式搅拌器:如图 1-15(d) 所示,其旋转直径为釜内径的 0.9~0.98,b/D 值为 0.1,t/d 值为 0.5,1 或 1.5,H_1/d 值为 1~3(可根据液层高度增大),叶端圆周速率小于 2 m/s。在旋转时会产生液体的轴向流动,所以混合效果较框式和锚式好。

(二) 搅拌器选型

依靠搅拌的生产过程可分为几种操作类别,而每种操作类别中又各有其主要的控制因素,

NOTE

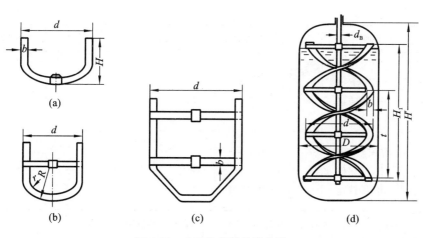

图 1-15 大叶片低转速搅拌器

注:(a) 锚式;(b)(c) 框式;(d) 螺带式。

在选型前先找出生产过程的操作类别和控制因素,选型就有了依据。以下就表 1-1 所列的各项操作类别加以说明。

表 1-1 搅拌器选型表

操作类别	控制因素	适用的搅拌器型式	D/d	H/D	层数与位置
混合(低黏度均相液体的混合)	容积循环速率	推进式、涡轮式,要求不高时用桨式	推进式 3~4 涡轮式 3~6 桨式 1.25~2	不限	单层或多层 $c/d=1$;桨式 $c/d=0.5~0.75$
分散(非均相液体的混合)	液滴大小(分散度),容积循环速率	涡轮式	3~3.5	1	$c/d=1$
溶液反应(互溶系统)	湍流强度,容积循环速率	涡轮式、推进式、桨式	2.5~3.5	1~3	单层或多层
固体溶解	剪切作用,容积循环速率	涡轮式、推进式、桨式	1.6~3.2	0.5~2	
固体悬浮	容积循环速率,湍流强度	按固体颗粒的粒度、含量及相对密度决定采用桨式、推进式或涡轮式	推进式 2.5~3.5 涡轮式 2.0~3.5	0.5~1	按粒度、含量及相对密度决定 c/d
气体吸收	剪切作用,容积循环速率,高转速	涡轮式	2.5~4.0	1~4	单层或多层 $c/d=1$
传热	容积循环速率,高速通过传热面	桨式、推进式、涡轮式	桨式 1.25~2 推进式 3~4 涡轮式 3~4	0.5~2	

续表

操作类别	控制因素	适用的搅拌器型式	D/d	H/D	层数与位置
高黏度操作	容积循环速率,低转速	涡轮式、锚式、框式、螺带式、带横挡板的桨式	涡轮式 1.5～2.5 桨式 1.25 左右	0.5～2	
结晶	容积循环速率,剪切作用,低转速	按控制因素采用涡轮式、桨式或桨式的变型	涡轮式 2.0～3.2	1～2	单层或多层

注:D 为搅拌釜内径;d 为搅拌器直径;c 为搅拌叶离釜底的距离;H 为装液高度。

1. 混合(低黏度均相液体的混合)

如果混合时间没有严格要求,一般的搅拌器皆可采用。推进式搅拌器的循环速率大且动力消耗小,最合用;桨式搅拌器的转速低,消耗功率小,但混合效果不佳;涡轮式搅拌器的剪切作用强,但对于这种混合过程无大必要,而其动力消耗大,显得不合理。

2. 分散(非均相液体的混合)

涡轮式搅拌器的剪切作用和循环速率大,用于此类操作效果最好,特别是平直叶的剪切作用比折叶和弯叶的大,更为合适。在分散黏度较大的液体时,可采用弯叶涡轮,以节省动力。

3. 固体悬浮

在低黏度液体内悬浮容易沉降的固体颗粒时,应选用涡轮式搅拌器。其中以开启涡轮式搅拌器为最好,因它没有中间的圆盘,不会阻碍桨叶上、下的液相混合,特别是弯叶开启涡轮式搅拌器,桨叶不易磨损,用于固体悬浮更为合适,如固液相对密度差小、不易沉降,可用推进式搅拌器。固液比在 50% 以上或液体黏度高而固体不易沉降时,可用桨式或锚式搅拌器。

4. 固体溶解

要求搅拌器兼有剪切作用和循环速率,所以涡轮式搅拌器是最合适的。推进式搅拌器的循环速率大,但剪切作用小,用于小容量的溶解过程比较合理。桨式搅拌器需借助挡板提高循环能力,一般用于容易悬浮的溶解操作。

5. 气体吸收

此类操作的最适宜型式为各种圆盘涡轮式搅拌器,因其剪切作用强,且圆盘下面可存在一些气体,使气体的分散更平稳。推进式搅拌器和开启涡轮式搅拌器的效果不好,桨式搅拌器不适用。

6. 传热

传热量小时可采用夹套釜加桨式搅拌器;中等传热量时可用夹套釜加桨式搅拌器并加挡板($Re > 3000$);传热量很大时可用蛇管传热,采用推进式或涡轮式搅拌器,并加挡板。

7. 高黏度操作

液体黏度在 0.1～1 Pa·s 时可用锚式搅拌器(无中间横梁),黏度在 1～10 Pa·s 时可用框式搅拌器(有横梁),黏度越高,中间的竖、横梁越多。用锚式或框式搅拌器时,$Re \leqslant 1000$,否则表面产生漩涡,对混合不利。黏度大于 2 Pa·s 的液体混合,可用螺带式搅拌器,直到 500 Pa·s 仍有效。在需冷却的夹套釜的内壁常易生成一层黏度更高的薄膜,该层膜的传热效率极差,此时应选用直径与釜内径相近的锚式或框式搅拌器。有些化学反应在反应过程中黏度变化很显著,而反应本身对搅拌强度又很敏感,这样在低黏度时的搅拌器型式和转速到高黏度时就不适用了,可考虑采用变速装置或分釜进行操作,以适应不同阶段的需要。

8. 结晶

在结晶操作中往往需要控制晶粒的形状和大小,故常要通过实验来决定适宜的搅拌器型式和转速。一般来说,小直径高转速的搅拌器适用于微粒结晶,晶体形状不易一致;大直径低转速的搅拌器适用于颗粒要求较大的定形结晶,此时釜内不宜装挡板。

(三)搅拌功率计算

1. 均相液体搅拌功率

设有一片桨叶通过液体做运动,液体与桨叶的相对速率以平均速率 $\bar{v}$ 表示,则作用于桨叶上的力为

$$F = \xi \cdot A \cdot \frac{1}{2}\rho\bar{v}^2 \tag{1-11}$$

式中,ξ 为阻力系数;A 为桨叶面积。

因为 $A \propto d^2$,$\bar{v} \propto nd$,所以 $F \propto \rho n^2 d^4$,即桨叶上受的力正比于 $\rho n^2 d^4$。

克服此力所需的功率应等于力与平均速率之积,即 $P = F\bar{v} \propto \rho n^3 d^5$。所以搅拌功率与液体密度的 1 次方、转速的 3 次方和搅拌器直径的 5 次方成正比。

将搅拌功率除以 $\rho n^3 d^5$,称为功率准数,以 N_P 表示,即 $N_P = P/\rho n^3 d^5$。可见 N_P 与阻力系数 ξ 成正比。与流体在管道中的流动类似,ξ 应与搅拌器型式和流动情况有关,所以功率准数应是搅拌器型式与雷诺数的函数,即

$$N_P = f(Re,搅拌器型式)$$

式中的 $Re = \dfrac{nd^2\rho}{\mu}$,称为搅拌雷诺数。

对一定型式的搅拌器,则有

$$N_P = f(Re) \tag{1-12}$$

将实验测得的各种搅拌器的 N_P-Re 关系在双对数坐标纸上标绘,即得功率曲线,如图1-16所示。

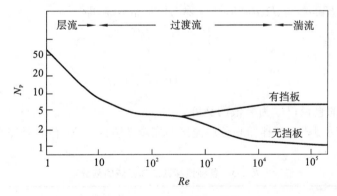

图 1-16 搅拌器的功率曲线

由图 1-16 可见,根据 Re 的大小,搅拌釜式反应器内的流动情况也可分为层流、过渡流和湍流。如果用函数式 $N_P = C(nd^2\rho/\mu)^m$ 或 $\lg N_P = \lg C + m\lg Re$ 来逼近式(1-11),就可对每一种指定型式的搅拌器功率曲线分段求出搅拌功率的关联式。

(1)层流区($Re < 10$):不同型式搅拌器的功率曲线都呈直线关系,且斜率相同,$m = -1$;同一型式几何形状相似的搅拌器,不论有无挡板,其 N_P-Re 在同一直线上,即挡板对搅拌功率无影响。

将 $N_P = C(nd^2\rho/\mu)^{-1}$ 与 $N_P = P/\rho n^3 d^5$ 两式相结合,即可求得层流区的搅拌功率。

$$P = C\mu n^2 d^3 \tag{1-13}$$

NOTE

式中的 C 值随搅拌器型式而不同,常用的几种搅拌器的 C 值列于表 1-2 中,μ 为液体的黏度。

表 1-2　几种搅拌器的 C、K 及 K_v 值

搅拌器型式	C	K	K_v
六直叶圆盘涡轮式	71.0	6.1	1.3
六弯叶圆盘涡轮式	70.0	4.8	
四直叶圆盘涡轮式	70.0	4.5	0.6
六直叶涡轮式	70.0	3	1.3
三叶推进式			
螺距$=2d$	43.5	1.0	0.4~0.5
螺距$=d$	42.0	0.32	0.4~0.5
六斜叶涡轮式	70.0	1.5	0.8
三叶片式	40.0		
螺带式	$340H_1/d$		
双叶桨式	36.5	1.7	
搪瓷锚式	245		

(2) 完全湍流区($Re>10^4$):无挡板时,因自由表面呈下陷漏斗状,空气被吸入液体中,使液体的密度减小,所以功率消耗降低,N_P 随 Re 的增大而减小,其功率消耗可由功率曲线求得。

在有挡板时,N_P 与 Re 无关,为一常数,即 $N_P=K$,所以搅拌功率为

$$P = K\rho n^3 d^5 \tag{1-14}$$

各种搅拌器的 K 值列于表 1-2 中。表中的 K 值是在 $H_L/d=3$、$D/d=3$ 的情况下测得的,如实际设备中 $H_L/d\neq3$、$D/d\neq3$,则应乘以校正系数 f,即

$$P = fK\rho n^3 d^5 \tag{1-15}$$

而

$$f = \frac{1}{3}\sqrt{(D/d)(H_L/d)} \tag{1-16}$$

式中,D 为搅拌釜的直径;H_L 为装液的高度。

应当指出,不同型式的搅拌器划分层流区与完全湍流区的 Re 值不是完全相同的,如表1-3中所示。

表 1-3　各种搅拌器工作区域的划分

搅拌器型式	状态边界上的 Re	
	层流与过渡流	过渡流与湍流
三叶片式	10^2	$5\times10^2\sim5\times10^3$
开启叶片涡轮式	10	$10^2\sim10^3$
闭叶片涡轮式	10^2	10^3
六叶片式	50	5×10^2
二叶片式	10	$50\sim5\times10^4$
搪瓷三叶片式	10^2	5×10^2
搪瓷二叶片式	2×10^2	5×10^2

搅拌器型式	状态边界上的 Re	
	层流与过渡流	过渡流与湍流
框式	10^3	10^4
搪瓷锚式	2×10^2	6×10^2

【例题 1-2】 某发酵釜内径为 2 m,装液高度为 3 m,安装有六弯叶圆盘涡轮式搅拌器,搅拌器直径为 0.7 m,转速为 150 r/min,发酵液密度为 1050 kg/m³,黏度为 0.1 Pa·s,求搅拌器所需功率。

解: $Re=\dfrac{nd^2\rho}{\mu}=\dfrac{150\times0.7^2\times1050}{60\times0.1}=1.29\times10^4>10^4$,为完全湍流状态,查表 1-2 得六弯叶圆盘涡轮式搅拌器的 K 值为 4.8,所以可得

$$P = K\rho n^3 d^5 = 4.8\times1050\times(150/60)^3\times0.7^5 \ \text{kW} = 13.2 \ \text{kW}$$

校正系数为

$$f = \frac{1}{3}\sqrt{(D/d)(H_L/d)} = \frac{1}{3}\sqrt{(2/0.7)(3/0.7)} = 1.17$$

所以,实际需要的搅拌轴功率为 15.4 kW。

2. 非均相液体搅拌功率

以上讨论限于均相液体的搅拌,对于非均相液体,可先算出平均密度和平均黏度,再按均相液体的方法来计算搅拌功率。

1) 液液相搅拌

(1) 平均密度。

$$\bar{\rho} = x_1\rho_1 + x_2\rho_2 \tag{1-17}$$

式中,x 为体积分数,下标 1、2 分别代表不同的两相液体。

(2) 平均黏度。当两相液体的黏度都较小时,

$$\bar{\mu} = \mu_1^{x_1}\mu_2^{x_2} \tag{1-18}$$

对常用的水-有机溶剂(以油表示)系统,当水的体积分数大于等于 40% 时,有

$$\bar{\mu} = \frac{\mu_{水}}{x_{水}}\left[1 + \frac{6x_{油}\,\mu_{油}}{\mu_{油} + \mu_{水}}\right] \tag{1-19}$$

当水的体积分数小于 40% 时,则有

$$\bar{\mu} = \frac{\mu_{油}}{x_{油}}\left[1 + \frac{1.5x_{水}\,\mu_{水}}{\mu_{油} + \mu_{水}}\right] \tag{1-20}$$

2) 固液相搅拌 当固体颗粒的量不大时,可近似地看作均一的悬浮状态。这时可取平均密度和平均黏度来代替原液相的密度和黏度,把它作为均相液体来计算搅拌功率。

(1) 平均密度。计算式同式(1-17),即

$$\bar{\rho} = x_1\rho_1 + x_2\rho_2 \tag{1-21}$$

式中,x 为体积分数,下标 1、2 分别代表颗粒和液相。

(2) 平均黏度。当 $\varphi'\leqslant1$ 时,有

$$\bar{\mu} = \mu(1 + 2.5\varphi') \tag{1-22}$$

当 $\varphi'>1$ 时,则有

$$\bar{\mu} = \mu(1 + 4.5\varphi') \tag{1-23}$$

式中,μ 为液相黏度;φ' 为固体颗粒与液相的体积比。

应当说明,固液相的搅拌功率与固体颗粒的大小有关,当颗粒尺寸在 200 目以下时,由于粒子与桨叶接触时的阻力变大,这种算法所求得的功率将偏小。

二、搅拌釜式反应器中流体的混合

（一）混合效果的度量

1. 均匀度

若将 A、B 两种液体,各取体积 V_A、V_B 置于一容器中,则容器内 A、B 的平均浓度(体积分数)分别为

$$C_{A0} = \frac{V_A}{V_A + V_B}, \quad C_{B0} = \frac{V_B}{V_A + V_B}$$

经一定时间的搅拌后,在容器中各处取样分析,若混合已经均匀,则混合液中各处 A、B 的浓度均分别为 C_{A0} 与 C_{B0};若混合尚未均匀,则各处的浓度 C_A 大于 C_{A0} 或小于 C_{A0},C_B 亦然。C_A(或 C_B)与 C_{A0}(或 C_{B0})相差越大,表示混合越不均匀。令:

$$I = C_A/C_{A0}(当 C_A < C_{A0} 时)$$

或者

$$I = C_B/C_{B0} = (1 - C_A)/(1 - C_{A0})(当 C_A > C_{A0} 时)$$

I 称为均匀度。显然,当混合均匀时,$I=1$;不均匀时,$I<1$。I 偏离 1 越远,反映了混合越不均匀。所以,均匀度可以表示混合状态偏离均匀状态的程度。

若同时在混合液中各处取 m 个样品,分别测出 C_A,求得 I,则混合液的平均均匀度应为 $\bar{I}$ $= \sum_{i=1}^{m} I_i/m$,可用来度量全部液体的混合效果。

2. 宏观均匀与微观均匀

初看起来似乎均匀度已能反映物料的混合程度,但进一步分析可以发现,单凭均匀度还不足以说明物料的实际混合程度。

图 1-17 所示为 A、B 两种液体通过搅拌达到的两种混合状态。在这两种状态中,液体 A 都已成微团均布于液体 B 中,但微团尺寸相差很大。现取样分析这两种状态的均匀度,当取样体积远大于微团尺寸时,每个样品都包含为数众多的微团,则两种状态的分析结果将相同,平均均匀度 $\bar{I}$ 都接近 1;但当取样体积小到与图 1-17 中(b)状态的微团尺寸相近时,则(b)状态的 $\bar{I}$ 将小于 1,而(a)状态的 $\bar{I}$ 仍可接近 1。可见,同一混合状态,其均匀度是随取样体积而变的。对于图 1-17 中所示的两种状态,就设备尺度上来说,两者都是均匀的,称为宏观均匀,从微团尺度上来说,两者具有不同的均匀度;从分子尺度上来说,两者都是不均匀的。只有当微团消失时,才能达到分子尺度上的均匀,即微观均匀。

对于互溶液体,剧烈搅拌可以大大缩短达到微观均匀所需的时间;对于不互溶液体,搅拌越剧烈,液滴尺寸越小,可以达到均匀混合的尺度就越小,但不可能达到微观均匀;对于悬浮液体,通常只能达到某种尺度上的宏观均匀。

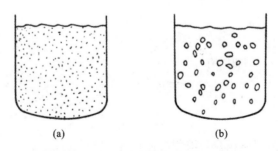

图 1-17 A、B 两种液体的两种混合状态

NOTE

（二）提高混合效果的措施

搅拌叶轮出口的液体因具有切向分速度而做圆周运动,严重时能使全部液体围绕搅拌轴旋转。此时液体在离心力的作用下涌向釜壁,使周边部分的液面沿釜壁上升,而中心部分的液面下降,形成一个大漩涡,如图 1-18 所示。叶轮的旋转速率越大,液面下凹的深度也越大,这种现象称为打旋。打旋时各层液体之间无速率梯度,不能提供分散所需要的剪切力,几乎没有轴向混合作用。当液面下凹达到一定深度后,桨叶的中心部分将暴露于空气中,将空气吸入,从而降低被搅拌物料的表观密度,使施于物料的搅拌功率急剧减小,从而降低了混合效果。此外,由于打旋而造成的功率波动会引起异常的作用力,加剧搅拌器的振动,甚至使其无法继续操作。

消除打旋现象的措施有以下两种。

（1）加设挡板。沿釜的内壁面垂直安装条形钢板（图 1-19）,可以有效地阻止圆周运动。加设挡板后,自由表面的下凹现象基本消失,搅拌功率可成倍增加。当挡板数乘以挡板宽再被釜内径除所得值约等于 0.4 时（大约为 4 块宽度为 0.1D 的挡板）,可获得良好的挡板效果,称为全挡板条件（即使再增加附件,搅拌器的功率也不再增大）。

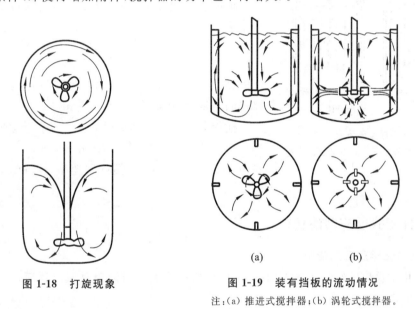

图 1-18　打旋现象

图 1-19　装有挡板的流动情况

注:(a) 推进式搅拌器;(b) 涡轮式搅拌器。

（2）偏心安装。将搅拌器偏心或偏心且倾斜地安装,借以破坏循环回路的对称性,可以有效地阻止圆周运动,增加湍动,消除打旋现象。对于较大的釜,也可将搅拌器偏心水平地安装在釜的下部,如图 1-20 所示。

（3）加设导流筒。若搅拌器周围无固体边界约束,液体可沿各个方向回流到搅拌器的入口,故不同的流体微团行程长短不一。釜中加设导流筒,可以严格地控制流动方向,使釜内所有物料均通过导流筒内的强烈混合区,既提高了混合效果,又有助于消除短路与死区。图 1-21 所示为导流筒的安装方式,对推进式搅拌器,导流筒是套在叶轮外面的;对涡轮式搅拌器,导流筒应置于叶轮的上方。通常,导流筒需将釜截面分成面积相等的两部分,即导流筒的直径约为釜内径的 70%。

（三）混合时间

许多化工操作涉及物料的搅动与混合,此时,有关达到混合均匀所需时间的知识往往是很重要的。通常将混合时间定义为在分子尺度上达到均匀所需的时间。但由于这种尺度的测量技术难以实现,所以研究工作者只能靠观察所能及的程度来测出达到均匀所需要的最终混合

NOTE

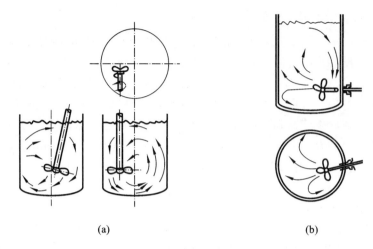

图 1-20 破坏循环回路的对称性

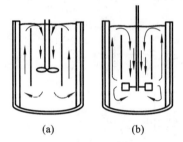

图 1-21 导流筒安装方式

注:(a) 推进式搅拌器;(b) 涡轮式搅拌器。

时间。

根据研究,混合时间大致等于釜内物料循环时间的4倍,即

$$t_{\mathrm{m}} \approx \frac{4V_{\mathrm{R}}}{V} \qquad (1\text{-}24)$$

式中,t_{m} 为混合时间,s 或 h;V_{R} 为装料容积,m³;V 为搅拌器的流量(泵送能力),m³/s 或 m³/h。

搅拌器的流量与其直径的 3 次方和转速成正比,即

$$V = K_{\mathrm{v}}nd^3 \qquad (1\text{-}25)$$

式中,K_{v} 为一常数;n 为搅拌器速率,r/min;d 为搅拌器直径,m。

三、搅拌釜式反应器的传热

1. 温度对化学反应的影响

温度对化学反应的影响是多方面的,下面择要讨论温度对简单反应的反应速率和对复杂反应选择性的影响。

1) 温度对反应速率的影响 由于速率常数对温度的依赖性,其关系可以由阿伦尼乌斯经验式来表示。

$$k = A_0 \mathrm{e}^{-E/RT} \qquad (1\text{-}26)$$

式中的活化能 E 不仅是反应难易程度的衡量,也是反应速率对温度敏感性的标志。

根据过渡状态理论,反应物先要被活化到一定状态,才能转变成产物。反应物与中间产物之间的能量差即为活化能,而反应物与最终产物之间的能量差则为反应热。图 1-22(a)所示为放热反应的情况,最终产物的能量较反应物低;图 1-22(b)所示为吸热反应的情况,最终产物的能量较反应物的高。

将式(1-26)两边取对数,得

$$\ln k = \ln A_0 - \frac{E}{RT} \qquad (1\text{-}27)$$

$\ln k$ 对 $1/T$ 作图为一直线,如图 1-23 所示。由图可见:①活化能大的反应,反应速率对温度较敏感,活化能小的反应,反应速率对温度不太敏感;②对一定的反应(E 一定),低温时反应速率对温度敏感,高温时反应速率对温度不太敏感。

 NOTE

34

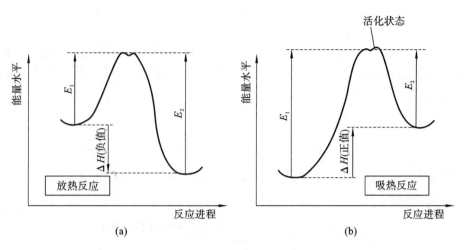

图 1-22 反应过程的能量状态

对于简单反应,反应速率是温度、浓度(或转化率)的函数。对于不可逆反应或可逆吸热反应,反应速率总是随温度的升高而加快,它们的最佳温度也就是工艺上能允许的最高温度。

对于简单可逆放热反应,情况则不同。图 1-24 所示为简单可逆放热反应的反应速率,图中显示不同 x_A 值时反应速率随温度的变化曲线。由图可见,当温度升到某值后,反应速率变慢(逆反应占优势),每一曲线都出现反应速率最高点。若将各曲线的最高点连接起来,即得最佳反应温度线,如图中虚线所示。如果随着转化率的提高,使反应温度始终沿这条最佳反应温度线变化,则所需的反应器容积(或反应时间)最小。因此,需要采用变温操作,随转化率的升高逐渐降低系统的温度。

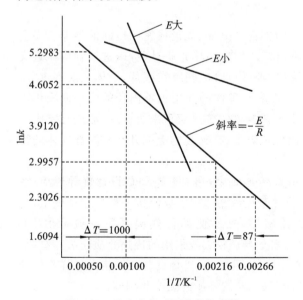

图 1-23 反应速率对温度的依赖性

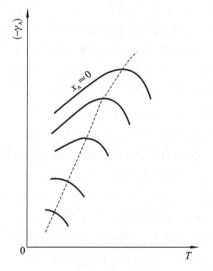

图 1-24 简单可逆放热反应的反应速率变化

2)温度对选择性的影响 对于平行反应:

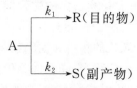

若反应速率为 $\gamma_R = k_1 C_A$,$\gamma_S = k_2 C_A$,则选择率为

$$\frac{\gamma_R}{\gamma_S}=\frac{k_1}{k_2}=\frac{A_1\mathrm{e}^{-E_1/RT}}{A_2\mathrm{e}^{-E_2/RT}}=\frac{A_1}{A_2}\mathrm{e}^{(E_2-E_1)/RT} \tag{1-28}$$

可见,当$E_1>E_2$时,温度升高,选择率增大;$E_1<E_2$时,温度升高,选择率减小。因此,提高温度有利于活化能大的反应;降低温度有利于活化能小的反应。这一温度效应可用来分析其他复杂反应。

对于连串反应:

$$A\xrightarrow[E_1]{k_1}R\xrightarrow[E_2]{k_2}S$$

如果R是目的产物,则$E_1>E_2$时,宜用高温;$E_1<E_2$时,宜用低温。

对于复杂反应:

$$A\begin{cases}\xrightarrow[E_1]{k_1}B\begin{cases}\xrightarrow[E_3]{k_3}R\begin{cases}\xrightarrow[E_5]{k_5}S(目的产物)\\\xrightarrow[E_6]{k_6}W\end{cases}\\\xrightarrow[E_4]{k_4}V\end{cases}\\\xrightarrow[E_2]{k_2}U\end{cases}$$

设$E_1>E_2$、$E_3<E_4$、$E_5>E_6$,则初期宜用高温,有利于B的生成;中期用低温,有利于R的生成;后期再用高温,有利于S的生成。

综上所述,化学反应都有热效应,为了使反应保持在适宜的温度下进行,搅拌釜式反应器需要设置传热装置,以满足加热或冷却的需要。

2. 搅拌釜式反应器的传热装置

(1)夹套:如图1-25所示,它是一个套在反应器筒体外面、能形成密闭空间的容器。夹套上设有蒸汽、冷却水或其他加热、冷却介质的进出口。如果加热介质是蒸汽,进口管应靠近夹套上端,冷凝液从底部排出;如果传热介质是液体,则进口管应安置在底部,液体从底部进入、上部流出,使传热介质能充满整个夹套的空间。夹套与釜体的间距视釜内径的大小而采用不同的数值,一般取25~100 mm。夹套的高度由工艺要求的传热面积来决定,一般应比釜内液面高50~100 mm,以保证充分传热。为了提高传热效果,在夹套的上端开有不凝性气体的排出口。此外,还设有压力表与安全阀。

有时,对于较大型搅拌釜式反应器,为了提高传热效果,在夹套空间装设螺旋导流板(图1-26),以缩小夹套中流体的流通面积,提高流速并避免短路。螺旋导流板一般焊在釜壁上,与夹套壁有小于3 mm的间隙。加设螺旋导流板后,夹套侧的传热膜系数一般可由500 W/(m²·K)增大到1500~2000 W/(m²·K)。当釜内径较大或采用的传热介质压力较高时,还可采用焊接半圆螺旋管或螺旋角钢的结构(图1-27、图1-28)代替夹套式结构。这样不但能提高传热介质的流速、改善传热效果,而且能提高反应器抗外压的强度和刚度。

(2)蛇管:当需要传递热量较大,而夹套传热在允许的反应时间内尚不能满足要求时,或是釜体内衬有橡胶、瓷砖等隔热材料而不能采用夹套传热时,可采用蛇管传热(图1-29)。蛇管沉浸在物料中,热损失小,传热效果好。排列密集的蛇管能起到导流筒和挡板的作用,强化搅拌,提高传热效果。通常,蛇管的传热系数较夹套高60%,而且可以采用较高压力的传热介质。但蛇管检修较麻烦,对含有固体颗粒的物料和黏稠物料,容易堆积和挂料,以至于影响传热效果。蛇管不宜太长,因为冷凝液可能积聚,降低部分传热面的传热作用,而且排出蒸汽中所夹带的惰性气体也困难。用蒸汽加热时,管长与管径的比值可参阅表1-4。管径过粗,蛇管的制造和加工较困难,通常采用的管径在25~70 mm范围内。如要求传热面很大,可做成几

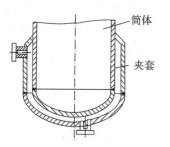
图 1-25 夹套传热图

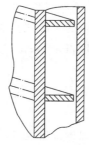
图 1-26 螺旋导流板

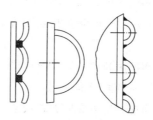
图 1-27 半圆螺旋管结构

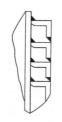
图 1-28 螺旋角钢结构

个并联的同心圆蛇管组。

表 1-4 管长与管径的比值

蒸汽压力/(×10 MPa)	0.45	1.25	2.0	3.0	5.0
管长与管径的最大比值	100	150	200	225	275

3. 搅拌釜式反应器的传热计算

釜内物料与夹套(或蛇管)内的流体之间的传热系数可由下式表示:

$$K = \frac{1}{\frac{1}{\alpha_1} + \frac{1}{\alpha_2} + \sum \frac{\delta}{\lambda}} \qquad (1-29)$$

式中,K 为传热系数;α_1 为釜侧传热膜系数;α_2 为夹套(或蛇管)侧传热膜系数;$\sum \frac{\delta}{\lambda}$ 为间壁与垢层的热阻之和。

当夹套内的传热介质为液体时,由于液体在夹套内的流动缓慢,基本上属自然对流,α_2 很小,通常两侧的热阻 $\left(\frac{1}{\alpha_1} 与 \frac{1}{\alpha_2}\right)$ 均须考虑。

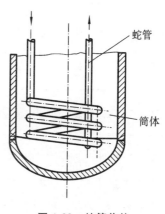
图 1-29 蛇管传热

(1)釜侧传热膜系数:在搅拌釜式反应器中,釜侧传热膜系数的大小在很大程度上受搅拌作用的影响,一般是将包含釜侧传热膜系数的努塞尔数(Nu)与雷诺数(Re)及普朗特数(Pr)关联成如下的函数形式:

$$Nu = aRe^m Pr^b \qquad (1-30)$$

当流体的温度与釜壁或蛇管壁的温度差别使流体的黏度有显著变化时,在关联式中应引入黏度校正项 $(\mu/\mu_w)^c$,其中 μ 与 μ_w 分别为流体在釜内总体温度下与壁面温度下的黏度,指数 c 的值在 0.14～0.25 之间。

在实际应用中,关联式中的 Nu 一般不用搅拌器的直径 d 作为特征尺寸。对于夹套传热的反应器,通常用釜内径 D 为特征长度;对于蛇管传热的反应器,则常用蛇管外径 d_t 作为特征长度。

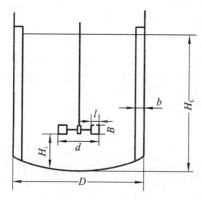
图 1-30 具有标准结构的六直叶圆盘涡轮式搅拌器

注:涡轮叶片数 $z=6$;4 块挡板;$D/d=3$;$H_L/d=3$;$B/d=1/5$;$l/d=1/4$;$H_1/d=1$;$b/d=3/10$。

对于具有标准结构的六直叶圆盘涡轮式搅拌器(图1-30),其传热膜系数的关联式为

$$\frac{aD}{\lambda} = 0.73 \left(\frac{nd^2\rho}{\mu}\right)^{0.65} \left(\frac{c_p\mu}{\lambda}\right)^{0.33} \left(\frac{\mu}{\mu_w}\right)^{0.24} \qquad (1-31)$$

NOTE

式中，α 为釜侧传热膜系数，$W/(m^2 \cdot K)$；D 为搅拌釜的直径，m；d 为搅拌器的直径，m；n 为搅拌器的转速，r/s；ρ 为液体的密度，kg/m^3；c_p 为液体的定压比热容，$J/(kg \cdot K)$；λ 为液体的导热系数，$W/(m \cdot K)$；μ 为液体在釜内温度下的黏度，$Pa \cdot s$；μ_w 为液体在壁面温度下的黏度，$Pa \cdot s$。

对于非标准结构的装置，用 $1.15(H_1/D)^{0.4}(H_L/D)^{-0.56}$ 代替系数 0.73。此处 H_1 为搅拌器离釜底的距离，H_L 为釜内液面高度。

装有不同型式的搅拌器并采用夹套或蛇管传热的搅拌釜式反应器，其计算釜侧传热膜系数的关联式汇总于表 1-5 中，并列出了适用的 Re 范围。计算所用的通式为

$$\frac{\alpha L}{\lambda} = a \left(\frac{nd^2\rho}{\mu}\right)^m \left(\frac{c_p\mu}{\lambda}\right)^b \left(\frac{\mu}{\mu_w}\right)^c (\text{其他项}) \tag{1-32}$$

式中，L 为特征长度，其他符号同前述。

表 1-5　推荐的釜侧传热膜系数计算式

反应器类型	传热表面	Re 范围	L	a	m	b	c	其他项	说　明
叶片式	夹套	$6\times10^2 \sim 5\times10^5$	D	0.112	0.75	0.44	0.25	$(D/d)^{0.40}$	平桨、
	蛇管	$3\times10^2 \sim 2.6\times10^5$	d_t	0.87	0.62	0.33	0.14	$(b/d)^{0.13}$	无挡板
锚式	夹套	$10 \sim 30$	D	1.0	0.5	0.33	0.18		
		$3\times10^2 \sim 4\times10^4$	D	0.36	0.67	0.33	0.18		
推进式	夹套	$2\times10^3 \sim 4\times10^4$	D	0.54	0.67	0.25	0.14		实验用釜内径 5 英尺 (1.524 m)，无挡板
螺带式	夹套	$8 \sim 10^5$	D	0.633	0.5	0.33	0.18		
直叶圆盘涡轮式（六叶有挡板）	夹套	$10 \sim 10^5$	D	0.73	0.65	0.33	0.24	$(d/D)^{0.1}$	$D_c/D = 0.7$ $S_c/d_t = 2 \sim 4$ $Z_c/D = 0.15$
	蛇管	$4\times10^2 \sim 1.5\times10^6$	d_t	0.17	0.67	0.37		$(d_t/D)^{0.5}$	
弯叶圆盘涡轮式（后掠叶片、六叶、无挡板）	夹套	$10^3 \sim 10^6$	D	0.68	0.67	0.33	0.14		
	蛇管	$10^3 \sim 10^6$	d_t	1.40	0.62	0.33	0.14		
斜叶圆盘涡轮式（六叶、倾斜45°）	夹套	$20 \sim 2\times10^2$	D	0.44	0.67	0.33	0.14		在限定的 Re 范围内，挡板无影响

注：①直叶圆盘涡轮式蛇管传热，无挡板时的 a 值可取有挡板时计算的 a 值的 0.65 倍。

②弯叶圆盘涡轮有挡板和 $Re < 400$ 时，a 用计算值，在高度湍流区，挡板增加的 a 值为计算的 a 值的 37% 左右。

③b 为叶片宽度；D_c 为蛇管圈直径；S_c 为蛇管各圈间距；Z_c 为蛇管距釜底的高度。

④1 英尺 = 30.48 cm。

（2）夹套侧传热膜系数：当往夹套内通蒸汽时，蒸汽的冷凝膜系数可取 7500 $W/(m^2 \cdot K)$。

当往夹套内通冷却水时，其传热膜系数可用下式计算。

$$Re < 3600 \text{ 时，} \quad \alpha = 400 \frac{u^{0.2}}{D_e^{0.5}} \Delta T^{0.1} \tag{1-33}$$

$$Re \geqslant 3600 \text{ 时，} \quad \alpha = 9300 \frac{u^{0.8}}{D_e^{0.2}} \tag{1-34}$$

式中，Re 为夹套内的流动雷诺数，$Re = D_e u\rho/\mu$；α 为夹套侧的传热膜系数，$W/(m^2 \cdot K)$；u 为水

在夹套内的流速，m/s；D_e 为夹套的当量直径，可按夹套内径与釜外径之差计算，m；ΔT 为釜外壁温度与水温间的温度差，K。

利用式(1-33)计算夹套侧的传热膜系数，需先知壁面温度，而壁面温度又与 α 有关，为此需用试差法，较麻烦，因此只有当 $Re < 3600$ 时才用式(1-33)。

(3) 蛇管侧传热膜系数：流体在弯管内流动时，由于离心力的作用，扰动加速，传热膜系数较直管内增大。蛇管侧的传热膜系数可按下式计算：

$$\alpha = \left(1 + 3.5\frac{d}{D_c}\right)\alpha_1 \qquad (1\text{-}35)$$

式中，d 为蛇管内径，m；D_c 为蛇管圈直径，m；α_1 为流体在直管内的传热膜系数，W/(m²·K)；α 为流体在蛇管内的传热膜系数，W/(m²·K)。

当蛇管内通冷却水时，α_1 可按下式计算：

$$\alpha_1 = 0.023\frac{\lambda}{d}\left(\frac{du\rho}{\mu}\right)^{0.8}\left(\frac{c_p\mu}{\lambda}\right)^{0.4} \qquad (1\text{-}36)$$

式中，μ 为液体在釜内温度下的黏度，Pa·s，其他物理量的意义同前，其定性温度为进出口流体温度的算术平均值。

式(1-36)适用于 $Re > 10000$、$\mu < 2 \times 10^{-3}$ Pa·s 的场合。当黏度较大时，可用下式计算：

$$\alpha_1 = 0.027\frac{\lambda}{d}\left(\frac{du\rho}{\mu}\right)^{0.8}\left(\frac{c_p\mu}{\lambda}\right)^{0.33}(\mu/\mu_w)^{0.14} \qquad (1\text{-}37)$$

式(1-37)中引入了壁面温度下的黏度 μ_w，须先知壁面温度，这就使计算复杂化。对于工程计算，蛇管内通冷却介质时，可取 $(\mu/\mu_w)^{0.14} = 1.05$；通加热介质时，可取 $(\mu/\mu_w)^{0.14} = 0.95$。式(1-37)适用于 $Re > 10000$，P_r 为 0.5~100 的各种液体，但不适用于液态金属。

【例题 1-3】 已知氯磺化釜内物料的物性数据为 $\rho = 1200$ kg/m³，$\lambda = 0.2$ W/(m·K)，$c_p = 1600$ J/(kg·K)，$\mu = 1.9 \times 10^{-3}$ Pa·s；夹套内冷却水的物性数据为 $\rho' = 1000$ kg/m³，$\lambda' = 0.6$ W/(m·K)，$c_p' = 4000$ J/(kg·K)，$\mu' = 8 \times 10^{-4}$ Pa·s。搅拌釜为铸铁，壁厚为 20 mm、$\lambda_2 = 62.8$ W/(m·K)，垢层热阻为 2×10^{-4} m²·K/W，搅拌釜直径为 1.2 m，采用六直叶圆盘涡轮式搅拌器，直径为 0.4 m，转速为 200 r/min，反应温度为 320 K。冷却水进口温度为 290 K，出口温度为 300 K，流速为 0.02 m/s，夹套的当量直径为 0.15 m，求传热系数。

解：
(1) 求釜侧传热膜系数 α_1。

因为 $D/d = 1.2/0.4 = 3$，考虑采用标准结构的搅拌釜式反应器(图 1-30)，故可按式(1-31)计算，即

$$\alpha_1 = 0.73\frac{\lambda}{D}\left(\frac{nd^2\rho}{\mu}\right)^{0.65}\left(\frac{c_p\mu}{\lambda}\right)^{0.33}\left(\frac{\mu}{\mu_w}\right)^{0.24}$$

若取 $\mu/\mu_w = 1$，则

$$\alpha_1 = 0.73 \times \frac{0.2}{1.2} \times \left[\frac{\frac{200}{60} \times 0.4^2 \times 1200}{1.9 \times 10^{-3}}\right]^{0.65} \times \left(\frac{1600 \times 1.9 \times 10^{-3}}{0.2}\right)^{0.33} \text{ W/(m}^2\cdot\text{K)}$$

$$= 0.12 \times 3915.9 \times 2.455 \text{ W/(m}^2\cdot\text{K)}$$

$$= 1154 \text{ W/(m}^2\cdot\text{K)}$$

(2) 求夹套侧传热膜系数 α_2。

因为 $Re = \frac{D_e u\rho'}{\mu'} = \frac{0.15 \times 0.02 \times 1000}{8 \times 10^{-4}} = 3750 > 3600$，故可按式(1-34)计算，即

$$\alpha_2 = 9300\frac{u^{0.8}}{D_e^{0.2}} = 9300 \times \frac{0.02^{0.8}}{0.15^{0.2}} \text{ W/(m}^2\cdot\text{K)} = 594 \text{ W/(m}^2\cdot\text{K)}$$

（3）求传热系数 K。

由式（1-29）得

$$K = \cfrac{1}{\cfrac{1}{\alpha_1} + \cfrac{1}{\alpha_2} + \sum \cfrac{\delta}{\lambda_2}} = \cfrac{1}{\cfrac{1}{1154} + \cfrac{1}{594} + \cfrac{0.02}{62.8} + 0.0002} \ \text{W/(m}^2 \cdot \text{K)} = 325.9 \ \text{W/(m}^2 \cdot \text{K)}$$

【例题 1-4】 若上例中采用蛇管传热，蛇管外径为 0.035 m，壁厚为 2.5 mm，其导热系数为 44.9 W/(m·K)，蛇管圈直径为 0.46 m，水的流速为 0.4 m/s，其他数据不变，求传热系数。

解：

（1）求釜侧传热膜系数 α_1。

由表 1-5 查得计算釜侧传热膜系数的关联式为

$$\alpha = 0.17 \frac{\lambda}{d_t} \left(\frac{d^2 n\rho}{\mu}\right)^{0.67} \left(\frac{c_p\mu}{\lambda}\right)^{0.37} \left(\frac{d}{D}\right)^{0.1} \left(\frac{d_t}{D}\right)^{0.5}$$

$$= 0.17 \times \frac{0.2}{0.035} \times \left[\frac{\frac{200}{60} \times 0.4^2 \times 1200}{1.9 \times 10^{-3}}\right]^{0.67}$$

$$\times \left(\frac{1600 \times 1.9 \times 10^{-3}}{0.2}\right)^{0.37} \left(\frac{0.4}{1.2}\right)^{0.1} \left(\frac{0.035}{1.2}\right)^{0.5} \ \text{W/(m}^2 \cdot \text{K)}$$

$$= 0.97 \times 5051 \times 2.74 \times 0.896 \times 0.171 \ \text{W/(m}^2 \cdot \text{K)} = 2056.9 \ \text{W/(m}^2 \cdot \text{K)}$$

（2）求蛇管侧传热膜系数 α_2。

因为

$$Re = \frac{du\rho'}{\mu'} = \frac{0.03 \times 0.4 \times 1000}{8 \times 10^{-4}} = 15000$$

$$Pr = \frac{C'_P \mu'}{\lambda'} = \frac{4000 \times 8 \times 10^{-4}}{0.6} = 5.33$$

按式（1-36）计算，直管的传热膜系数为

$$\alpha_{直} = 0.023 \frac{\lambda'}{d} Re^{0.8} Pr^{0.4}$$

$$= 0.023 \times \frac{0.6}{0.03} \times 15000^{0.8} \times 5.33^{0.4} \ \text{W/(m}^2 \cdot \text{K)}$$

$$= 0.46 \times 2192 \times 1.953 \ \text{W/(m}^2 \cdot \text{K)} = 1969 \ \text{W/(m}^2 \cdot \text{K)}$$

按式（1-35）计算，蛇管的传热膜系数为

$$\alpha_{蛇} = \left(1 + 3.5 \frac{d}{D_c}\right)\alpha_{直}$$

$$= \left(1 + 3.5 \times \frac{0.03}{0.46}\right) \times 1969 \ \text{W/(m}^2 \cdot \text{K)}$$

$$= 2418 \ \text{W/(m}^2 \cdot \text{K)}$$

（3）求传热系数。

由式（1-29）得

$$K = \cfrac{1}{\cfrac{1}{2056.9} + \cfrac{1}{2418} + \cfrac{0.0025}{44.9} + 0.0002} \ \text{W/(m}^2 \cdot \text{K)} = 865.5 \ \text{W/(m}^2 \cdot \text{K)}$$

四、间歇操作搅拌釜式反应器的工艺计算

（一）反应器的物料衡算

在进行反应器的物料衡算时，往往需要用到转化率和收率的数据。转化率是针对主要原

料而言的,即主要原料在主反应和副反应中反应掉的物质的量与其加入的物质的量的百分率为转化率。收率则是针对主产物而言的,主产物实际得量的物质的量与其理论得量的物质的量的百分率称为收率。由于原料可能发生副反应、产物可能发生分解、设备的漏损以及后处理过程中的损失等原因,收率通常小于转化率。下面以氯霉素生产中的硝化反应为例,说明物料衡算的具体做法。

【例题 1-5】 乙苯用混酸硝化,原料(工业品)乙苯的纯度为 95%,混酸中含 HNO_3 32%、H_2SO_4 56%、H_2O 12%,HNO_3 过剩率(HNO_3 过剩量与理论消耗量之比)为 0.052,乙苯转化率为 99%(转化为邻、间位的分别为 43% 和 4%),对硝基乙苯的收率为 52%,年产 300 t 对硝基乙苯,年工作日 300 天,试以每天为基准做硝化反应的物料衡算。

解:

(1) 每天应产对硝基乙苯:$300 \times 1000/300$ kg $= 1000$ kg。

(2) 每天需投料乙苯:

主反应

M_w	106.17	63.02		151.17	18.02
	x			1000	

$$x = \frac{106.17 \times 1000}{151.17 \times 0.52} \text{ kg} = 1351 \text{ kg}(纯乙苯)$$

$$x' = \frac{1351}{0.95} \text{ kg} = 1422 \text{ kg}(工业品)$$

(3) 每天产邻、间硝基乙苯:

副反应

M_w	106.17	63.02		151.17	18.02
	1351			x_1	
				x_2	

$$x_1 = \frac{1351 \times 151.17}{106.17} \times 0.43 \text{ kg} = 827.2 \text{ kg}(邻位)$$

$$x_2 = \frac{1351 \times 151.17}{106.17} \times 0.04 \text{ kg} = 76.9 \text{ kg}(间位)$$

(4) 每天需投料混酸:

$$y = \frac{63.02 \times 1351 \times (1 + 0.052)}{106.17 \times 0.32} \text{ kg} = 2636.3 \text{ kg}$$

其中含 HNO_3:2636.4×0.32 kg $= 843.7$ kg。

H_2SO_4:2636.4×0.56 kg $= 1476.4$ kg。

H_2O:2636.4×0.12 kg $= 316.4$ kg。

(5) 每天反应消耗乙苯:1351×0.99 kg $= 1337.5$ kg。剩余乙苯:$1351 - 1337.5$ kg

=13.5 kg。

（6）每天反应消耗 HNO_3：

$$y_1 = \frac{1351 \times 63.02}{106.17} \times 0.99 \text{ kg} = 793.9 \text{ kg}$$

剩余 HNO_3：843.7－793.9 kg＝49.8 kg。

（7）每天反应生成 H_2O：

$$y_2 = \frac{1351 \times 18.02}{106.17} \times 0.99 \text{ kg} = 227 \text{ kg}$$

最后将物料衡算结果列成表，见表 1-6、表 1-7。

表 1-6　物料衡算结果（进料）

原　　料	含量/(%)	质量/kg	纯量/kg	杂质/kg	体积/L	相对密度
乙苯	95	1422	1351	71	1634.5	0.87
混酸		2636.4			1658.1	1.59
HNO₃	32		843.7			
H₂SO₄	56		1476.4			
H₂O	12		316.4			
总计		4058.4	3987.5	71	3292.6	

表 1-7　物料衡算结果（出料）

产　　物	产量/kg	质量/kg	含量/(%)	体积/L	相对密度
对硝基乙苯	1000		52.2		
邻硝基乙苯	827.2	1917.6	43.1	1629.5	1.1768
间硝基乙苯	76.9		4.0		
乙苯	13.5		0.7		
HNO₃	49.8		2.3		
H₂SO₄	1476.4	2140.6	69	1329.6	1.61
H₂O	543.4		25.4		
杂质	71		3		
总计	4058.2	4058.2		2959.1	

（二）反应器容积与个数的确定

由物料衡算求出每天需处理的物料体积后，即可着手计算反应器的容积与个数。令 V_d 为每天需处理的物料体积，V_T 为反应器的容积，V_R 为反应器的装料容积，φ 为反应器的装料系数，τ 为每批操作需要的反应时间，τ' 为每批操作需要的辅助时间，α 为每天需操作的批数，β 为每天每个反应器可操作的批数，n_P 为反应器需用的个数，n 为反应器应安装的个数，δ 为反应器生产能力的后备系数。

计算时，在反应器的容积 V_T 和个数 n 这两个变量中必须先确定一个。由于个数一般不会很多，通常可以用几个不同的 n 值来计算相应的 V_T 值，然后决定采用哪一组 n 和 V_T 值比较合适。

（1）给定 V_T，求 n：因为每天需操作的批数为

$$\alpha = \frac{V_d}{V_R} = \frac{V_d}{V_T \varphi} \tag{1-38}$$

而每天每个反应器可操作的批数为

$$\beta = \frac{24}{\tau + \tau'} \tag{1-39}$$

所以,生产过程需用的反应器个数为

$$n_P = \frac{\alpha}{\beta} = \frac{V_d(\tau + \tau')}{24\varphi V_T} \tag{1-40}$$

由式(1-40)计算得到的 n_P 值通常不是整数,须圆整成整数 n。这样反应器的生产能力较设计要求提高了,其提高程度称为生产能力的后备系数,以 δ 表示,即 $\delta = n/n_P$,后备系数通常在 1.1~1.15 之间为合适。

(2) 给定 n,求 V_T:有时由于受厂房面积的限制或工艺过程的要求,需先确定反应器的个数,此时每个反应器的容积可按下式求得:

$$V_T = \frac{V_d(\tau + \tau')\delta}{24\varphi n} \tag{1-41}$$

式(1-41)中的 δ 取值为 1.1~1.15。

(三) 反应器直径与高度的计算

一般搅拌釜式反应器的高度与直径之比 H/D 为 1.2 左右(图 1-31)。釜盖与釜底采用椭圆形封头,如图 1-31 所示,图中注明的封头容积($V = 0.131D^3$)不包括直边高度(25~50 mm)的容积。

由工艺计算确定了反应器的容积后,即可按下式求得其直径与高度。

$$V_T = \frac{\pi}{4}D^2 H'' + 0.131D^3 \tag{1-42}$$

所求得的圆筒高度及直径要圆整,并检验装料系数是否合适。

确定了反应器的主要尺寸后,其壁厚、法兰尺寸以及手孔、视镜、工艺接管口等均可按工艺条件在标准中选取。

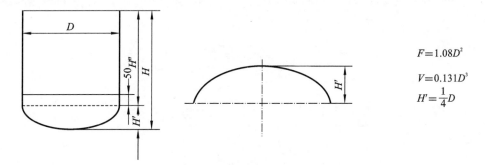

$$F = 1.08D^2$$
$$V = 0.131D^3$$
$$H' = \frac{1}{4}D$$

图 1-31 反应器的主要尺寸和椭圆形封头

(四) 搅拌器放大

搅拌器的型式选定后,下一步工作就是要确定其尺寸、转速与功率,也就是搅拌器的放大。所用放大准则应能保证放大后的操作效果不变。对于不同的搅拌过程和搅拌目的,有以下一些放大准则可供选用。

(1) 保持搅拌雷诺数 $\rho n d^2/\mu$ 不变。因放大前后物料相同,ρ、μ 不变,由此可导得小试与放大后的搅拌器之间应满足下列关系:

$$n_1 d_1^2 = n_2 d_2^2 \tag{1-43}$$

式中,n、d 分别代表搅拌器的转速与直径,下标 1、2 分别代表小试与放大后。

(2) 保持叶端圆周速率 $\pi n d$ 不变。

由此可导得

$$n_1 d_1 = n_2 d_2 \tag{1-44}$$

（3）保持单位体积所消耗的搅拌功率 P/V 不变。因为在湍流时,搅拌功率正比于转速的 3 次方、搅拌器直径的 5 次方,即 $P \propto n^3 d^5$;而釜内径又是搅拌器直径的一定倍数,这样釜的体积就正比于搅拌器直径的 3 次方,即 $V \propto d^3$。将上述两式相除,得 $P/V \propto n^3 d^2$,所以单位体积的搅拌功率与转速的 3 次方、搅拌器直径的平方成正比。要保持 P/V 不变,则有

$$n_1^3 d_1^2 = n_2^3 d_2^2 \tag{1-45}$$

（4）保持传热膜系数相等。

通用的传热膜系数关联式为

$$\frac{\alpha D}{\lambda} = a \left(\frac{d^2 n \rho}{\mu} \right)^m \left(\frac{C_P \mu}{\lambda} \right)^b \tag{1-46}$$

对于采用相同流体和温度的几何形状相似系统,可得

$$\frac{\alpha_2}{\alpha_1} = \left(\frac{d_2}{d_1} \right)^{2m-1} \left(\frac{n_2}{n_1} \right)^m \tag{1-47}$$

因此,对于任一给定的系统,可以在恒定的搅拌器直径与不同转速下通过实验确定 m 的值。通常带夹套的搅拌釜,m 为 0.67;带蛇管的搅拌釜,m 为 $0.5 \sim 0.67$。

要保持小试与放大后的传热膜系数相等,则由式(1-47)可得

$$\frac{n_2}{n_1} = \left(\frac{d_1}{d_2} \right)^{\frac{2m-1}{m}} \tag{1-48}$$

在许多均相搅拌系统的放大中,往往需要通过加热或冷却的方法,使反应保持在适当的温度范围内进行,因而传热速率成为设计的控制因素。此时,采用传热膜系数相等的准则进行放大,可以得到满意的结果。

当采用传热膜系数相等作为放大准则时,不仅能使放大后具有与中试时同样的传热状态,而且不过分改变其他变量(如 P/V 和 nd)的大小。例如,当 $m=0.65$ 时,要保持传热膜系数相等,则

$$\frac{n_2}{n_1} = \left(\frac{d_1}{d_2} \right)^{\frac{2m-1}{m}} = \left(\frac{d_1}{d_2} \right)^{0.46} \tag{1-49}$$

此时,

$$\frac{(P/V)_2}{(P/V)_1} \left(\frac{n_2}{n_1} \right)^3 \left(\frac{d_2}{d_1} \right)^2 = \left(\frac{d_1}{d_2} \right)^{0.46 \times 3} \left(\frac{d_2}{d_1} \right)^2 = \left(\frac{d_2}{d_1} \right)^{0.62} \tag{1-50}$$

$$\frac{n_2 d_2}{n_1 d_1} = \left(\frac{d_1}{d_2} \right)^{0.46} \left(\frac{d_2}{d_1} \right) = \left(\frac{d_2}{d_1} \right)^{0.54} \tag{1-51}$$

可见,在保持传热膜系数相等的情况下放大,叶端圆周速率和 P/V 等重要变量的改变都不大,而这三者对间歇操作反应器尤为重要。

对于非均相系统,如固体的悬浮、溶解,气泡或液滴的分散,要求放大后单位体积的接触表面积保持不变,可以采用单位体积搅拌功率不变的准则进行放大。这个准则还适用于依赖分散度的传质过程,如气体吸收、液液萃取等。

至于具体的搅拌过程采用哪个准则放大比较合适,需通过逐级放大实验来确定。在几个（一般为三个）几何形状相似大小不同的实验装置中,改变搅拌器转速进行实验,以获得同样满意的生产效果。然后按式(1-43)至式(1-47)判定哪一个放大准则较为适用,并据此放大准则外推求出大型搅拌装置的尺寸、转速等(图 1-32)。

【例题 1-6】 某厂小试用容积 9.36 L 的搅拌釜,直径为 229 mm,采用直径为 76.3 mm 的涡轮式搅拌器,在转速为 1273 r/min 时获得良好的生产效果。拟根据小试数据设计一套容积

(a)　　　　　　　　(b)　　　　　　　　　　　(c)

图 1-32　实验室、中试和生产用搅拌设备实例

注:(a) 小试实验;(b) 中试实验;(c) 生产。

为 2000 L 的搅拌釜,问应如何进行放大设计。

解: 先制造两套与小试设备几何相似的实验设备,容积分别为 75 L 和 600 L,调节转速以获得同样的生产效果。三套设备得到的实验数据如表 1-8 所示。

表 1-8　三套设备的实验数据

釜　号	容积/L	直径/mm	搅拌器直径/mm	转速/(r/min)
1	9.36	229	76.3	1273
2	75.00	457	153.0	673
3	600.00	915	305.0	318

分别计算得出各实验设备的 nd^2、n^3d^2 及 nd 值,列入表 1-9。

表 1-9　三套设备的计算数据

釜　号	nd^2	n^3d^2	nd
1	7.41	12.0×10^6	97.1
2	15.80	7.14×10^6	103.0
3	29.60	2.99×10^6	97.0

由表 1-9 可见,三套实验设备在生产效果相同时,nd 基本相同。因此,保持叶端圆周速率不变可以作为放大准则,并由此外推出生产设备的直径和转速。

因大型设备与小型设备的几何形状相似,所以大型搅拌釜的直径为

$$D_2 = \sqrt[3]{\frac{V_2}{V_1}} \times D_1 = \sqrt[3]{\frac{2}{9.36 \times 10^{-3}}} \times 229 \text{ mm} = 1369 \text{ mm}$$

搅拌器的直径为

$$d_2 = \frac{D_2 d_2}{D_1} = \frac{1369}{229} \times 76.3 \text{ mm} = 456 \text{ mm}$$

搅拌器的转速为

$$n_2 = \frac{n_1 d_1}{d_2} = \frac{1273 \times 76.3}{456} \text{ r/min} = 213 \text{ r/min}$$

（五）设备之间的平衡

由式(1-41)可得

$$nV_{\mathrm{T}} = \frac{V_{\mathrm{d}}(\tau + \tau')\delta}{24\varphi} \tag{1-52}$$

式中 V_{d}、φ、δ 均由生产过程的要求所决定，要使 nV_{T} 值(决定投资额)减小，只有从减小(τ $+\tau'$)着手，而反应时间 τ 已由工艺条件(温度、压力、浓度、催化剂等)所决定，因此缩短辅助时间 τ' 也就成为关键所在。

在通常情况下，加料、出料、清洗等辅助时间不会太长。但当前后工序设备之间不平衡时，就会出现前工序操作完了要出料、后工序却不能接受来料，或后工序待接受来料而前工序尚未反应完毕的情况。这时将大大延长辅助操作的时间。关于设备之间的平衡，大致有下列几种情况。

1. 反应器与反应器之间的平衡

为了便于生产的组织管理和产品的质量检验，通常要求不同批号的物料不相混，这样就应使各道工序每天操作的批数相同，即 $V_{\mathrm{d}}/(V_{\mathrm{T}} \cdot \varphi)$ 为一常数。设计时一般首先确定主要反应工序的设备容积、个数及每天操作批数，然后使其他工序的 α 值都与其相同，再确定各工序的设备容积与个数。

2. 反应器与物理过程设备之间的平衡

当反应后需要过滤或离心脱水时，通常每个反应器配置一台过滤机或离心机比较方便。若过滤需要的时间很短，也可以两个或两个以上反应器合用一台过滤机。若过滤需要的时间较长，则可以按反应工序的 α 值取其整数倍来确定过滤机的台数，也可以每个反应器配两台或更多的过滤机(此时可考虑采用一台较大规格的过滤机)。

当反应后需要浓缩或蒸馏时，因为它们的操作时间较长，通常需要设置中间贮槽，将反应完成液先储入贮槽中，以避免两个工序之间因操作上不协调而耽误时间。

3. 反应器与计量槽、贮槽之间的平衡

通常液体原料都要经过计量后加入反应器，每个反应器单独配置专用的计量槽，操作方便，计量槽的容积通常根据一批操作需要的原料用量来决定(φ 取 0.8~0.85)。贮槽的容积则可按一天的需用量来决定，当每天的用量较少时，也可按储备 2~3 天的量来计算(φ 取 0.8~0.9)。

【例题 1-7】 对硝基氯苯经磺化、盐析生产 1-氯-4-硝基苯磺酸钠，磺化时物料总量为每天 5000 L，生产周期为 12 h；盐析时物料总量为每天 20000 L，生产周期为 20 h。若每个磺化器容积为 2000 L，$\varphi=0.75$，求：①磺化器个数与后备系数；②盐析器个数、容积($\varphi=0.8$)及后备系数。

解：

(1)磺化器每天操作批数为

$$\alpha = 5000/(2000 \times 0.75) = 3.33$$

每个设备每天操作批数为

$$\beta = 24/12 = 2$$

所需设备个数为

$$n_{\mathrm{P}} = \alpha/\beta = 3.33/2 = 1.665$$

采用 2 个磺化器，其后备系数为

$$\delta = \frac{n}{n_{\mathrm{P}}} = \frac{2}{1.665} = 1.2$$

NOTE

(2)盐析器：按不同批号的物料不相混的原则，盐析器每天操作的批数也应取 3.33。所以

每个盐析器的容积为

$$V_\mathrm{T} = \frac{V_\mathrm{d}}{\alpha} \cdot \varphi = \frac{20000}{3.33 \times 0.8}\ \mathrm{L} = 7508\ \mathrm{L}$$

每个盐析器每天操作批数为

$$\beta = 24/20 = 1.2$$

所需盐析器个数为

$$n_\mathrm{P} = 3.33/1.2 = 2.78$$

采用 3 个盐析器，其后备系数为

$$\delta = 3/2.78 = 1.079$$

第三节　其他类型化学反应器

一、管式反应器

管式反应器是制药工程生产中应用较多的一种连续操作的反应器。它具有结构简单,加工方便,单位容积的生产能力强,单位容积的传热面积大,能耐高压和易于控制等优点。

管式反应器主要用于均相如气相和液相反应,也可以用于气液相或气固相反应。在制药工程中管式反应器应用的实例很多,例如,醋酸热裂制备双乙烯酮、苯胺重氮化制备苯肼、氯乙醇氨化制备乙醇胺、邻硝基苯氨化制备邻硝基苯胺、乙醇脱水制备乙烯等。

（一）水平和立式管式反应器

这种反应器可以是一根或数根水平或竖直放置的空管,也可以是如图 1-33 所示的一组带夹套的管子。管材料可以是钢材或非金属材料(如玻璃)。管式反应器由标准管材和管件连接而成,安装和检修都比较简便,缺点是比较占空间。

对于黏稠物料,为了促进传热和传质,减少径向温度差和浓度差,可在反应器中设置搅拌器,图 1-34 所示为一种装有绞龙推进式搅拌器的水平管式反应器。图 1-35 所示为水平管式反应器外观实例。

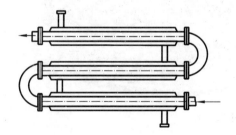

图 1-33　水平管式反应器

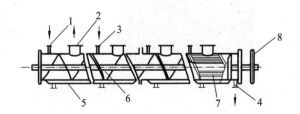

图 1-34　带绞龙推进式搅拌器的水平管式反应器

注:1. 进料管;2. 排气管;3. 加料管;
4. 出料管;5. 加热夹套;6. 绞龙推进器;
7. 水平刮板;8. 转动轮。

对于固相或半固相反应,可采用双螺杆管式反应器,如图 1-36 所示。螺杆相对转动,其作用是兼混合、推移和粉碎物料于一身。

（二）盘管式反应器

将管道做成盘管安装在反应器内,如图 1-37、图 1-38 所示。管盘和圆筒体的间隙是加热或冷却介质的流动空间。这种反应器结构紧凑,占据空间小,但安装和检修比较麻烦。

NOTE

图 1-35　水平管式反应器外观实例

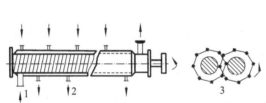

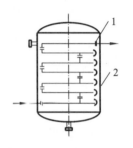

图 1-36　双螺杆管式反应器

注:1.进料管;2.出料管;3.螺旋杆。

图 1-37　盘管式反应器

注:1.盘管;2.圆筒体。

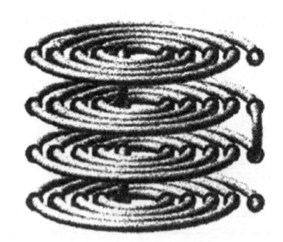

图 1-38　盘管式反应器外观实例

（三）U形管式反应器

图 1-39 所示为两种 U 形管式反应器,管内设有多孔挡板或搅拌装置以强化传热和传质。由于管的直径较大,物料停留时间较长,可用于慢反应。图 1-39(a)所示的管式反应器已成功用于己内酰胺的聚合反应。图 1-39(b)所示的管式反应器适用于非均相液态物料或液固悬浮物料,已被用于甲苯连续硝化反应。U 形管式反应器外观实例如图 1-40 所示。

很多需要高温或高温高压的反应,常采用管式反应器。获取高温的方法除蒸汽加热外,还有高温载热体、电流以及煤气或烟道气加热,如用煤气或烟道气加热的直焰式或无焰辐射式裂解炉。电流加热法是将低电压、大电流的电源直接通到管壁上,使电能转变成热能。这种加热方法升温快,加热温度高,便于实现自控和遥控,已在醋酸热裂制备双乙烯酮中应用。

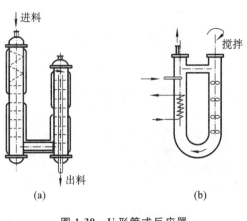

图 1-39　U 形管式反应器

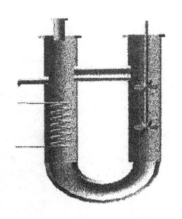

图 1-40　U 形管式反应器外观实例

二、塔式反应器

塔式反应器是一种广泛应用于液相参与的中速、慢速反应和放热量大的反应的反应器,包括填料塔反应器、鼓泡塔反应器、板式塔反应器和喷淋塔反应器。

(一)填料塔反应器

采用填料塔反应器进行化学吸收是工业上常见的型式之一,这是因为填料塔反应器具有结构简单、压力降小、易于适应各种腐蚀介质和不易造成溶液起泡等优点。由于它的比表面积大、持液量小,瞬间反应、快速和中速反应的吸收过程都可采用。

优点:结构简单,耐腐蚀,轴向返混可忽略,能获得较大的液相转化率,气相流动压力降小,降低了操作费用(塔内流动情况接近活塞流模型)。

缺点:液体在填料床层中停留时间短,不能满足慢反应的要求,且存在壁流和液体分布不均等问题,其生产能力低于板式塔反应器。

作为填料塔反应器的填料,其比表面积和空隙率要大,能耐介质的腐蚀,有一定的强度和良好的可润湿性,且价格要低廉。

常用的填料有拉西环、鲍尔环、矩鞍形填料等,材质有陶瓷、不锈钢、石墨和塑料。

填料塔反应器的结构如图 1-41 所示。

(二)鼓泡塔反应器

鼓泡塔反应器是一种常用的气液接触反应设备,各种有机化合物的氧化反应都采用鼓泡塔反应器。在鼓泡塔反应器中,一般不要求对液相做剧烈搅拌,蒸汽以气泡状穿过液体而造成的混合已足够。

鼓泡塔反应器的优点是气相高度分散在液相中,因此有大的持液量和相际接触面积,使传质和传热的效率较高,它适用于缓慢化学反应和强放热情况。

鼓泡塔反应器的结构如图 1-42 所示,气体通过分布器上的小孔鼓泡进入,液体可连续加入或分批加入。其结构简单、操作稳定、投资和维修费用低。鼓泡塔反应器的持液量大,停留时间较长,适用于慢反应。当热效应较大时,可在塔内或塔外安装传热装置。鼓泡塔反应器的液相返混较大,尤其当高径比大时,气泡合并速率加快,相际接触面积迅速减小。这时,可在塔内加设挡板或放置填料,以增大气液接触面积并减小返混。

NOTE

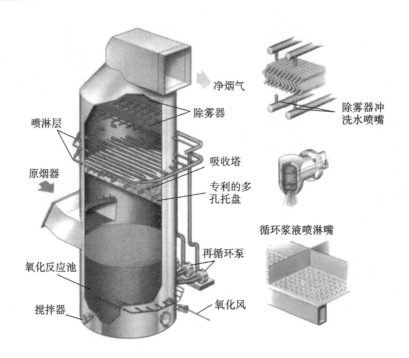

图 1-41　填料塔反应器

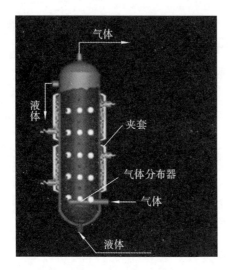

图 1-42　鼓泡塔反应器

三、固定床反应器

反应物料呈气态通过由静止的催化剂颗粒构成的床层进行反应的装置,称为气固相固定床催化反应器,简称固定床反应器(图 1-43)。

固定床反应器在制药工业中的应用较多。例如,乙腈催化还原制备乙胺、4-甲基吡啶在 V_2O_5 催化下制备异烟酸、乙炔在 KOH/CaO 催化下与乙醇加成制备乙烯基乙醚(EVE)等,都采用固定床反应器。

(一)固定床反应器的特点

1. 固定床反应器的优点

(1)气体在床层中的流动接近平推流,因而反应速率较快,所需反应器的容积较小。

(2)气体的停留时间可以严格控制,反应温度可以适当调节,因而有利于提高反应的选择性与转化率。

(3)催化剂处于静止状态,不易磨损,寿命较长。

(4)可以在高温高压下操作。

2. 固定床反应器的缺点

(1)使用的催化剂颗粒较大(一般直径为 3~5 mm),催化剂载体往往是热的不良导体,操作时催化剂颗粒又静止不动,这样就造成床层的导热性能不好,使床层温度不均匀。

(2)受压力降等因素的制约,不能使用过细颗粒的催化剂,导致不能充分利用催化剂的内表面。

(3)再生和更换催化剂比较困难,必须停车处理。

NOTE

（二）固定床反应器的型式

1. 单段绝热式

反应器为一圆筒体，内部无换热构件，其下部装有一块支撑催化剂的多孔板，板上铺有几层直径较大的填料，在填料上再均匀铺上催化剂颗粒（图1-44）。反应气体从筒体上部进入，经过气体分布器，沿轴向自上而下地均匀通过催化剂床层进行催化反应。采用气流方向与固体颗粒重力方向一致，可以避免催化剂浮动和粉碎流失。反应后的气体由下部引出。

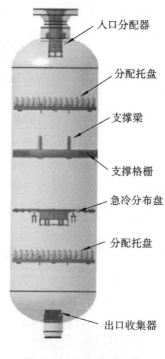

图 1-43 固定床反应器

入口分配器
分配托盘
支撑梁
支撑格栅
急冷分布盘
分配托盘
出口收集器

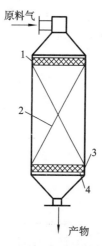

图 1-44 单段绝热式固定床反应器

注：1. 气体分布器；2. 催化剂层；
3. 填料层；4. 多孔板。

原料气
产物

这种反应器结构简单，造价低廉，反应器空间利用率高，但因为反应器床层内不设置换热的装置，只适用于热效应较小、绝热升温不太高、单程转化率较低和反应温度允许波动范围较宽的情况。例如，氯苯水解制备苯酚、乙苯脱氢制备苯乙烯等。

2. 多段绝热式

当反应热效应较大时，若采用单段绝热式固定床反应器，绝热升温可以使反应器内温度超出允许的范围。此时，可采用多段绝热式固定床反应器。多段绝热式固定床反应器因换热的方式不同，可分为以下几种。

（1）中间换热式多段绝热式固定床反应器：如图1-45所示，在各段之间用热交换器换热。这种型式结构紧凑，适用于中等热效应的反应过程，如环己醇脱氢制备环己酮。其缺点是更换催化剂困难。

（2）外冷却式串联多段绝热式固定床反应器：如图1-46所示。它的优点是更换催化剂比较方便，缺点是占据空间比较大。

（3）冷激式多段绝热式固定床反应器：如图1-47所示。一般用冷激气进行中间冷激，例如，萘加氢制备四氢萘就采用这种装置。

3. 对外换热式

图1-48所示为列管式反应器的结构，类似于管壳式热交换器，是应用最多的对外换热

NOTE

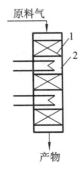

图 1-45　中间换热
式多段绝
热式固定
床反应器

注:1. 催化剂层;2. 换热器。

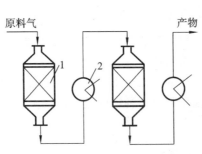

图 1-46　外冷却式串联多段绝热
式固定床反应器

注:1. 催化剂层;2. 换热器。

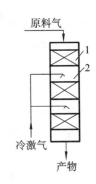

图 1-47　冷激式多
段绝热式
固定床反
应器

注:1. 催化剂层;2. 冷激区。

固定床反应器。管内充填催化剂,管间通冷却剂。它的特点是可以在反应区内进行热交换。

4. 自身换热式

以原料气体作为换热介质来加热或冷却催化剂,以维持反应区的温度,称为自身换热式。图 1-49 所示为这种型式反应器的结构示意图。自身换热式固定床反应器的内部插有较多的换热管,结构比较复杂,主要用于热效应不太大的高压反应,既能做到热量自给,又不需要另设高压换热设备。

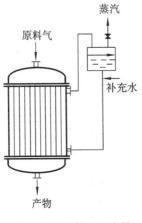

图 1-48　列管式反应器

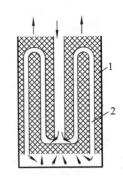

图 1-49　自身换热式固定床反应器

注:1. 催化剂层;2. 换热管。

四、流化床反应器

流化床是指气体在由固体物料或催化剂构成的沸腾床层内进行化学反应的设备。流化床反应器在医药工业中有较多的应用。例如,乙炔和氨气在 $ZnSO_4$ 的催化下合成 4-甲基吡啶,4-甲基吡啶催化氧化可制备抗结核药物异烟肼的中间体异烟酸;气相氧化糠醛制取顺丁烯二酸酐等,都采用了流化床反应器。

流化床反应器的特点是使用很细颗粒的催化剂,当气体通过反应器时,催化剂颗粒受到流体的作用而剧烈运动,上下翻腾,整个系统像沸腾的液体一样,从而使这种反应器具有下列优点。①可以实现固体物料的连续输入和输出;②由于固体颗粒剧烈运动,床层内温度分布均匀,避免了物料的局部过热;③由于流化床反应器所使用的固体颗粒比固定床反应器小得多,颗粒的比表面积大,而内孔较短,既增大了气固间的传质和传热速率,又提高了催化剂的内表

NOTE

面利用率;④流化固体颗粒具有类似流体性质,若向床层中连续加入或取出催化剂,能够实现反应过程和再生过程的连续化;⑤流化床反应器中固体颗粒激烈运动,不断冲刷换热器壁面,提高了床层对器壁和内换热器外表面的给热系数,通常流化床反应器的给热系数比固定床反应器高 10 倍左右,因而所需的传热面积大为减小;⑥设备生产强度大,适用于大规模生产。

但是,流化床反应器中的气固剧烈搅动,也给它带来了如下缺点。①气体返混严重,使气体流动状态偏离平推流较大,致使床层轴向没有温度差和浓度差;加上通过床层的气体常呈大气泡状态,使气固接触不良,致使反应的转化率降低,所以流化床反应器一般达不到固定床反应器的转化率。②由于固体颗粒之间,以及颗粒与器壁及内部构件之间激烈的碰撞,颗粒破碎粉尘化,因而增加了催化剂的损耗和设备及管道等的磨损。

综上所述,流化床反应器适用于热效应很大的放热反应或吸热反应,要求有均一的反应温度和需要精确控制温度的反应,以及催化剂寿命较短、操作较短时间就需要更换(或活化)的反应。其不适用于要求高转化率的反应、要求催化剂床层有温度分布的反应。

由于流化床中颗粒与流体运动的复杂性,凭借对流化机理的已有认识,还不足以从理论上导出带有普遍意义的数学模型。因此,目前流化床反应器的设计还是以经验为主。

(一)流态化现象及操作状态的分析

1. 理想流态化

随着颗粒的特性、床层的几何尺寸、气体流速的不同,气体自下而上通过颗粒床层存在三个阶段。

(1)固定床阶段:当气体流速较低时,颗粒静止不动,气体从颗粒间的缝隙流过,称为固定床。在固定床阶段,随着气体流速的增大,气体通过床层的摩擦阻力也增大,压力降 Δp 沿图 1-50 中的 AB 线变化。

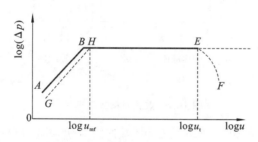

图 1-50 理想流态化的 Δp-u 关系

(2)流化床阶段:继续提高气体流速,到稍超过图 1-50 中的 H 点(此点称为流态化起点或临界点,对应的气体流速和床层高度称为临界流化速率 u_{mf} 和临界流化床高度 L_{mf}),床层膨胀,颗粒呈悬浮状态,剧烈翻腾,做不规则的运动,整个床层处于流化状态,具有类似液体的性质,即无一定形状,其形状随容器而改变;可以流动,具有确定的物理性质(如密度、导热性、比热容和黏度等)。当气体流速超过 u_{mf} 并继续增大时,床层继续膨胀,但床层压力降 Δp 基本不随气体流速而改变(约等于单位面积床层的质量),床层高度也维持不变,如图 1-50 中的 HE 线所示。

此后,如将气体流速减小,则床层高度和空隙率也随之降低,压力降 Δp 仍沿 HE 线返回,直到 H 点,固体颗粒相互接触而成为固定床。再继续降低气体流速,床层的压力降(即固定床的压力降)要比原先的小,沿 HG 线变化。这是因为床层曾经被疏松、流化而后落下,它比原来的固定床具有更大的空隙率。

(3)稀相输送床阶段:在达到流化床阶段后,若气体流速继续增大,床层膨胀得更高,床层密度下降。当气体流速等于颗粒的自由沉降速率时,颗粒扩展到整个容器,床层的自由界面消失,颗粒被气流带出容器,此时气体流速称为颗粒带出速率 u_t。气体流速越高,从床层吹出的粒子越多,床层空隙率越大,压力降 Δp 越小,如图 1-50 中 EF 线所示。

综上所述,气体流速对颗粒的运动状态起决定性的作用。随着气体流速的不同,出现不同的阶段。气体流速小于临界流化速率时为固定床,气体流速大于颗粒带出速率(或称最大流化速率)时为气流输送,气体流速介于临界流化速率与最大流化速率之间,则为流化床。

2. 实际流态化

工业上流化床的实际情况与理想流态化不完全相同,其流态化过程的 Δp-u 关系与图1-50所示的情况仍存在偏差,Δp 随 u 的变化出现的三个阶段没有理想流态化那样明显。

实际流态化主要是两种形态:散式流态化和聚式流态化。前者流化床内的颗粒均匀地分散、平稳地流化,液固系统和气固密度相差较小的系统常呈现散式流态化,如图 1-51(a)所示;后者流化床中颗粒成团地湍动,气体主要以气泡的形式通过床层而上升,整个床层呈两相状态(气泡相和连续相),如图 1-51(b)所示。聚式流态化常出现于流体介质为气体的气固流化床中,是工业生产中常见的形式。

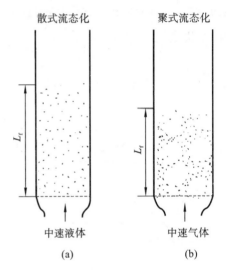

图 1-51 散式与聚式流态化

处于聚式流态化中的两相,一相是连续相(或称颗粒相、乳化相),含颗粒多,固相浓度大,气体少,空隙率低;另一相是气泡相(或称分散相),以气泡形式运动,气泡中夹带有少量颗粒,固相浓度小,空隙率大。由于气泡的大量存在以及它们的扰动、合并、破裂,床层极不稳定,不能保持一个固定的上界面,同时床层的压力降也在一定范围内上下波动。

3. 不正常流态化

聚式流态化中常出现沟流状态、大气泡和腾涌状态等不正常情况。

(1)沟流状态:气体通过床层时形成短路,如从床层底部到床面形成的贯穿沟流和床层中某一段形成的局部沟流,如图 1-52 所示。沟流的形成使大量气体未与固体颗粒充分接触就通过了床层,造成一部分床层没有流化或流化不充分,即所谓死床,引起反应的转化率降低,设备生产能力下降;而另外一部分床层由于大部分气体通过,反应激烈地进行,产生不应有的高温,甚至烧结,缩短了催化剂的寿命和降低了其效率。

当颗粒粒度过细、粒间黏着力太大、潮湿或容易结团,以及气体分布不均匀或流速过小时,都容易产生沟流状态。要避免沟流状态,应对颗粒预先进行干燥处理,采用较大的气体流速,合理设计分布板,以使气体均匀分布。

(2)大气泡和腾涌状态:在聚式流化床中,气泡在上升过程中不断增大、合并成为大气泡,如图 1-53(a)所示。当这种大气泡很多时,由于它的振动和破裂,床层波动,操作不稳定。如果继续增大气体流速,气泡可以合并增大到接近容器的直径,床层被气体分割成几段,气体把固体颗粒层托到一定高度后突然崩裂,大量颗粒纷纷落下。腾涌状态如图1-53(b)所示,这种状态极不稳定,床层波动非常严重,床层的均匀性被破坏,气固接触显著恶化,严重影响产品的产量和质量,增加了颗粒的磨损和带出。实验表明,床层越高,容器直径越小,颗粒直径越大,气体流速越大,气体分布越不均匀,越容易发生腾涌现象。在床层中设置内部构件(如挡板、挡网等),可以避免大气泡和腾涌现象的发生。

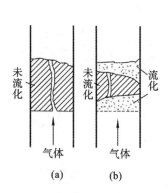

图 1-52 流化床中的沟流状态

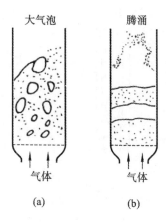

图 1-53 大气泡和腾涌

注:(a) 贯穿沟流;(b) 局部沟流。

(二) 流化床反应器的基本结构

流化床反应器一般由壳体、气体分布板、内部构件(如挡板、挡网等)、内换热器、气固分离装置(旋风分离器或内过滤器)及固体颗粒加入和卸出装置组成,如图1-54所示。

原料气体从锥底部分的气体进入管进入,进入管的管口朝下以防止气体直冲分布板,避免发生偏流。气体通过分布板的小孔,以高速射流的形式在床内穿过一段距离后分裂成气泡,这个距离即为分布板区的高度。产生的气泡上升,将反应器床层上堆积的催化剂颗粒流化,形成鼓泡区。分布板区与鼓泡区共同构成浓相段。浓相段的颗粒浓度大,空隙率低,化学反应主要在浓相段内进行。在该段中常设置内换热器和内部构件,如挡板或挡网,既可以防止气泡的增长,又可以破碎已形成的气泡,使气固之间得到更好的接触,减小了床层的波动,改善了流化的质量。

浓相段以上是稀相段(图1-55)。在这一段中,颗粒浓度很小,空隙率高,化学反应远没有浓相段那样激烈,但仍进行着反应,故也可以设置换热器,以降低温度、终止反应。在稀相段上部有一扩大段(图1-54),利用筒体直径的扩大,降低气体流速,使一部分粒径较大的颗粒返回床层;粒径较小的颗粒则通过设在扩大段中的旋风分离器或内过滤器而得以气固分离,经旋风分离器的料腿返回床层。

(三) 流化床反应器的类型

流化床反应器有多种类型,各有其特点,适用于不同的化学反应。在医药工业中应用的流化床反应器多数是单层的圆筒形限制床反应器。典型的流化床反应器示意图和实例图如图1-56所示。

1. 自由床反应器和限制床反应器

床层中不专门设置内部构件以限制气体和固体流动的称为自由床反应器,反之称为限制床反应器。自由床反应器如图1-57(a)所示,反应器内除分布板和旋风分离器以外,没有其他的内部构件。催化剂被反应气体密相流化,床的高径比为1~2。它适用于热效应不大的反

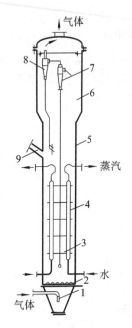

图 1-54　流化床反应器结构

注:1. 气体进入管;2. 分布板和风帽;

3. 挡板;4. 内换热器;

5. 壳体;6. 扩大段;

7. 第一级旋风分离器;

8. 第二级旋风分离器;

9. 催化剂加入管。

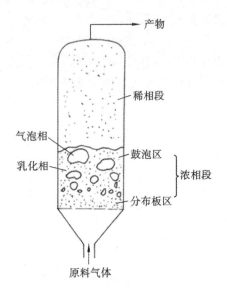

图 1-55　流化床的三个区段

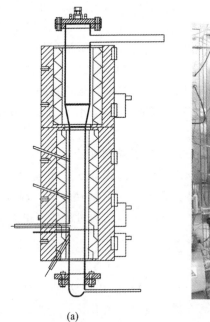

(a)

(b)

图 1-56　流化床反应器示意图(a)和实例图(b)

应,如乙炔与醋酸反应生成醋酸乙烯就采用这种反应器。

限制床反应器如图 1-57(b)所示,反应器内设有换热器或挡板或两者兼有。如前所述,内部构件可以破碎大气泡,促进气固接触,减少气体返流,改善气体停留时间分布,提高床层的稳

NOTE

定性。这种类型的反应器适用于热效应大、温度范围狭窄、反应速率较慢、级数高和有副反应的场合。限制床反应器是应用最广的反应器,如萘氧化生产苯酐、乙醛和氨气催化制备4-甲基吡啶及4-甲基吡啶氧化生产异烟酸等都采用这类反应器。

2. 圆筒形和圆锥形流化床反应器

圆筒形流化床反应器如图1-58(a)所示,反应区为一直径不变的圆筒,它具有构造简单、制造容易、设备的容积利用率高等优点,应用最广泛。

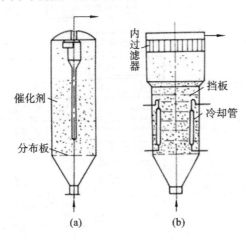

图 1-57　自由床反应器(a)和限制床反应器(b)

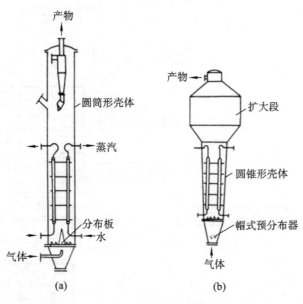

图 1-58　圆筒形流化床反应器(a)和圆锥形流化床反应器(b)

圆锥形流化床反应器如图1-58(b)所示,床体的横截面从下到上不断扩大,气体流速不断减小,因而它具有以下特点:①对于气体体积增大的反应,它能使流化更趋于平衡;②使床层上部的细颗粒在较小的气体流速下流动,提高细粉的利用率,减小细粉夹带,增加粒子的环流运动;③在固体颗粒粒度分布较宽的场合,因床的下部气体流速高,粒径大的颗粒得以充分流化,从而减轻和消除了分布板上的死料、烧结及堵塞等现象。

除上面介绍的单层流化床反应器(只有一个流化空间)外,还有多层流化床反应器、多管式流化床反应器等,但目前其在医药工业上应用还较少,因此不一一介绍。

微反应器

制药工程原理与设备·

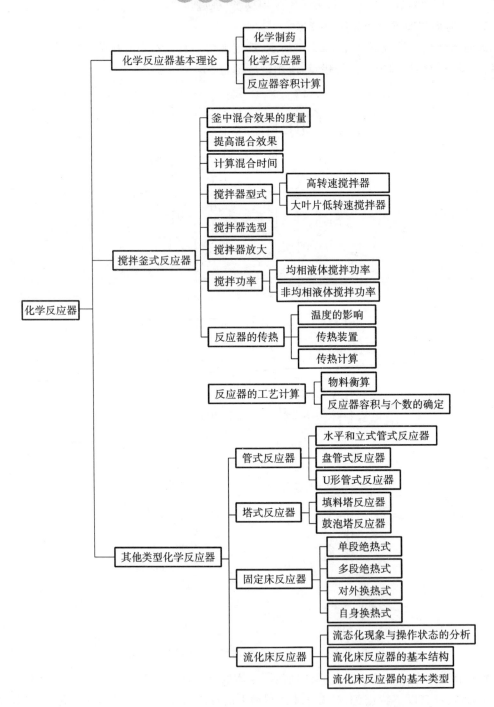

本章小结

化学反应器基本理论
- 化学制药
- 化学反应器
- 反应器容积计算

搅拌釜式反应器
- 釜中混合效果的度量
- 提高混合效果
- 计算混合时间
- 搅拌器型式
  - 高转速搅拌器
  - 大叶片低转速搅拌器
- 搅拌器选型
- 搅拌器放大
- 搅拌功率
  - 均相液体搅拌功率
  - 非均相液体搅拌功率
- 反应器的传热
  - 温度的影响
  - 传热装置
  - 传热计算

反应器的工艺计算
- 物料衡算
- 反应器容积与个数的确定

其他类型化学反应器
- 管式反应器
  - 水平和立式管式反应器
  - 盘管式反应器
  - U形管式反应器
- 塔式反应器
  - 填料塔反应器
  - 鼓泡塔反应器
- 固定床反应器
  - 单段绝热式
  - 多段绝热式
  - 对外换热式
  - 自身换热式
- 流化床反应器
  - 流态化现象与操作状态的分析
  - 流化床反应器的基本结构
  - 流化床反应器的基本类型

化学反应器

思考与练习

1. 在间歇操作搅拌釜式反应器中以硫酸作为催化剂,使己二酸与己二醇以等物质的量比在 70 ℃下进行缩聚反应,动力学方程式为$(-\gamma_A)=kC_A^2$,$k=1.97$ L/(kmol·min),$C_{A0}=0.004$ kmol/L。己二酸的转化率为 0.5、0.6、0.8 及 0.9 时所需的反应时间分别是多少?若每天处理己二酸 2400 kg,转化率为 80%,每批操作的辅助时间为 1 h,装料系数为 0.75,反应器

 NOTE

58

的容积是多少?

2. 用醋酸和丁醇生产醋酸丁酯,反应式为

$$CH_3COOH + C_4H_9OH \underset{H_2SO_4}{\overset{100\ ℃}{\rightleftharpoons}} CH_3COOC_4H_9 + H_2O$$

已知其动力学方程式为 $(-\gamma_A) = kC_A^2$,式中 C_A 为醋酸的浓度,kmol/L;$k = 17.4$ L/(kmol·min);反应物料配比为 $n(HAc):n(C_4H_9OH) = 1:4.97$,反应前后物料的密度均为 0.75 kg/L,醋酸、丁醇及醋酸丁酯的相对分子质量分别为 60、74 和 116。要求每天生产 2400 kg 醋酸丁酯,醋酸的转化率为 50%,每批操作的辅助时间为 0.5 h,装料系数为 0.7,求间歇操作反应器的装料容积和总容积。

参考答案

3. 在等温操作的间歇操作搅拌釜式反应器中进行一级液相反应,13 min 后反应物转化掉 70%。若将此反应移到平推流或全混流反应器中进行,为达到同样的转化率,所需的时间各是多少?

4. 已知用硫酸作为催化剂时,过氧化氢异丙苯的分解反应符合一级反应的规律,且当硫酸浓度为 0.03 mol/L、反应温度为 86 ℃时,其反应速率常数 k 为 $8.0×10^{-2}$ s^{-1},若原料中过氧化氢异丙苯的浓度是 3.2 kmol/m³,要求每小时处理 3 m³ 的过氧化氢异丙苯,分解率为 99.8%,求采用间歇操作搅拌釜式反应器需要的反应容积。

5. 六直叶圆盘涡轮式搅拌器,$d = 0.1$ m,$n = 16$ r/s,液体黏度 $\mu = 0.08$ Pa·s,密度 $\rho = 900$ kg/m³,有挡板,用查图法求搅拌功率。

6. 搅拌釜式反应器内装六弯叶圆盘涡轮式搅拌器,$D = 1.83$ m,$d = 0.61$ m,搅拌器离釜底 0.61 m,釜内装深度为 1.83 m、浓度为 50% 的碱液,在 65 ℃下搅拌,黏度为 0.012 Pa·s,密度为 1498 kg/m³,转速为 90 r/min,釜内装挡板,用查表和查图两种方法计算搅拌功率。

7. 中试时推进式搅拌器的直径为 0.1 m,转速为 800 r/min,放大后采用的搅拌器直径为 0.8 m,求在相似情况下放大后的转速。

8. 已知氯苯硝化釜内物料的物性数据为 $\rho = 1.43×10^3$ kg/m³、$\lambda = 0.263$ W/(m·K),$C_P = 1766.5$ J/(kg·K)、$\mu = 1.72×10^{-3}$ Pa·s;夹套内冷却水的物性数据为 $\rho' = 997.1$ kg/m³、$\lambda' = 0.606$ W/(m·K)、$C_P' = 4178$ J/(kg·K)、$\mu' = 8.937×10^{-3}$ Pa·s;硝化釜采用铁铸的,壁厚为 18 mm,$\lambda'' = 62.8$ W/(m·K),垢层热阻为 0.0004 m²·K/W,釜内径 $D = 1$ m,采用六直叶圆盘涡轮式搅拌器,直径 $d = 0.3$ m,转速 $n = 4.17$ r/s,反应温度为 323 K,冷却水进口温度为 293 K、出口温度为 303 K、流速为 0.02 m/s,夹套当量直径 $D_e = 0.18$ m,求釜内物料到冷却水的传热系数。

9. 工艺计算求得氯磺化搅拌釜式反应器的装料容积为 4 m³,要求装料系数不大于 0.8,计算釜的直径与高度。

10. 小试时采用三叶推进式搅拌器 $(s/d = 2)$,搅拌釜内液体容积为 20 L,搅拌器直径为 98 mm,当转速为 910 r/min 时获得良好的搅拌效果。已知操作条件下的液体密度为 1020 kg/m³、黏度为 0.1 Pa·s。现欲采用单位体积搅拌功率相等的准则放大,试确定在液体容积为 1.5 m³ 的搅拌釜中的搅拌器直径、转速及需要的功率,并比较有挡板与无挡板情况下的功率消耗。

11. 烟酸生产中的缩合工序,测得投料三聚乙醛 3030 kg,生成 2-甲基-5-乙基吡啶 833.33 kg,未反应的三聚乙醛为 1606 kg,求三聚乙醛的转化率和 2-甲基-5-乙基吡啶的收率。反应方程式为

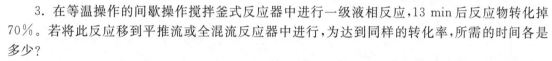

$$4(CH_3CHO)_3 + 3NH_3 \longrightarrow 3 \quad \begin{array}{c} H_5C_2 \\ \end{array} \quad + 12H_2O$$

(徐德锋)

第二章 生物反应器

扫码看课件

案例导入
解析

学习目标

1. 掌握:生物反应器的特点及其分类,通用式发酵罐的结构、通气与搅拌原理,发酵罐的比拟放大方法。

2. 熟悉:鼓泡塔生物反应器、气升式生物反应器、固定床生物反应器、流化床生物反应器的结构、性能和用途。

3. 了解:生物反应器在生物反应过程中的地位,厌氧发酵设备,比拟缩小。

案例导入

早期的发酵工业只能提供种类很少的产品,其中厌氧发酵产品居多,如乙醇、乳酸、丙酮、丁醇等。虽然生产厌氧发酵产品的深层液体发酵技术早就具有相当大的规模,但当时只有少数好氧发酵产品采用了深层液体发酵技术,如酵母面包、醋酸等。

问题:

(1) 为什么厌氧发酵产品能较早采用大规模深层液体发酵技术?

(2) 在好氧发酵产品中,为什么酵母面包和醋酸能够较早采用大规模深层液体发酵技术?

生物技术制药是以生物体和生物反应过程为基础,依赖生物机体或细胞的生长繁殖及其代谢过程,在反应器内进行生物反应合成过程,进而生产出商品化药物。

传统生物工业中使用的生物反应器统称为发酵罐(fermenter)。20 世纪 70 年代,Atkinson 提出了生化反应器(biochemical reactor)一词,其含义除包括发酵罐外,还包括酶反应器、处理废水用反应器等。与此同时,Ollis 提出了另一术语——生物反应器(biological reactor)。生物反应器是指有效利用生物反应机能的系统(或场所),不仅包括传统的发酵罐、酶反应器,还包括采用固定化技术后的固定化酶或细胞反应器、动植物细胞培养用反应器和光合生物反应器等。

本章讨论的生物反应器主要为大规模培养微生物、动物细胞、植物细胞获得其代谢产物或生物体的设备。生物反应器应提供微生物、动物细胞、植物细胞最适生长和产物高效合成的环境,是工业化大规模细胞培养过程中唯一一种把原料转化成产物的装备。一个优良的生物反应器应具有良好的传质、传热和混合性能;结构严密,内壁光滑,易清洗,维护检修方便;有可靠的检测及控制仪表;搅拌及通气所消耗的动力少;能获得最大的生产效率与最佳的经济效益。

本章首先介绍生物反应器在生物反应过程中的地位、生物反应器的特点及其分类;其次详细介绍最常用的生物反应器,即通用式发酵罐的结构、通风与搅拌原理,以及比拟放大方法;最后简要介绍其他几种生物反应器的结构、性能和用途。

NOTE

第一节 概 述

一、生物反应器在生物反应过程中的地位

生物反应过程是利用生物催化剂将原料转化成产物的生产过程。通常,生物反应过程可分成以下四个部分:①原料预处理;②生物催化剂制备;③生物反应器选择、设计,反应条件的调控;④产物分离提纯。

在生物反应过程中,生物反应器(biological reactor)是用于完成生物反应的核心装置,它处于生物反应过程的中心地位。它为生物反应提供合适的场所和最佳反应条件,使原料(底物)在生物催化剂作用下,最大限度地转化成产物(图 2-1)。

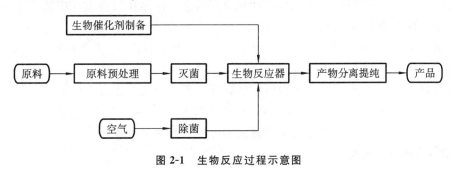

图 2-1 生物反应过程示意图

二、生物反应器的特点

与化学反应器相比,生物反应器具有以下特点。

(1) 生物反应是由生物催化剂(酶或细胞)来催化。这决定了生物反应必须在比较温和的条件下进行。也就是说,生物反应在接近中性、常压、较低温度及近似细胞生理条件下进行。

(2) 在生物反应器中,生物催化剂所处环境条件会随着反应进行而改变。由于生物反应发生在比一般化学反应更为复杂的介质(醪液)中,通常传质、传热阻力更大,这是制约生物反应器生产能力的主要因素。要控制反应过程使其处于最优条件下,最重要的是要解决传质与传热问题。

(3) 对于微生物反应过程,参与反应的培养基成分多,反应途径复杂。微生物生长、产生代谢产物的过程很复杂,很难用具有合适系数的反应方程式表达产生产物的反应过程。

(4) 对于细胞生长来说,要考虑如何维持发酵的最佳条件,主要包括细胞营养、代谢的调控以及反应产物的干扰。

(5) 对于细胞反应器来说,在反应进行的同时,细胞本身也在增殖。在反应过程中必须避免受到外界杂菌的污染。

(6) 由于一般生物反应速率较慢,生物反应器反应速率不快,与其他相当生产规模的化工过程相比,所需反应器容积较大。

(7) 大多数生物反应在水相中进行,产物浓度较低。生物催化剂应具有较高浓度和比活力才能获得较高的转化率。

(8) 对好氧反应,因通风与混合等,动力消耗较高。

 NOTE

三、生物反应器的分类

自 20 世纪 40 年代青霉素大规模生产以来,生物反应器的结构、性能和用途也在不断发展。目前,已开发出种类繁多的生物反应器。根据生物反应器使用的催化剂的种类、操作方式、反应器的结构特征及反应物相态等的不同,可以从多个角度对生物反应器进行分类。

1. 根据生物催化剂分类

生物催化剂包括酶和细胞两大类。相应地,生物反应器也可以分为酶反应器和细胞反应器。

酶催化反应与一般的化学催化反应差别不大,只是酶催化反应的条件比较温和。酶反应器的结构与化学反应器类似,只是通常不需要太高的温度和压力。游离酶常采用搅拌罐反应器,固定化酶除采用搅拌罐反应器外,常选择固定床反应器及膜反应器。

细胞培养过程是典型的自催化过程。细胞既是催化剂,又是反应主要产物之一。催化剂量随反应的进行而不断增加。对于这种活的催化剂,保持细胞在反应过程中的生长和代谢活性是反应器设计的最基本要求。

根据细胞类型的不同,细胞反应器又分为微生物细胞反应器、动物细胞反应器和植物细胞反应器。

微生物有好氧和厌氧之分,因而微生物细胞反应器又可进一步分为厌氧微生物细胞反应器和好氧微生物细胞反应器。厌氧发酵时,不需要氧气,如啤酒的生产和乳酸的生产。大多数微生物反应是需氧的,其反应器通常采用通风和搅拌来增加氧的溶解。

2. 根据操作方式分类

根据底物加入方式不同,生物反应器可以分为间歇式反应器、连续式反应器和半连续(流加)式反应器。

3. 根据反应器结构特征分类

按几何构型(高径比或长径比)和结构特征,反应器可分为罐式(槽式或釜式)反应器、管式反应器、塔式反应器及膜式反应器等。

罐式反应器高径比一般为 1~3,是最常见的生物反应器。管式反应器长径比一般大于30。塔式反应器的高径比介于罐式反应器和管式反应器之间,通常是竖直安放的。管式反应器和塔式反应器一般只能用于连续操作。

膜式反应器是在其他形式的反应器中装有膜件,以使游离酶(细胞)保留在反应器内而不随反应产物排出。

4. 根据反应相态分类

按生物反应体系是单相还是多相,生物反应器可分为均相反应器和非均相反应器。

5. 根据能量输入方式分类

根据反应器所需能量的输入方式,生物反应器可以分为机械搅拌式反应器、气升式反应器、液体循环式反应器。

6. 根据生物催化剂在反应器中的分布方式分类

根据生物催化剂在反应器中的分布方式,生物反应器可以分为生物团块反应器和生物膜反应器。生物团块反应器按生物催化剂的运动状态又可分为填充床、流化床、生物转盘等多种型式的生物反应器。

7. 根据反应物系在反应器内的流动和混合状态分类

根据反应物系在反应器内的流动和混合状态,生物反应器可分为全混流型生物反应器和活塞流型生物反应器。

第二节 通用式发酵罐

通常将大规模悬浮培养微生物的反应器统称为发酵罐。由于大多数工业微生物发酵是好氧发酵,因此发酵罐多采用通气和搅拌方式来增加氧在培养液中的溶解,以满足好氧微生物代谢过程对氧的需求。通风发酵设备是生物工业中最重要的一类生物反应器,可用于传统发酵工业与现代生物工业。

一、通用式发酵罐结构

通用式发酵罐是指兼有机械搅拌和压缩空气分布装置的发酵罐(图 2-2)。其主要部件包括罐身、搅拌器、轴封、消沫器、联轴器、中间轴承、空气分布器、挡板、冷却装置、人孔及视镜等。目前最大的通用式发酵罐容积约为 480 m³。

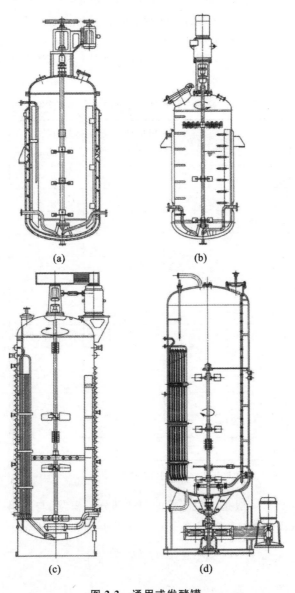

图 2-2 通用式发酵罐

注:(a) 皮带轮传动;(b) 减速机传动;(c) 上伸轴;(d) 下伸轴。

通用式发酵罐的几何尺寸示意图见图 2-3,其尺寸比例与操作条件见表 2-1。

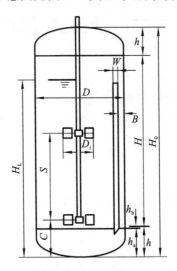

图 2-3　通用式发酵罐几何尺寸示意图

注:D 为罐直径;D_i 为搅拌器直径;S 为相邻两组搅拌器间距;H 为圆柱部分高度;H_0 为罐总高度;H_L 为液柱高度;C 为下组搅拌器与罐底距离;h 为封头高度;h_a 为封头短半轴高度;h_b 为封头直边高度;W 为挡板宽度;B 为挡板与板壁的距离。

表 2-1　通用式发酵罐的几何尺寸与操作条件

几何尺寸 与操作条件范围	典型数值	奥地利某公司 200 m³	美国某公司 130 m³	日本某公司 50 m³	中国某厂 100 m³
H/D:1~4		3	1.83	1.8	2.94
D_i/D:1/4~1/2	1/3	0.338		0.34	0.286
B/D:1/12~1/8	0.1	*	*	0.1	* *
C/D_i:0.8~1.0		1.0		<1.0	
搅拌器转速 N/(r/min):30~1000		90~130	70~130	145	150
单位醪液体积的冷却面积 /m²:0.6~1.5		1.5			1.14
搅拌器层数		4	4	2	3
通风比/(m³/(m³·min)):0.1~4	0.5	0.3~1.0	0.6	0.5	0.2
空气线速率/(m/min):0.02~2				1.76	
单位体积功耗/(kW/m³):1~4	2	2.5~3	4~5.4	3	1.3
装料系数 η/(%):70~80		77	75	88	75
电机功率/kW		300	130	150	130

注:* 将列管并列焊接在一起,组成挡板。* * 直接利用列管作为挡板。

发酵罐的公称容积 V_0 一般是指发酵罐的圆柱部分容积 V_c 与底封头的容积 V_b 之和。若采用标准椭圆形封头(由化工容器设计手册可查到封头的形状、直径及壁厚),则

$$V_b = \frac{\pi}{4}D^2\left(h_b + \frac{D}{6}\right) \tag{2-1}$$

式中,h_b 为封头直边高度。

因此,发酵罐的公称容积 V_0 为

NOTE

$$V_{o} = V_{b} + V_{c} = \frac{\pi}{4}D^{2}\left(H + h_{b} + \frac{D}{6}\right) \tag{2-2}$$

对发酵罐高度有 4 种理解：一是发酵罐圆柱部分的高度 H；二是从发酵罐底部到罐内静液面的高度 H_{L}；三是从空气分布器出口至罐内静液面的高度 H_{L}'；四是发酵罐的总高度 H_{0}。

罐直径是指罐的内径。发酵罐的高径比是指圆柱部分的高度 H 与罐直径之比。罐直径在 1 m(公称容积 1.7 m³)以下的发酵罐，封头可用法兰与筒身连接；罐直径大于 1 m 的发酵罐，封头直接焊在筒身，但封头上应开人孔，以便进罐检修。

挡板的作用是防止液面中央产生漩涡。通常发酵罐液体被搅拌时，应达到"全挡板条件"。所谓全挡板条件是指在一定转速下，再增加挡板或其他附件，轴功率保持不变。

消沫器有锯齿式、梳式、孔板式和旋桨梳式等多种型式。消沫器的长度约为罐直径的0.65。

空气分布器有单管及环管等。生产中多采用单孔管，开口向下。也可采用带小孔的环状空气分布器。

发酵罐的传热装置有夹套和蛇管两种。一般容积在 5 m³ 以下的发酵罐采用外夹套作为传热装置；大于 5 m³ 的发酵罐由于外夹套传热面受到限制而采用立式蛇管作为传热装置。

轴封的作用是防止泄漏和染菌。常用的轴封有填料函和端面轴封两种。

搅拌轴较长时，常分为 2～3 段，用联轴器连接。联轴器有鼓形及夹壳形两种。搅拌轴一般从灌顶伸入罐内，也可采用下伸轴。采用下伸轴时，一般用双端面轴封，并用灭菌空气进行防漏和冷却。

二、搅拌与混合

通用式发酵罐的混合主要是通过机械搅拌来实现的。机械搅拌不仅可促使培养基混合均匀，而且有利于增加气液接触面积，提高溶氧速率。此外，还可促进传热与固体物料的悬浮。

1. 搅拌器的型式与搅拌流型

生物反应器中常使用的搅拌器型式有螺旋桨、平桨、涡轮桨、自吸式搅拌桨和栅状搅拌桨等。另外，翼型桨也开始广泛应用于发酵生产，并取得较好效果。

搅拌器可以使被搅拌的液体产生轴向流动和径向流动。不同类型的搅拌器对两种流向的影响程度不同。

螺旋桨搅拌器是一种以产生轴向流动为主的搅拌器。它将反应器内的液体从轴向吸入叶轮，再从轴向甩出叶轮，以形成轴向的螺旋状运动。螺旋桨搅拌器的特点是直径小、转速高、产生的循环量大、混合效果较好，但对气泡的分散效果较差。

涡轮式搅拌器是一种以产生径向流动为主的搅拌器。由于涡轮的叶片对液体施以径向离心力，因此液体在离心力作用下从轴向流入后再从径向流出，使之在反应器内循环。在气液混合中，为避免气泡在阻力较小的搅拌器中心部分沿搅拌器轴上升，搅拌器中央常带有圆盘。涡轮式搅拌器的特点是对流体的剪切作用较为强烈，同时由于涡轮的叶片较宽，因此在反应器内造成较大的流体循环量。机械搅拌罐中广泛采用此类搅拌器。常用的涡轮式搅拌器的叶片有平叶式、弯叶式和箭叶式 3 种，平叶式的功率消耗最大，弯叶式次之，箭叶式最小。涡轮式搅拌器的叶片数一般为 6 个，也有少至 4 个或多至 8 个的。为了方便拆装，大型搅拌器可做成两半型，用螺栓联成整体。

2. 搅拌功率的计算

机械搅拌发酵罐中的搅拌器轴功率 P 与下列因素有关：搅拌器直径 D_{i}(m)、搅拌器转速 n(r/min)、液体密度 ρ(kg/m³)、液体黏度 μ(Pa·s)、重力加速度 g(m/s²)、发酵罐直径 D(m)、液柱高度 H_{L}(m)及挡板条件(数量、宽度和位置)等。由于发酵罐直径和液柱高度与搅拌器直

径之间有一定比例关系,可不作为独立变量,于是

$$P = f(D_i, n, \rho, \mu, g) \tag{2-3}$$

对牛顿型流体,通过因次分析可得如下关联式:

$$N_P = K Re_m^x Fr_m^y \tag{2-4}$$

即

$$\frac{P}{n^3 D_i^5 \rho} = K \left(\frac{n D_i^2 \rho}{\mu} \right)^x \left(\frac{n^2 D_i}{g} \right)^y \tag{2-5}$$

式中,N_P 为功率准数,其物理意义为搅拌力与惯性力之比;Re_m 为搅拌雷诺数,其物理意义为惯性力与黏滞力之比;Fr_m 为搅拌弗劳德数,其物理意义为搅拌力与重力之比;K 为与搅拌器型式、反应器几何尺寸有关的常数。

实验表明,在全挡板条件下,液面不产生中心下降的漩涡,此时 $y = 0$,N_P 仅是 Re_m 的函数。在 $\frac{D}{D_i} = 3$、$\frac{H_L}{D_i} = 3$、$\frac{C}{D_i} = 1$、$\frac{D}{B} = 10$ 的比例尺寸下进行实验,得图 2-4 所示的关联曲线。

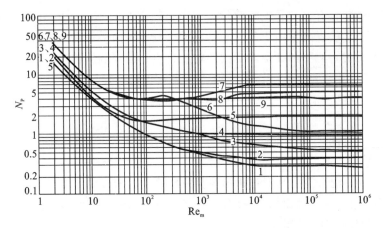

图 2-4　各种搅拌器的 Re_m 与 N_P 的关系

注:1. 螺旋桨,螺距=D_i,无挡板;2. 螺旋桨,螺距=D_i,有挡板;3. 螺旋桨,螺距=$2D_i$,无挡板;
4. 螺旋桨,螺距=$2D_i$,有挡板;5. 平桨,有挡板;6. 六平叶涡轮,无挡板;7. 六平叶涡轮,有挡板;
8. 六弯叶涡轮,有挡板;9. 六箭叶涡轮,有挡板。

当 $Re_m < 10$ 时,液体处于滞流状态,$x = -1$。

$$N_P = K Re_m^{-1} \tag{2-6}$$

当 $Re_m > 10^4$ 时,液体处于湍流状态,$x = 0$。

$$P = K n^3 D_i^5 \rho \tag{2-7}$$

不同型式搅拌器的 K 如表 2-2 所示。

表 2-2　不同型式搅拌器的 K

搅拌器的型式	K(滞流)	K(湍流)
三叶螺旋桨,螺距=D_i	41.0	0.32
三叶螺旋桨,螺距=$2D_i$	43.5	1.00
四平叶涡轮	70.0	4.50
六平叶涡轮	71.0	6.10
六弯叶涡轮	71.0	4.80
六箭叶涡轮	70.0	4.00
六弯叶封闭式涡轮	97.5	1.08

NOTE

表 2-2 中的 K 均为在 $H_L/D=1$、$D/D_i=3$、$D/B=10$ 的条件下测定的。当不符合此条件时,搅拌功率可用下式校正:

$$P^* = f \times P \tag{2-8}$$

式中,f 为校正系数,P^* 为实际搅拌功率。下式中带 * 号的字母代表实际搅拌设备情况。

$$f = \sqrt{\frac{\left(\dfrac{D}{D_i}\right)^* \left(\dfrac{H_L}{D_i}\right)^*}{\dfrac{D}{D_i} \cdot \dfrac{H_L}{D_i}}} \tag{2-9}$$

当 $D/D_i=3$、$H_L/D_i=3$ 时,则有

$$P^* = \frac{1}{3}\sqrt{\left(\frac{D}{D_i}\right)^* \left(\frac{H_L}{D_i}\right)^*} \times P \tag{2-10}$$

对大型发酵罐,同一轴上往往安装多层搅拌器。多层搅拌器的功率可用下式计算:

$$P_m = P[1+0.6(m-1)] = P(0.4+0.6m) \tag{2-11}$$

式中,m 为搅拌器层数。

以上是不通风时搅拌器功率的计算。通风时,搅拌器的轴功率消耗降低,其降低程度与通风量 Q_g(m^3/min)及液体翻动量 Q_l(m^3/min)($Q_l \propto nd^3$)等因素有关。Michel 等提出了应用较广泛的通风时搅拌功率 P_g 与工作变量间的经验公式:

$$P_g = K'\left(\frac{P^2 n D_i^3}{Q_g^{0.56}}\right)^{0.45} \tag{2-12}$$

式中,K' 的选取见表 2-3。

表 2-3 不同 D_i/D 时的 K'

D_i/D	K'
1/3	0.157
2/3	0.113
1/2	0.101

通风时的搅拌功率也可利用下式计算:

$$Na<0.035, \quad \frac{P_g}{P}=1-12.6Na \tag{2-13}$$

$$Na\geqslant0.035, \quad \frac{P_g}{P}=0.62-1.85Na \tag{2-14}$$

式中,Na 为通风准数,其代表发酵罐内空气的表观流速与搅拌器叶端速率之比,可表示为

$$Na = \frac{Q_g}{nD_i^3} \tag{2-15}$$

【例题 2-1】 采用带有挡板的通用式发酵罐,已知直径 $D=H_L=2$ m,搅拌器转速 $n=2.0$ r/s$=120$ r/min。搅拌器为螺旋桨,其直径 $D_i=0.33D=0.66$ m,通风比为 0.5 $m^3/(m^3 \cdot min)$。发酵液密度 $\rho=1000$ kg/m^3,黏度 $\mu=0.001$ Pa·s,求该发酵罐的搅拌功率。

解:首先计算 Re_m。

$$Re_m = \frac{\rho n D_i^2}{\mu} = \frac{1000 \times 2.0 \times 0.66^2}{0.001} = 8.71 \times 10^5 > 10^4$$

液体处于湍流状态,由图 2-4,有

$$N_P = \frac{P}{n^3 D_i^5 \rho} = 0.34$$

所以,得

NOTE

$$P = N_P n^3 D_i^5 \rho = 0.34 \times 2^3 \times (0.66)^5 \times 1000 \text{ W} = 341 \text{ W}$$

$$Q_g = 0.5 V_L = 0.5 \times \left(\frac{3.14 \times 2^2}{4} \right) \times 2 \text{ m}^3/\text{min} = 3.14 \text{ m}^3/\text{min} = 0.0523 \text{ m}^3/\text{s}$$

由于

$$Na = \frac{Q_g}{n D_i^3} = \frac{0.0523}{2 \times (0.66)^3} = 0.091 > 0.035$$

由式(2-14),得

$$\frac{P_g}{P} = 0.62 - 1.85 \times 0.091 = 0.452$$

所以,得

$$P_g = 0.452 \times 341 \text{ W} = 154 \text{ W}$$

三、生物反应器中氧传递

在好氧发酵过程中要通入大量无菌空气。氧是一种难溶气体,在水中溶解度很小。25 ℃和 0.1 MPa 时,空气中氧在纯水中的平衡浓度仅为 8.5 mg/L,在培养液中由于盐析作用,氧平衡浓度更低,不高于 6.8 mg/L。与其他营养物质的溶解度相比,氧溶解度要低得多,仅是葡萄糖的 1/6000。如果培养液中的细胞呼吸比较旺盛,细胞浓度也较高,那么培养液中溶解氧会在极短时间内耗尽。为了保证生物反应的正常进行,必须在生物反应器中不断通入无菌空气供氧。生物反应器氧传递速率快慢是评价通气生物反应器性能的一个重要指标。

1. 细胞对氧的需求

氧是构成细胞本身及其代谢产物的元素之一,虽然培养基中大量存在的水可以提供氧元素,但是除少数厌氧微生物(如乳酸菌等)能在无氧情况下通过酵解获得能量外,大多数细胞必须利用分子状态的氧才能生长。

细胞利用氧的速率常用比耗氧速率或呼吸强度 Q_{O_2} 表示,其定义是单位质量的细胞(干重)在单位时间内所消耗氧的量。此外,也可用摄氧率 r 表示,即单位体积培养液在单位时间内消耗的氧。呼吸强度与摄氧率有以下关系:

$$r = Q_{O_2} X \tag{2-16}$$

式中,r 为摄氧率,mmol/(L·h);Q_{O_2} 为比耗氧速率或呼吸强度,mmol/(g·h)(以菌体干重计);X 为细胞浓度,g/L(以菌体干重计)。

影响细胞耗氧速率的因素很多,如营养物质的种类和浓度、培养温度、pH、有害代谢物的积累、挥发性中间代谢物的损失等。细胞的呼吸强度与培养液中的溶解氧浓度有关,当培养液中的溶解氧浓度低于某临界浓度时,细胞的呼吸强度就会大大下降(图 2-5)。

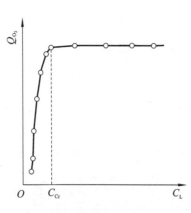

图 2-5 酵母的呼吸强度与溶解氧浓度的关系

表 2-4 列出了一些细胞在不同温度下生长的临界氧浓度,它们的值一般在 0.003~0.05 mol/m³ 之间,为空气中氧在培养液中平衡浓度的 1%~20%。在培养过程中并没有必要使溶解氧浓度维持在接近平衡浓度,只要溶解氧浓度高于所培养菌种的临界氧浓度,细胞的呼吸就不会受到抑制。

表 2-4　一些细胞在不同温度下生长的临界氧浓度

细 胞 种 类	温度/℃	临界氧浓度/(mol/m³)	细 胞 种 类	温度/℃	临界氧浓度/(mol/m³)
发光细菌	24	0.01	酵母	20	0.0037
维涅兰德固氮菌	30	0.018~0.049	产黄青霉菌	24	0.023
大肠杆菌	37.8	0.0082	产黄青霉菌	30	0.009
大肠杆菌	15	0.0031	米曲霉	30	0.002
黏质沙雷菌	31	0.015	脱氮假单胞菌	30	0.009
酵母	34.8	0.0046			

2. 培养过程中的氧传递

对于大多数细胞培养过程,供氧是向培养液中通入空气进行的。细胞分散在液体中,只能利用溶解氧。因此,氧从气泡到达细胞内要克服一系列传递阻力。

氧传递过程的总推动力是气相与细胞内氧分压之差,它消耗于串联的各项传递阻力。当氧的传递达到稳定状态时,在串联的各步中,单位面积上氧的传递速率相等。

$$N_{O_2} = \frac{推动力}{阻力} = 传质系数 \times 推动力 = \frac{\Delta p_i}{1/k_i} \qquad (2\text{-}17)$$

式中,N_{O_2} 为氧的传递速率,$mol/(m^2 \cdot s)$;Δp_i 为各阶段的推动力(分压差),Pa;$1/k_i$ 为各阶段的传递阻力,$N \cdot s/mol$。

(1)气液相间的氧传递:如上所述,在气液相间氧传递过程中,假设气液界面的传递阻力可以忽略,液相主体的传递阻力很小,也可以忽略。因此,传递阻力主要存在于气膜和液膜中。气液界面附近氧分压或溶解氧浓度变化情况见图 2-6。

当气液传递过程达到稳定时,通过液膜和气膜的氧传递速率相等,即:

$$N_{O_2} = k_G(p - p_I) = K_G(p - p^*)$$
$$= k_L(c_I - c_L) = K_L(c^* - c_L) \qquad (2\text{-}18)$$

式中,p 为气相主体氧分压,Pa;p_I 为气液界面氧分压,Pa;p^* 为与 c_L 平衡的氧分压,Pa;c_I 为气液界面氧浓度,mol/m^3;c_L 为液相主体氧浓度,mol/m^3;c^* 为与 p 平衡的氧浓度,mol/m^3;K_G 为以氧分压为推动力的总传质系数,$mol/(m^2 \cdot s \cdot Pa)$;$K_L$ 为以氧浓度为推动力的总

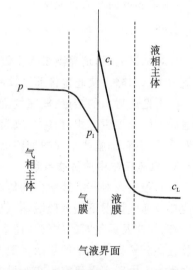

图 2-6　气液界面附近氧浓度的分布

传质系数,m/s;k_G 为气膜传递系数,$mol/(m^2 \cdot s \cdot Pa)$;$k_L$ 为液膜传递系数,m/s。

由于氧是难溶气体,气膜传递阻力可以忽略,因此 $K_L \approx k_L$。为了方便起见,通常将 K_L 与气液比表面积 a 合并作为一个参数处理,称为容量传质系数(s^{-1})。

在单位体积培养液中,氧的传递速率为

$$OTR = K_G a(p - p^*) = K_L a(c^* - c_L) \qquad (2\text{-}19)$$

式中,OTR 为单位体积培养液中氧的传递速率,$mol/(m^3 \cdot s)$;a 为比表面积,m^2/m^3。

(2)液固相间的氧传递:稳态时,通过细胞外液膜的氧传递速率可以表示为

$$OTR = k_m a_m(c_L - c_{Li}) \qquad (2\text{-}20)$$

式中,k_m 为细胞外液膜的传递系数,m/s;a_m 为单位体积培养液中细胞的表面积,m^2/m^3;c_{Li} 为

NOTE

69

细胞表面氧浓度，mol/m³。

假定细胞为球形，在液体中向球形颗粒的质量传递过程存在以下关系：

$$Sh = 2 + a_1(Re)^{a_2}(Sc)^{a_3} \tag{2-21}$$

式中，$Sh = \dfrac{k_m d_p}{D_L}$，为舍伍德数；$Re = \dfrac{d_p \omega \rho_L}{\mu_L}$，为雷诺数；$Sc = \dfrac{\mu_L}{\rho_L D_L}$，为施密特数；$d_p$ 为颗粒（细胞）直径，m；D_L 为氧在液相的分子扩散系数，m²/s；ω 为固液相相对速率，m/s；μ_L 为液体黏度，Pa·s；ρ_L 为液体密度，kg/m³；$a_1、a_2、a_3$ 为常数。

由于细胞与液体的密度非常接近，可以认为相对速率很小，取 $\omega = 0$，则式（2-21）中等号右边第二项为零，于是有

$$k_m = 2D_L/d_p \tag{2-22}$$

若单位体积培养液中的细胞数为 n（个/立方米）；细胞的平均表面积为 $\bar{a}$（平方米/个），则在单位体积液体中的最大氧传递速率为

$$(OTR)_m = k_m a_m c_L \tag{2-23}$$

$$(OTR)_m = 2D_L/d_p n\bar{a}c_L \tag{2-24}$$

若取 $D_L = 10^{-9}$ m²/s，$d_p = 5.5 \times 10^{-6}$ m，$n = 10^{15}$ 个/立方米，$c_L = 6.3 \times 10^{-2}$ mol/m³，则

$$(OTR)_m = \frac{2 \times 10^{-9}}{5.5 \times 10^{-6}} \times 10^{15} \times \pi (5.5 \times 10^{-6})^2 \times 6.3 \times 10^{-2} \text{ mol/(m}^3 \cdot \text{s)} = 2.18 \text{ mol/(m}^3 \cdot \text{s)}。$$

若细胞最大呼吸强度为 2.5×10^{-3} mol/(kg·s)，菌体密度为 1000 kg/m³，含水量为 80%，则培养液的最大摄氧率为

$$r_m = 2.5 \times 10^{-3} \times \frac{\pi}{6}(5.5 \times 10^{-6})^3 \times 10^{15} \times 1000 \times 0.2 \text{ mol/(m}^3 \cdot \text{s)} = 0.044 \text{ mol/(m}^3 \cdot \text{s)}$$

计算结果表明，培养液最大摄氧率比最大氧传递速率小得多，可见单个细胞外的液膜对氧的阻力可以忽略。实验也证明了这一点。

以上论述得出的结论：氧在气-液-固传递过程中，如果细胞不聚集成团，悬浮在培养液中，气泡周围的液膜阻力相对较大，成为供氧的控制部分。但如果细胞聚集成团，那么即使液相主体氧浓度较高，细胞团中央的细胞仍然极有可能因为扩散途径长而缺氧。

3. 气液接触中的传质系数

已有很多人对气液接触中的传质系数（容量传质系数）进行研究。大部分研究工作是在机械搅拌及通气情况下用亚硫酸钠氧化法进行的，将容量传质系数与单位体积液体所消耗的搅拌功率、转速及通气时的空气线速率相关联。有的也将某些物性常数，如液体的黏度、表面张力及气体分子在液体中的扩散系数关联在内。近来也有人用因次分析和相似理论导出有关准数方程式。由于很多研究是在非发酵情况下进行的，所得关联式不能完全适用于真实的发酵过程，但对设备的选择及设计以及操作条件的确定还是很有参考价值的。

现将气液接触过程中有关的传质系数（包括容量传质系数）的关联式择要介绍如下。除特别标明者外，这些关联式均已转换为统一单位。P_g/V 以 kW/m³ 表示，气体流速 ω_g 以 m/h 表示，转速 n 以 r/s 表示，$K_L a$ 以 h⁻¹ 表示，K_L 以 m/h 表示。

（1）生物反应器通常带有多个搅拌器，福田等对装料量为 100～42000 L 的几何不相似的发酵罐，用亚硫酸钠氧化法测定，推导得到以下关联式：

$$K_L a = 1.86(2 + 2.8m)(P_g/V)^{0.56} \omega_g^{0.7} n^{0.7} \tag{2-25}$$

式中，m 为搅拌器个数。

（2）以准数形式关联的公式，它也适用于非牛顿型流体。

$$K_L a = f(d, n, \omega_g, D_L, \mu_L, \rho_L, \sigma, g) \tag{2-26}$$

式中, d 为搅拌器直径, σ 为液体表面张力, N/m; ω_g 为气体流速, m/s。

通过因次分析,可得出以下准数式:

$$\frac{K_L a d^2}{D_L} = K \left(\frac{\rho_L n d^2}{\mu_L}\right)^{\alpha_1} \left(\frac{n^2 d}{g}\right)^{\alpha_2} \left(\frac{\mu_L}{\rho_L D_L}\right)^{\alpha_3} \left(\frac{\mu_L \omega_g}{\sigma}\right)^{\alpha_4} \left(\frac{n d}{\omega_g}\right)^{\alpha_5} \quad (2\text{-}27)$$

式中, $\frac{K_L a d^2}{D_L}$ 为舍伍德数; $\frac{\rho_L n d^2}{\mu_L}$ 为雷诺数; $\frac{n^2 d}{g}$ 为弗劳德数; $\frac{\mu_L}{\rho_L D_L}$ 为施密特数; $\frac{\mu_L \omega_g}{\sigma}$ 为气流准数; $\frac{n d}{\omega_g}$ 为通气准数。

在 D/d=2.5、$H_L = D$ 的小型反应器中,Yagi 等对甘油-水溶液和淀粉水解液等牛顿型流体得到以下关联式:

$$K_L a = 0.06 \frac{D_L}{d^2} \left(\frac{\rho_L n d^2}{\mu_L}\right)^{1.5} \left(\frac{n^2 d}{g}\right)^{0.19} \left(\frac{\mu_L}{\rho_L D_L}\right)^{0.5} \left(\frac{\mu_L \omega_g}{\sigma}\right)^{0.6} \left(\frac{n d}{\omega_g}\right)^{0.32} \quad (2\text{-}28)$$

对于非牛顿型流体,则

$$K_L a = 0.06 \frac{D_L}{d^2} \left(\frac{\rho_L n d^2}{\mu_L}\right)^{1.5} \left(\frac{n^2 d}{g}\right)^{0.19} \left(\frac{\mu_L}{\rho_L D_L}\right)^{0.5} \left(\frac{\mu_L \omega_g}{\sigma}\right)^{0.6} \left(\frac{n d}{\omega_g}\right)^{0.32} \left[1 + 2(\lambda n)^{0.5}\right]^{-0.67}$$

$$(2\text{-}29)$$

4. 影响气液相氧传递速率的因素

供氧方面的阻力主要存在于气泡外侧的滞流液膜。提高通过液膜的氧传递速率,就可以提高生物反应器的供氧能力。根据气液相间氧传递方程式可知,提高气液相间氧传递的推动力 $(c^* - c_L)$ 或体积传质系数 $K_L a$ 都可提高氧传递速率。

1) 影响推动力的因素 一般来说,培养液中的溶质浓度越高,氧的溶解度越低,氧传递的推动力越小。由于细胞对培养基有一定的要求,不可能用很稀薄的培养基来提高 c^* 。

根据亨利定律,提高气相中的氧分压就可以提高液相氧的平衡浓度 c^* 。提高气相氧分压最简便的方法是提高反应器中的压力。但随着罐压升高,二氧化碳分压也升高,由于二氧化碳的溶解度比氧大得多,这对一些培养过程可能产生不良影响。

提高氧分压的另一种方法是增加空气中氧的相对含量,进行富氧通气。富氧通气可以大大提高气液相间氧的传递速率。但是,采用富氧通气时也需考虑高氧分压是否会对细胞产生不良影响和生产成本的提高。

2) 影响比表面积 a 的因素 气液比表面积是指单位体积培养液中气泡的总面积,若气泡的平均直径为 $d_m(m)$,在体积为 $V(m^3)$ 的培养液中共有 n 个气泡,则比表面积有下式的关系:

$$a = \frac{n \pi d_m^2}{V} = \frac{n \pi d_m^3}{6} \times \frac{6}{d_m V} = \frac{6 V_G}{d_m V} \quad (2\text{-}30)$$

式中, V_G 为在液相中截留的气体体积, m^3 。

设 V_G/V 为气体的截留率 H_0 ,则:

$$a = \frac{6 H_0}{d_m} \quad (2\text{-}31)$$

因此,气液比表面积与气体截留率成正比,与气泡平均直径成反比。

对于带有机械搅拌器的反应器,气泡的平均直径与单位体积消耗的通气搅拌功率、流体的特性有关:

$$a = K \left[\frac{\sigma^{0.6}}{\rho_L^{0.2}(P_g/V)^{0.4}}\right] (H_0')^{0.4} \left(\frac{\mu_G}{\mu_L}\right)^{0.25} \quad (2\text{-}32)$$

式中, K 为常数,可取 0.142; σ 为液体的表面张力, N/m; ρ_L 为液体的密度, kg/m^3; μ_L 为液体黏度, $Pa \cdot s$; μ_G 为气体黏度, $Pa \cdot s$; H_0' 为气液混合物中气体的体积分数, $H_0' = H_0/(1 + H_0)$,其值容易测得; P_g/V 为单位体积通气下的搅拌功率, kW/m^3 。

在机械搅拌情况下，气体截留率可用下式求得

$$H_0 = \frac{(P_g/V)^{0.4}(\omega_g)^{0.5} - 2.45}{0.636} \times 100\%$$ (2-33)

式中，ω_g 为以反应器截面为基准的气体流速，m/h。

以上各式说明，在物性一定的条件下，增大单位体积通气情况下的搅拌功率和通气量都可增加气液比表面积。

3）影响体积传质系数 $K_L a$ 的因素 准确地建立 $K_L a$ 与设备参数、操作变量等之间的关系式，对于设备放大是极其重要的。因为在需氧生物反应过程中，氧的传递是放大的关键。许多人在这方面进行了研究，也发表了许多研究成果。然而，由于这些研究工作多半是在机械搅拌及通气情况下用亚硫酸钠氧化法测定的，所以得出的关系式不能完全适用于真实的生物反应过程，但对设备设计及操作条件的确定仍具有一定的参考价值。

（1）操作条件的影响：搅拌器转速、搅拌功率、通气速率等操作条件对 $K_L a$ 有很大影响，它们与 $K_L a$ 的关系可用以下经验式表示：

$$K_L a = K(P_g/V)^{\alpha}\omega_g^{\beta}$$ (2-34)

$$K_L a = Kn^{\gamma}\omega_g^{\beta}$$ (2-35)

式中，α、β、γ 为指数；K 为有因次的系数，其值与操作条件的取值范围有关。P_g/V 的单位为 kW/m³，ω_g 的单位为 m/h，n 的单位为 r/min，$K_L a$ 的单位为 h⁻¹。有人在 3～65 L 带有一个十二叶翼碟式搅拌器的气液反应器中，用亚硫酸钠氧化法研究了操作条件对 $K_L a$ 的影响。当 $D/d=3$、$H_L=D$ 时，操作条件与 $K_L a$ 的关系式用式（2-34）表示，其中 $\alpha=0.95$、$\beta=0.67$。可见，要提高 $K_L a$，增大单位体积的搅拌功率比增大通气量有效。这是因为增大搅拌功率时，可将通入液体的空气分散成细小的气泡，并阻止气泡的聚集，可增加气液比表面积；机械搅拌造成液体的涡流，会延长气泡在液体中的停留时间；搅拌造成的湍动有利于减小滞流液膜厚度，减小传质阻力；搅拌也使培养液中的细胞和营养物质均匀分散，避免或减少缺氧区的形成。但应注意，过分剧烈的机械搅拌产生的剪切作用可能损伤细胞，同时产生的大量搅拌热也会加重反应器传热的负担。

增大通气量也可提高 $K_L a$，但通气量过大时，会发生"过载"现象，这时空气沿搅拌轴逸出，搅拌器在大量空气泡中空转，$K_L a$ 会下降。

随着反应器容积的增大，式（2-34）中指数值有下降趋势。如当反应器装液量为 9 L（0.009 m³）时，α 为 0.95；装液量为 0.5 m³ 的中试规模反应器中 α 则降到 0.67，而生产规模的反应器装液量在 27～54 m³ 时，α 只有 0.5。搅拌器的形状和反应器的结构不同时，α 与 β 的值也会有较大的差别。

也有不少研究指出，$K_L a$ 可与搅拌器转速关联，当 $D/d=2.5$ 的反应器采用涡轮式搅拌器时，得出式（2-35）所示的关联式，其中 $\gamma=2.0$、$\beta=0.67$。

（2）流体性质的影响：前面的关系式中，只考虑了操作条件对 $K_L a$ 的影响。实际上流体性质如密度、黏度、表面张力、扩散系数等的变化，都会对 $K_L a$ 产生影响。在同样的操作条件下，液体的黏度大，滞流层液膜厚度增加，传质阻力就增大，$K_L a$ 就减小。综合考虑操作条件和流体性质，可以认为 $K_L a=f(d,n,\omega_g,D_L,\mu_L,\rho_L,\sigma,g)$。

式（2-28）和式（2-29）说明，除黏度之外，扩散系数增大或表面张力减小等都会增大体积传质系数。

（3）其他因素的影响。

①表面活性剂：培养液中的蛋白质、脂肪及化学消泡剂都是表面活性剂，它们分布在气液界面，使表面张力下降，形成较小的气泡，从而使比表面积增大。但是它们由于堆积在气液界面，增大了传质阻力，又使 $K_L a$ 下降。例如在水中加入表面活性剂月桂基磺酸钠后，K_L、$K_L a$

均迅速下降。这是因为虽然气泡直径 d_m 减小很多,但引起 a 的增加并不足以抵消 K_L 的下降,因此 K_La 仍快速下降。随着其浓度的继续增大,K_La 下降到一定程度后开始有所上升。

在培养过程中,细胞代谢活动生成一些表面活性剂,会在培养液中形成大量泡沫,影响通气,严重时会发生逃液,并容易引起杂菌的污染。这时加入适量的消泡剂虽然会暂时引起 K_La 下降及溶解氧浓度 c_L 下降,但对改善泡沫状况、维持正常培养是必须的。不过消泡剂的加入不宜太多,否则易影响细胞生长。

②盐浓度:在水中通入空气后,气泡很容易聚并成大气泡,但在电解质溶液中气泡聚并现象大大减少,气泡直径比在水中小得多,因而有较大的比表面积。有人认为这是由于离子带有静电,阻碍了气泡的聚并。当盐浓度达到 $5 \ kg/m^3$ 时,电解质溶液的 K_La 就开始比水大。盐浓度在 $50\sim80 \ kg/m^3$ 时,K_La 迅速增大。一些有机物质(如甲醇、乙醇和丙酮)也有类似现象。

用亚硫酸钠氧化法测定 K_La 及所得关联式,由于溶液中含盐量很大,因此得到的 K_La 比同样条件下以水为介质得到的值要大。此外,培养液中细胞浓度的增加也会使 K_La 下降。

四、生物反应器的比拟放大

1. 小型和大型生物反应器设计的不同点

小型和大型生物反应器在设计上要考虑的侧重点显著不同,具体见表 2-5。

表 2-5 小型和大型生物反应器设计的不同点

项 目	实验用小型生物反应器	生产用大型生物反应器
功率消耗	不必考虑	需认真对待
反应器内空间	大量的控制、检测装置占去一定空间	无此影响
混合特性	可不必考虑	需认真对待
换热系数	较易解决	较难解决

2. 生物反应器的放大方法

生物反应器的放大方法可分为数学模拟放大、因次分析法放大和经验法则放大(包括反复实验法、部分解析法放大等)。应指出的是,在发酵工业中,为增加产量,有时不是通过设计新的更大的发酵罐来完成,而是通过制造与现有设备类似的设备来实现的,这是一种保守但保险的方法。

经验放大是建立在小型实验或模拟中试实测数据和操作经验的基础上的放大方法。由于多种原因,当对反应过程客观规律掌握不够深刻、完整时,只能靠经验逐级放大。化学工业中,每级放大在 50 倍以下,而且每级放大时需对前级参数进行修正。生物工业中,放大倍数有的高达 200 倍,如国外某公司用于单细胞蛋白生产的 $300 \ m^3$ 反应器是从 $1.5 \ m^3$ 小型反应器直接放大得到的。一般生物反应器的放大倍数为 10。

好氧生物反应器放大的经验准则主要有以下几种。

(1)以单位体积发酵液消耗功率相等为基准的方法。

(2)以氧的容积传质系数相等为基准的方法。

(3)以搅拌器叶端速率相等为基准的方法。

(4)以氧分压相等为基准的方法。

(5)以溶解氧浓度相等为基准的方法。

因溶解氧浓度直接影响微生物的活性,故以溶解氧浓度相等为基准的放大方法可能是较完善的方法,这种方法需建立在可信赖的溶解氧浓度的测定技术之上。

表 2-6 给出了欧洲一些国家发酵工业中所采用的放大准则。从表 2-6 中的数据可知,利用 K_La 和 P_g/V_L 恒定作为放大准则的较多。事实上,虽然有很多成功的例子,但采用单位体积发酵液消耗功率(P_g/V_L)相等的方法放大不适合所有发酵工业。从理论与实践经验来看,对好氧发酵,采用 K_La 相等的放大方法,由于维持了大、小罐的 K_La 恒定,不仅能在较经济的条件下获得较高的生产率,而且对几何尺寸不相似的发酵罐也是适用的。

表 2-6 欧洲一些国家发酵工业中的放大准则

序号	所采用的经验放大准则	工业应用的比例/(%)
1	单位体积发酵液消耗功率相等	30
2	K_La 相等	30
3	搅拌器叶端速率相等	20
4	氧分压相等	20

3. 通用式发酵罐的放大实例

【例题 2-2】 有一个 5 m³ 生物反应器,罐直径为 1.4 m,装液量为 4 m³,液柱高度为 2.7 m,采用六弯叶涡轮式搅拌器,叶径为 0.45 m,转速 $n=190$ r/min,通风比为 1:0.2,发酵液密度为 1040 kg/m³,发酵液黏度为 $1.06×10^{-3}$ Pa·s,现需放大至 50 m³ 罐进行生产,试求大罐尺寸和主要工艺条件。

解:

(1) 小罐工艺参数。

搅拌雷诺数为

$$Re_m = \frac{D_i^2 n_1 \rho}{\mu} = \frac{\frac{190}{60} × (0.45)^2 × 1040}{1.06 × 10^{-3}} = 6.3 × 10^5 > 10^4$$

液体处于湍流状态,由表 2-2 可知,$K=4.8$。由式(2-7),有

$$P = K n_1^3 D_i^5 \rho$$
$$= 4.8 × \left(\frac{190}{60}\right)^3 × (0.45)^5 × 1040 \text{ W}$$
$$= 2.92 \text{ kW}$$

由式(2-11),安装两层搅拌器时消耗的功率为

$$P_2 = P(0.4+0.6m) = 2.92 × (0.4+0.6×2) \text{ kW} = 4.67 \text{ kW}$$

通风量为

$$Q_{G1} = 0.2 × 4.0 \text{ m}^3/\text{min} = 0.8 \text{ m}^3/\text{min}$$

通风准数为

$$Na_1 = \frac{Q_{G1}}{n_1 D_{i1}^3} = \frac{0.8}{190 × 0.45^3} = 4.62 × 10^{-2} > 0.035$$

所以

$$P_{g1} = P_2(0.62 - 1.85Na_1)$$
$$= 2.92 × (0.62 - 1.85 × 0.0462) \text{ kW} = 1.56 \text{ kW}$$

单位体积发酵液消耗功率为

$$\frac{P_{g1}}{V_{L1}} = \frac{1.56}{4} \text{ kW/m}^3 = 0.39 \text{ kW/m}^3$$

小罐中的气体空塔速率为

$$w_{s1} = \frac{Q_{G1}}{(\pi/4)D_1^2} = \frac{0.8}{0.785 × 1.4^2} \text{ m/min} = 0.520 \text{ m/min} = 8.67 × 10^{-3} \text{ m/s}$$

由 Moo-Young 等提出的计算 K_La 的方程,有

$$K_La = 0.025 \left(\frac{P_{g1}}{V_{L1}} \right)^{0.4} (w_{s1})^{0.5} = 0.025 \times 390^{0.4} \times (8.67 \times 10^{-3})^{0.5} \ \text{s}^{-1} = 0.0253 \ \text{s}^{-1}$$

搅拌器圆周线速率为

$$v_1 = \pi n_1 D_{i1} = 3.14 \times 190 \times 0.45 \ \text{m/min} = 268 \ \text{m/min} = 4.47 \ \text{m/s}$$

(2) 大罐的几何尺寸与工艺参数。

①主要几何尺寸。

按高径比为 2.5 设计,则罐直径为

$$D_2 = \left(\frac{4V}{\pi \times 2.5} \right)^{1/3} = 2.95 \ \text{m}$$

取 $D_2 = 3 \ \text{m}$,则罐圆筒高度为

$$H_2 = 2.5 D_2 = 2.5 \times 3 \ \text{m} = 7.5 \ \text{m}$$

查表,当直径 $D_2 = 3 \ \text{m}$ 时,标准椭圆形封头容积 $V_b = 3.82 \ \text{m}^3$,直边高度 $h_b = 0.04 \ \text{m}$,曲边高度 $h_1 = 0.75 \ \text{m}$。大罐的公称容积为

$$V = \frac{\pi}{4} D_2^2 H_2 + V_b = 0.785 \times 3^2 \times 7.5 + 3.82 \ \text{m}^3 = 56.8 \ \text{m}^3$$

当装填系数为 0.7 时,装液量 V_{L2} 为

$$V_{L2} = 56.8 \times 0.7 \ \text{m}^3 = 40 \ \text{m}^3$$

搅拌器直径 D_{i2} 为

$$D_{i2} = \frac{D_{i1}}{D_1} D_2 = \frac{0.45}{1.4} \times 3 \ \text{m} = 0.96 \ \text{m}$$

②液体深度为

$$H_{L2} = \frac{V_{L2} - V_b}{\pi/4 \times D_2^2} + h_1 + h_b = \frac{40 - 3.82}{0.785 \times 9} + 0.75 + 0.04 \ \text{m} = 5.9 \ \text{m}$$

③采用 K_La 相等的原则放大。

根据文献报道,$K_La \propto (Q_G/V_L) H_L^{2/3}$,所以通风量放大为

$$\left(\frac{Q_G}{V_L} \right)_2 = \left(\frac{Q_G}{V_L} \right)_1 \left(\frac{H_{L1}}{H_{L2}} \right)^{2/3} = 0.2 \times \left(\frac{2.7}{5.9} \right)^{2/3} \ \text{m}^3/(\text{m}^3 \cdot \text{min}) = 0.119 \ \text{m}^3/(\text{m}^3 \cdot \text{min})$$

取 $\left(\frac{Q_G}{V_L} \right)_2 = 0.12 \ \text{m}^3/(\text{m}^3 \cdot \text{min})$,则

$$Q_{G2} = 0.12 \times 40 \ \text{m}^3/\text{min} = 4.8 \ \text{m}^3/\text{min}$$

④按单位体积发酵液消耗功率相等的原则,有

$$\left(\frac{P_g}{V_L} \right)_1 = \left(\frac{P_g}{V_L} \right)_2 = 390 \ \text{W/m}^3$$

大罐的搅拌功率为

$$P_{g2} = 390 \times 40 \ \text{W} = 15600 \ \text{W}$$

若假定 $P_g/P_2 = 0.55$,则

$$P_2 = \frac{P_{g2}}{0.55} = \frac{15600}{0.55} \ \text{W} = 28364 \ \text{W}$$

大罐的搅拌器转速为

$$n_2 = \left(\frac{P_2}{K \times \rho \times D_{i2}^5} \right)^{1/3} = \left(\frac{28364}{4.8 \times 1040 \times 0.96^5} \right)^{1/3} \ \text{r/s} = 1.91 \ \text{r/s} = 115 \ \text{r/min}$$

大罐的通风准数为

$$Na_2 = \frac{Q_{G2}}{N_2 D_{i2}^3} = \frac{4.8}{115 \times 0.96^3} = 0.0512 > 0.035$$

所以,可得

$$\frac{P_{g2}}{P_2} = 0.62 - 1.85 Na_2 = 0.62 - 1.85 \times 0.0512 = 0.53$$

说明上面计算 P_2 时的假设是合理的。

由于是按单位体积发酵液消耗功率和大、小罐的 K_La 相等的原则放大,由 Moo-Young 提出的计算 K_La 的方程式可知,大、小罐的气体空塔速率也相等。

第三节　其他生物反应器

一、鼓泡塔生物反应器

鼓泡塔生物反应器(bubble tower bioreactor),又称鼓泡柱生物反应器(bubble column bioreactor),是最简单的气流搅拌式生物反应器。鼓泡塔生物反应器的主体为一个较高的柱状容器,气体作为分散相由反应器底部的气体分布器进入,以气流的动力实现反应体系的混合(图 2-7)。

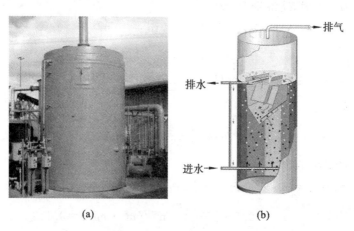

图 2-7　鼓泡塔生物反应器
注:(a) 外观;(b) 内部结构。

与机械搅拌式生物反应器相比,鼓泡塔生物反应器的主要优点如下:反应器结构简单,易于操作,运行成本低;内部无转动件,能耗较低,反应器中的剪切力也较小;由于避免了轴封,对保持无菌条件有利。因此,鼓泡塔生物反应器比较适合那些对剪切力敏感、容易染菌的细胞培养体系,如某些微生物发酵、动物细胞培养和植物细胞培养等。

但是,由于鼓泡塔生物反应器缺乏控制流体运动的措施,其混合和氧传递效率较低。为达到一定的混合和氧传递效果,鼓泡塔生物反应器通常采用高于通气搅拌罐的通气量,且其高径比也较大。多数鼓泡塔生物反应器的高径比在(8∶1)～(20∶1)之间。较大的高径比使鼓泡塔生物反应器具有较高的气含率和较长的气体停留时间,也使其底部的空气分布装置处具有较高的静压。这些都在一定程度上有利于提高氧传递效率。目前,鼓泡塔生物反应器被广泛应用于生物工程行业中,例如乙醇发酵、单细胞蛋白发酵、废水处理、废气处理等。

一般可用反应器的压力降、气含率、液体流速分布、分散和混合等特征来描述鼓泡塔生物反应器的多相流体特性。其中,气含率是鼓泡塔生物反应器的重要设计参数之一,它与氧传递有关,并且与气泡直径一起决定气液界面的大小,气含率的径向分布还可用于计算液体流速分布。

二、气升式生物反应器

气升式生物反应器(airlift loop bioreactor)是应用较为广泛的生物反应器之一。它是在鼓泡塔生物反应器的基础上发展起来的,它利用气体的喷射功能和流体密度差造成反应液循环流动,并通过安装导流筒(draft tube)来增强反应器内的传递效果和强化流体的循环流动。

气升式生物反应器(图 2-8)的导流筒有多种类型,按其采取的液体循环方式不同,可以将其分为内循环气升式环流生物反应器和外循环气升式环流生物反应器两类。其中,以内循环气升式环流生物反应器最为常见。其优点是结构简单、设备制造比较容易。气体既可以从内置导流筒内部通入,也可以从其外侧通入,两种情况下上行区和下行区刚好相反。反应器顶部是气体脱离反应体系的区域,因而称为脱离区。有些气升式生物反应器顶部脱离区的直径要大于主罐体的直径,目的是降低该区域的流

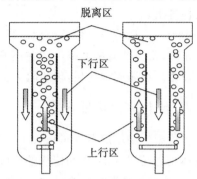

图 2-8 气升式生物反应器

体运动速率,给气泡脱离以充分的时间,避免或减少富含二氧化碳的气泡通过下行区循环回反应器;另外,这也有助于减少因形成气雾而损失的培养基,并可减少泡沫的产生。

气升式生物反应器的气体分布装置也可采用喷嘴。为了提高氧传递效率,可利用喷嘴口及其附近高速运动的流体产生强剪切力来降低气泡尺寸,该类反应器称为气升式喷射环流生物反应器。

气升式生物反应器除具有鼓泡塔生物反应器的优点外,还具有反应溶液分布均匀、溶氧速率快和溶氧效率高、剪切应力小、传热良好等优点。但是,它要求的通气量和通气压力较高,使空气净化工段的负荷增加;对于黏度较大的培养液,溶解氧系数较低。另外,其操作弹性小,低气速在高密度培养时,混合效果较差。通气量提高会导致泡沫产生。

影响气升式生物反应器的主要结构和操作参数有气含率、气液比、循环周期与循环速率、通气功率等。

三、固定床生物反应器

固定床生物反应器(fixed bed bioreactor)是由连续流动的液体底物和静止不动的固定化生物催化剂组成。另外,也可以由连续流动的气体和静止不动的固体底物和微生物组成。根据反应器中液相流动方式的差别,可以将常见固定床生物反应器分为两种:一为填充床生物反应器,二为滴流床生物反应器。

填充床生物反应器(packed bed bioreactor)可以是垂直的,也可以是水平的(图 2-9)。垂直的填充床生物反应器比较常见,反应器中流体通常从底部进入,从顶部流出,细胞固定于支持物表面或内部,支持物颗粒堆叠成床,培养基在床层间流动。填充床中单位体积细胞较多,由于混合效果不好,常使床内氧的传递、气体的排出、温度和 pH 控制困难;另外一个困难就是床层容易被小颗粒或破碎的颗粒堵塞,流体流动困难,床层阻力增大。

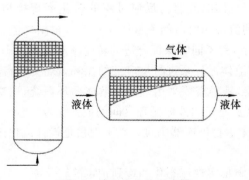

图 2-9 填充床生物反应器

NOTE

在选择固定化细胞反应器时,传质是重要的考虑因素。填充床生物反应器的传质状况较差,一般只适合于固定化非生长细胞或厌氧的固定化生长细胞。对固定化非生长细胞,因为不需要供应氧,一般也不需要移去气态 CO_2,操作相对比较方便。对厌氧的生长细胞,虽然不需要通空气,但反应过程中必须及时将代谢产生的 CO_2 移出反应器,为此可以考虑采用水平放置的填充床,在反应器上方给发酵产生的 CO_2 留出适当的空间,以便在不夹带液体的情况下将气体排出。

由于细胞遗传稳定性及长期运行中染菌的可能性增加,能在固定化后长期使用的活细胞种类不多,常见的有酿酒酵母。在环境工程领域,由于不受这些限制,该型生物反应器得到了推广使用。细胞固定化后,传质阻力也随之增大,这是一个需要考虑的因素。

四、流化床生物反应器

流化床生物反应器(fluidized bed bioreactor)是通过流态化(fluidization)来强化固体颗粒与流体相之间混合、传质和传热的反应装置。实现流态化的能量是输入反应器的流体所携带的动能,这种流体既可以是液体,也可以是气体,或者两者皆是。

与固定床生物反应器相比,流化床生物反应器能提供更好的混合、传质和传热效果及最小的反应器压力降。另外,流化床生物反应器还具有以下优点。

(1)由于流体混合更加均匀,反应器中的 pH、溶解氧浓度、温度等参数的检测和控制更加容易。

(2)固相组成在轴向的差异性较小,便于取样和分析。

(3)不易发生阻塞,因而可以采用尺寸更小、比表面积更大的固定化载体颗粒,从而为细胞的固定化提供更大的表面积。

从应用角度看,上述这些特性对生物反应器的可操作性是至关重要的。

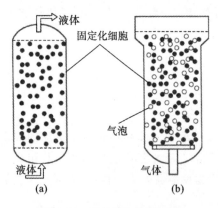

图 2-10 流化床生物反应器

注:(a)液-固两相流化床生物反应器;
(b)气-液-固三相流化床生物反应器。

在生物反应体系中,常见的流化床生物反应器又可分为液-固两相流化床生物反应器(图 2-10(a))和气-液-固三相流化床生物反应器(图 2-10(b)),前者用于厌氧生物反应体系(由于厌氧发酵会产生气体,实际上也是一个三相体系),而后者多用于好氧过程。

要使固体粒子处于流态化状态是需要消耗能量的,只有当流体流速大于最小流化速率时粒子才能流化。由于固定化细胞的载体材料(如海藻酸钙、纤维等)密度较小,所要求的最小流化速率也比较小。

流体的流速与反应过程的转化率直接相关,达到流态化所需的流量往往要超过根据反应动力学和目标转化率确定的操作流量。在这种情况下,为了同时保证合适的转化率和达到流态化,对液-固两相流化床生物反应器通常利用外部的液体循环泵进行反应液的循环,以达到流态化所需的流量。对气-液-固三相流化床生物反应器,是否需要采用额外的液体循环系统,取决于过量的通气是否会对细胞生长产生负面影响,以及通气和液体循环之间的成本比较。

流化床生物反应器的设计和操作都比固定床生物反应器困难。以下因素是设计流化床生物反应器时必须考虑的。

(1)保证合适的液体和/或气体流量以同时满足实现流态化和达到预定的转化率。

(2)对气-液-固三相流化床生物反应器,必须控制气泡尺寸,保证氧传递效率。

NOTE

（3）控制合适的剪切力以避免细胞从固定化颗粒上脱落,或对颗粒造成机械损伤。

（4）固定化颗粒与液体之间合适的密度差是保证反应器有效混合的关键因素之一。常用的细胞固定化材料,如海藻酸钙、κ-卡拉胶、聚氨酯泡沫等的密度都不是太大,一旦颗粒内部吸附了少量气泡,就可能有大量的颗粒被冲到反应器上部,影响体系的混合。

有些气-液-固三相流化床生物反应器具有类似于气升式生物反应器的导流管,这对于提高氧传递效率和降低固体颗粒之间的碰撞和摩擦都具有一定作用。

流化床生物反应器广泛应用于废水处理。在好氧微生物发酵方面,虽然实验室规模的研究报道很多,但均未能在工业生产上应用。另外,在流化床生物反应器中也可以培养凝胶包埋或在微载体表面贴壁生长的固定化动物细胞。

流化床生物反应器的基本参数包括床层流化速率、颗粒的带出速率、操作速率、流化数以及床层的膨胀比等。

本章小结

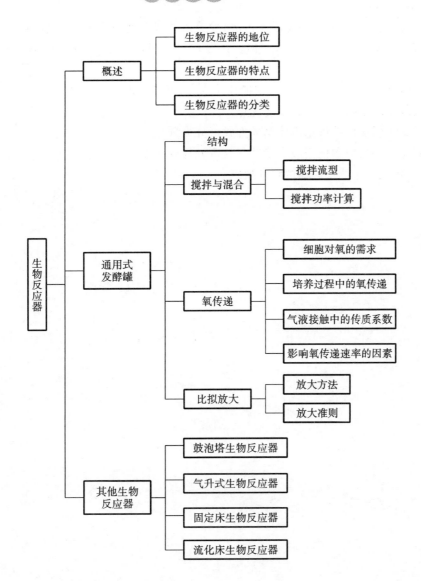

参考答案

思考与练习

1. 简述生物反应器在生物反应过程中的地位。

2. 生物反应器的分类方法有哪些?

3. 通用式发酵罐由哪些主要部件构成?

4. 某细菌醪液发酵罐,罐直径为 1.8 m,六平叶圆盘涡轮直径为 0.6 m,安装一个涡轮、四块标准挡板,罐压为 1.5×10^5 Pa(绝压),搅拌器转速 $n = 150$ r/min,通气量 $Q = 1.50$ m³/min (罐内状态流量),醪液密度 $\rho = 1010$ kg/m³,醪液黏度 $\mu = 1.90 \times 10^{-3}$ Pa·s,求算通气状态下的搅拌功率 P_g。

5. 发酵罐直径为 3 m,装料量为 40 m³,液柱高度为 6 m,转速为 120 r/min,单位体积发酵液功率消耗为 1 kW/m³,发酵液黏度为 30×10^{-3} Pa·s,液体密度为 102 kg/m³,表面张力为 68.6×10^{-3} N/m,通气量为 12 m³/min,求气泡直径 d_B、气泡上升速率 ω_B、气体截留率 H_0、比表面积 a 以及 $K_L a$。

6. 试设计一台 100 m³ 的谷氨酸发酵罐,发酵罐类型为机械搅拌通风发酵罐。

已知:发酵液密度 $\rho = 1080$ kg/m³,黏度 $\mu = 2.0 \times 10^{-3}$ Pa·s。谷氨酸发酵热为 8700 W/m³,发酵温度为 32 ℃。

求算:①发酵罐的主要几何尺寸;②搅拌功率;③传热面积。

7. 简述鼓泡塔生物反应器的主要优点。

8. 气升式生物反应器依据液体循环方式可分为哪几类?

9. 固定床生物反应器依据液相流动方式可分为哪几类?

10. 简述流化床生物反应器的设计要点。

(王车礼)

第三章 中药提取设备

学习目标 ...

1.掌握:常见中药提取原理、方法及设备。

2.熟悉:中药提取常用术语,中药提取前处理方法及设备。

3.了解:中药提取新技术。

扫码看课件

案例导入
解析

 案例导入

中药煎煮有着悠久的历史,始于先秦,成于两汉,盛于魏晋隋唐,变革于宋金元,完善于明清。煎煮效果与煎煮时间、煎煮次数有很大的关系。

(1)什么药材可以煎煮?什么药材不可以煎煮?

(2)煎煮次数是否越多越好?

(3)煎煮时间是否越长越好?

中药是指在中医药理论指导下用于防病治病的药物。中药包含中药材、中药饮片、中成药。中药在清朝以前称为草药、生药等。中药起源于中国,有独特的理论体系和应用形式。中国最早的一部中药学专著是汉代的《神农本草经》;唐代由政府颁布的《新修本草》是世界上最早的药典;明代李时珍所著《本草纲目》应用了由无机到有机的分类方法,是当时世界上最先进的分类法,该书总结了16世纪以前的药物应用经验,对后世的药物学发展做出了巨大的贡献。

本章首先对中药提取的含义、常用术语,以及中药提取前处理等内容进行了简介;然后着重介绍了中药提取原理、常用方法及设备;最后简要介绍了几种中药提取新技术。

第一节 概 述

一、中药提取的含义

中药提取是指选用适宜的溶剂和适当的提取方法使中药材中所含的有效成分或有效部位尽可能浸出的单元操作。提取是指将有效成分尽可能完全地从中药材中提出,而杂质尽可能少地被提出的过程。中药提取是中药制剂制备的首要环节,也为后续的分离和精制、浓缩等过程奠定了基础。

近年来,一些新的提取分离纯化技术受到青睐,多学科交叉融合,使得中药提取既符合传统的中医药理论,又提高了有效成分的收率。但从目前来看,这些高新技术多处于实验室研究阶段,要将其应用到中药制剂的生产中还存在很多技术问题,有待研究者和生产企业共同解决。

中药作为传统药物,历史悠久,疗效显著,是中华民族的文化瑰宝。虽然中药提取生产的

NOTE

发展很快,但是由于基础较差、工艺落后,中药提取生产还没有完全脱离手工作业,原料、能源和人力浪费严重,需要药学工作者对其进行生产技术改革,从而大幅度降低成本,提高经济效益,最终形成成熟的工业体系,以适应中药和中药生产现代化的需要。

二、中药提取常用术语

(一)药物分类名词

1. 中药

在中医药理论指导下用于防病治病的药物。中药包含中药材、中药饮片、中成药。

2. 中药材

药用部分采收后经产地初加工形成的原料药材。中药材包含植物药、动物药、矿物药。

3. 中药饮片

药材经过炮制后可直接用于中医临床或制剂生产使用的处方药品。

4. 中成药

中药成药的简称,指以中药饮片为原料,在中医药理论指导下,按法定处方和制法大批量生产,具特有名称,并标明功能主治、用法用量和规格,实行批准文号管理的药品。

(二)中药提取物名词

1. 中药提取物

以中药材为起始原料,按中医临床和中药现代制剂生产的处方要求,将原药材经加工、炮制、提取精制,制备出物态稳定、含有一种或几种功能主治明确的化合物并具有稳定可控的质量标准的制剂原料。

2. 有效成分

从植物、动物、矿物等物质中提取得到的天然的单一成分,且单一成分的含量应当占提取物的90%以上,一般指单体化合物。

3. 有效部位

由从单一植物、动物、矿物等物质中提取的一类或数类成分组成,其含量应占提取物的50%以上。

4. 干浸膏

从中药材中用某一种溶剂浸出,所得浸出液经浓缩、干燥至含水量约为5%的提取物。

5. 稠浸膏

从中药材中用某一种溶剂浸出,所得浸出液经浓缩至含水量为15%～20%的制成品。

6. 流浸膏

从中药材中用某一种溶剂浸出,所得浸出液经过浓缩除去部分溶剂而制成的浸出液。

三、中药提取前处理

(一)提取前药材生药学鉴定及处理

1. 药材生药学鉴定

植物性药材往往存在"同名异物"和"同物异名"的现象,因此植物来源药物提取前,所用的植物药材必须由生药学专家进行学名鉴定无误、质量合格后方可使用。在提取分离前,应该对有关文献进行充分调研及综述。

2. 常规前处理工艺

中药前处理是中药工业化生产中关键的第一步,它是根据原药材的具体性质,在选用合格药材的基础上,将其经适当的清洗、浸润、切制、选制、炮制、干燥等,加工成具有一定质量规格

NOTE

的中药材中间品或半成品。新鲜的植物性药材,应进行适宜的清洗,然后用适当的方法进行干燥,再粉碎成粗粉供提取。已经干燥的植物性药材或饮片,也应粉碎成粗粉供提取。中药材的常规前处理工艺包括净制、筛选、切制、干燥等过程。依据药材类型的不同,采用的前处理方法也不同,主要包含以下四大类。

(1)非药用部位的去除:通过去茎、去根、去枝梗、去粗皮、去壳、去毛、去核等方法来去除非药用部位。

(2)杂质的去除:通过挑选、筛选、风选、洗、漂等方法来净化药材,利于准确计量和切制药材。

(3)药材的切片:将净选后的药材切成形状不同、厚度不同的"片子",称为饮片。

(4)药材干燥:根据不同药材含水量的不同选择合理的干燥工艺。

(二)中药常规前处理设备

根据中药材常规前处理的需要,常用的机械设备有筛药机、洗药机、润药机、切药机、粉碎机、烘药机等。

1. 筛药机

工业化生产的中药材筛选工艺过程中常常选用振荡式筛药机和小型电动筛药机,其配备的眼筛有大、中、小、细等规格。操作时只要将待筛选的药物放入筛子内,启动机器,即可达到筛净的目的。这种机械结构简单,效率高且噪声较小。

2. 洗药机

中药材中的泥沙、杂物等必须去除,因而清洗是中药材前处理加工的必要环节。根据药材清洗的目的,将不同药材按种类划分为水洗和干洗两种。水洗的主要设备是洗药机和水洗池。洗药机有喷淋式、循环式、环保式三种型式。

3. 润药机

润药是将泡、洗、漂过的药材,以湿物遮盖或继续喷洒适量清水,保持湿润状态,使药材外部的水分缓慢渗透到药物组织内部,达到内外湿度一致,以利于切制加工。常用的设备有水泥池、润药机等。由于该装备仍然采用水浸泡方式,故无法避免药效损失问题。另外,润药过程中排放的污水也会对环境造成污染。为避免上述问题,可选用真空气相置换式润药机,运用气体具有强穿透性的特点和高真空技术,让水蒸气置换药材内的空气,使药材快速、均匀软化,采用适当的润药工艺,使药材在低含水量的情况下软硬适度,切开无干心,切制无碎片。

4. 切药机

目前常用的切制设备有往复式切药机,包括摆动往复式(或剁刀式)和直线往复式(或切刀垫板式);旋转式切药机,包括刀片旋转式(或称转盘式)和物料旋转式(或旋料式)。其中,剁刀式或转盘式切药机以其对药材的适应性强、切制力大、产量高、产品性能稳定的特点,被广泛应用于中药企业,但其切制不够精细。切刀垫板式和旋料式切药机是近几年开发的新产品,具有切制精细、成型合格率高、功耗低的特点。

5. 粉碎机

根据被粉碎物料的尺寸可将粉碎机区分为粗碎机、中碎机、细磨机、超细磨机。在粉碎过程中施加于固体的外力有压轧、剪断、冲击、研磨四种。压轧主要用在粗碎机、中碎机中,适用于硬质料和大块料的破碎;剪断主要用在细碎机中,适用于韧性物料的粉碎;冲击主要用在中碎机、细磨机、超细磨机中,适用于脆性物料的粉碎;研磨主要用在细磨机、超细磨机中,适用于小块及细颗粒的粉碎。

四、中药提取的相关法规

1. 药品生产质量管理规范(GMP)

GMP是药品生产和质量管理的基本准则。GMP是世界各国普遍采用的对药品生产全过程进行监督管理的法定技术规范,是保证药品质量和用药安全有效的可靠措施,是当今国际社会通行的药品生产和质量管理必须遵循的基本准则,是全面质量管理的重要组成部分。

2. 中药提取生产质量管理规范(GEP)

GEP 最早于 2001 年提出。按照中药制剂的生产环节,有了原料后,下一步就是提取有效物质。中药提取是中成药生产过程中的一个重要环节。在中药提取过程中,中药材的粉碎度、提取方法、溶剂、温度、时间、次数等,均会影响中药提取物的质量,进而影响中成药的质量。

GEP 是介于中药材生产质量管理规范(GAP)与 GMP 之间的质量管理规范。GEP 体现了中药整体和平衡的特征,借鉴现代质量管理技术,重视工艺生产过程中的每个环节的规范和控制,力求使每个单元操作都有明确的数字化质量标准。GEP 的实施可使中药提取加工生产的全过程得到科学、全面的管理和全方位的质量控制,使中药提取加工生产达到预期的要求,将成为中药走出国门的桥梁、国外植物药走进国门的准入证。GEP 通过规范中药前处理和提取的各个环节,在生产过程中保持提取物组分的平衡并在规定的标准范围内,通过对生产工艺过程中关键参数的控制,确保提取物安全、有效和质量稳定。

第二节　中药提取原理

一、中药提取传质原理

在中药提取生产过程中,发生在两种互不相溶的液相之间的物质传递过程称为萃取,发生在固相和液相之间的物质传递过程称为浸出。整个中药提取生产过程都是一些不同的传质过程。传质过程主要经历了浸润与渗透、解吸与溶解、浸出成分的扩散三个互相联系的阶段。

中药提取是采用适宜的方法使中药所含的有效成分即溶质从固相向液相中转移的质量传递过程。矿物药与树脂类中药无细胞结构,其成分可直接溶解或分散悬浮于溶剂中;动植物中药具有完整的细胞结构,细胞内的成分向细胞外转移浸出,需经过一个相当复杂的提取过程。

(一)浸润与渗透阶段

中药提取过程中要求浸出溶剂在加入后能够浸润物料,细胞膨胀恢复通透性,溶剂通过细胞膜、毛细管及细胞间隙渗入细胞组织中,即提取的浸润、渗透阶段。此阶段完成情况与溶剂性质和药材性质有关,药材与溶剂间的亲和力要大于溶剂分子间的内聚力。大多数药材由于含有较多带极性基团的物质(如蛋白质、果胶、糖类、纤维素等),与常用的浸提溶剂(如水、醇等极性溶剂)之间有较好的亲和力,因而能较快地完成浸润过程。

对于质地疏松、粒度小的中药,溶剂可较快地渗入中药内部。另外可在加入溶剂后用挤压法,或于密闭容器内加压,以排出毛细管内空气,有利于溶剂向组织细胞内渗透。

(二)解吸与溶解阶段

中药材的各成分之间或者各成分与细胞壁之间,存在一定的吸附作用,当溶剂渗入中药组织内部或细胞中时,溶剂必须解除中药材成分之间或者各成分与细胞壁之间的吸附作用。药材中有效成分往往被组织成分吸收,具有一定的亲和力。浸出时溶剂须对有效成分具有更大的亲和力才能引起脱吸附而转入溶剂中,这种作用称为解吸作用。浸提溶剂通过毛细管和细胞间隙大量进入中药组织后,已经解吸的各种成分转入溶剂中,这就是溶解阶段。成分能否被溶解,取决于成分结构和溶剂的性质,遵循"相似相溶"规律。

提取过程中,应选择具有解吸作用的溶剂,必要时可加入酸、碱、甘油及表面活性剂或加热以助于有效成分的解吸和溶解。

（三）浸出成分扩散阶段

当浸出溶剂溶解大量药物成分后,细胞内液体浓度显著增高,使细胞内外出现浓度差和渗透压差。所以,细胞外侧纯溶剂或稀溶液向细胞内渗透,细胞内高浓度的液体可不断地向周围低浓度方向扩散,待内外浓度相等、渗透压平衡时,扩散终止。因此,浓度差是渗透或扩散的推动力。

物质的扩散速率可用 Fick 第一定律来说明:

$$ds = -DF \frac{dc}{dx} dt \tag{3-1}$$

式中,t 为扩散时间;s 为在 t 时间内物质(溶质)的扩散量;F 为扩散面,代表中药材的粒度及表面状态;$\frac{dc}{dx}$ 为浓度梯度;D 为扩散系数,负号表示扩散趋向平衡时浓度降低。扩散系数 D 随中药性质而变化,与浸出溶剂的性质亦有关,可按下式求得。

$$D = \frac{RT}{N_A} \cdot \frac{1}{6\pi\gamma\eta} \tag{3-2}$$

式中,R 为摩尔气体常数,T 为绝对温度,N_A 为阿伏伽德罗常数,γ 为扩散物(溶质)分子半径,η 为黏度。

由式(3-1)和式(3-2)可以看出,扩散速率(ds/dt)与扩散面(F)、扩散过程中的浓度梯度(dc/dx)和温度(T)成正比,与扩散物质(溶质)分子半径(γ)和液体的黏度(η)成反比。中药材的粒度(即 F)、浸出时间只能依据实际情况适当调控。D 随中药的性质而变化。生产中最重要的是保持最大的浓度梯度。如果没有浓度梯度,其他因素如 D、F、t 都将失去作用。因此,用浸出溶剂或稀浸出液随时置换中药材周围的浓浸出液,创造最大的浓度梯度是提高提取效率的设计关键。中药材的提取是一个复杂的工艺过程,借助于扩散公式可从理论上说明影响浸出的因素。

浸提过程是由浸润、渗透、解吸、溶解、扩散等相互联系的阶段综合组成的。但上述几个阶段并非截然分开,往往是交错进行的。中药材有效成分要浸出完全,均需经过这几个阶段。必须指出,浸提过程的扩散阶段并不像纯化学固体药品在溶剂中的扩散那样简单,因为被浸提的高浓度有效成分要到周围低浓度溶剂中去,首先必须通过中药组织这个障碍,借助毛细管引力,使内部浸出的高浓度药液进入中药组织的毛细管,从而与外界沟通,不断向外扩散。

二、中药提取传热原理

传热也称为热传递,是物质系统内的热量转移过程。热量由温度高的地方向温度低的地方传递,基本方式有热传导、热对流和热辐射三种。事实上三种方式在许多过程中往往伴随进行。

（一）热传导

热量从物体内温度较高的部分传递到温度较低的部分,或传递到与之接触的另一物体的过程称为热传导,又称导热。在纯的热传导过程中,物体各部分之间不发生相对位移,即没有物质的宏观位移。

（二）热对流

传热过程中流体内部质点发生相对位移,称为热对流。由于引起质点发生相对位移的原因不同,可分为自然对流和强制对流。热对流只能发生在流体中。流体原来是静止的,但流体内部温度不同、密度不同,造成流体内部运动而发生的对流即为自然对流;流体在某种外力的强制作用下运动而发生的对流即为强制对流。

NOTE

（三）热辐射

辐射是一种用电磁波传播能量的现象。辐射能可以在真空中传播，不需要任何物质作为媒介。物体放热时，热能变为辐射能，以电磁波的形式在空间传播，当遇到另一物体，则部分或全部被吸收，重新转变为热能。热辐射不仅是能量的转移，而且伴有能量形式的转化。

三、中药提取的影响因素

（一）中药材类别对提取的影响

1. 矿物药

矿物药没有细胞结构，其有效成分可以直接溶解或分散悬浮于溶剂中。

2. 植物药

无论是植物的初生代谢成分（糖类、脂类、蛋白质、激素等）或次生代谢成分（生物碱、黄酮类、苷类、萜类等），还是异常次生代谢成分（如树脂、树胶等），在植物体内多是以分子状态存在于细胞内或细胞间的，少数以盐的形式（如生物碱、有机酸）、结晶形式（如草酸钙结晶）、分子团形式（如五倍子单宁）等存在。提取时要求有效成分透过细胞膜渗出，其浸提由浸润、渗透、解吸、溶解及扩散、置换等相互关联的过程组成。植物药有效成分的相对分子质量一般比无效成分的相对分子质量小得多，与其周围的新鲜溶剂介质相比，植物组织内、外浓度差较大。此时，随着时间的延长，溶剂将自动向植物细胞内渗透、充盈甚至破坏细胞膜而彻底打开内、外通道。同时细胞内的成分因溶剂分子的渗入、包围而使细胞内的原存在状态解离并开始向低浓度的细胞组织外扩散，经过一定时间即达到内外平衡。为了提高浸出效率，必须用浸出溶剂或稀浸出液随时置换中药材周围的浓浸出液，以保证最大的浓度梯度。

3. 动物药

动物药的有效成分绝大多数是蛋白质或多肽类，相对分子质量较大，难以透过细胞膜，且对热、光、酸、碱等因素较敏感，故提取前的细胞破碎及提取条件尤为重要。

（二）药材质量对提取的影响

中药材、中药饮片、中成药是中药的三大支柱。中药材的质量直接影响中药饮片与中成药的质量与疗效，是中医临床用药和各种中药制剂研究开发的物质基础。此外，中药多为复方制剂，内在成分复杂，即使是同一批号的药品也不能保证成分的完全均一性。因此，仅仅依靠工艺规程和质量检验不能保证其安全性和有效性。中药材的种植是中药的第一道工序，要获得稳定优良的提取物，必须首先保证中药材原料的优质、安全。

1. 药材道地性

为了确保中药材的质量，必须重视中药材的产地。在长期的用药实践中，前人逐渐形成了"道地药材"概念。道地药材是指具有明显地域性，由著名产地所出，质量优于其他地区同类产品的药材。决定道地药材的因素是多方面的，但最关键的是临床疗效。道地药材的质量与疗效已经被一些现代研究证实，为药材道地性科学内涵的揭示提供了依据。

2. 同种药材不同药用部位的差异

同种药材的不同部位所含的有效成分存在一定的差异，例如对茯苓药材的不同药用部位所含的茯苓酸（pachymic acid）进行测定，经采用相同的提取方法提取后，检测所得提取液中茯苓酸含量，结果有很大的差异。

3. 药材真伪优劣

"真"即正品，凡是国家药品标准所收载的品种均为正品；"伪"即伪品，凡是不符合国家药品标准规定的该中药的品种及以非药品冒充中药或者以他种药品冒充正品的均为伪品；"优"即质量优良，是指符合或高于国家药品标准规定的各项指标的中药；"劣"即劣药，是指虽品种

正确,但质量不符合国家药品标准或地方药品标准规定的中药。

中药提取过程中,若原料药出现假药,轻则影响浸提物及中成药、中药保健食品的质量与功效,重则产生毒副作用,甚至发生严重事故,因此控制好原料药的真伪非常重要,需要建立完整的程序与制度来控制药材的真伪,保证用药安全有效。药材的优劣主要影响提取物的质量,药材品质优则提取得到的提取物质量好,反之则质量差,有些甚至达不到临床治疗效果。

（三）溶剂对提取的影响

中药或天然药物中各成分的提取、分离和纯化,通常要用到各种各样的溶剂,不同的溶剂所提取出的成分不尽相同。反之,对不同目标成分,根据其性质选择不同溶剂进行提取。

溶剂提取法是依据中药材中各种目标成分在溶剂中的溶解性质,选用对目标成分溶解度大、对不需要的成分溶解度小的溶剂,而将目标成分从中药组织中溶解出来的方法。中药材浸提过程一般可分为浸润、渗透、解吸、溶解、扩散几个相互联系的阶段。当溶剂加入中药材原料或天然植物药(需适当粉碎)中时,溶剂由扩散、渗透作用逐渐通过细胞膜进入细胞内部,溶解可溶性物质,而造成细胞内、外的浓度差,于是细胞内的浓溶液不断向外扩散,溶剂又不断进入中药组织细胞中,如此反复多次,直至细胞内、外溶液浓度达到动态平衡,将饱和提取液滤出,继续多次加入新鲜溶剂,就可以把大部分或几乎所有有效成分溶出。

中药提取常用溶剂有水、乙醇、丙酮、甲醇、乙酸乙酯、石油醚、丁醇等。不同溶剂对中药材各种化学成分的浸出效果不同,针对性质不同的中药材,化学成分的浸出要使用不同的浸出溶剂。常用溶剂的亲水性强弱顺序如下:水＞醋酸＞甲醇＞乙腈＞乙醇＞丙酮＞乙酸乙酯＞乙醚＞三氯甲烷＞二氯乙烷＞三氯乙烷＞四氯化碳＞二硫化碳＞石油醚。

1. 水

水是一种价廉、易得、使用安全的强极性溶剂。中药中的亲水性成分,如无机盐、相对分子质量较小的多糖类、鞣质类、氨基酸、蛋白质、有机酸盐、生物碱及苷类等都能溶于水。为了增加某些成分的溶解度,也常用酸水及碱水作为提取溶剂。酸水提取可使生物碱与酸生成盐类而溶出;碱水提取可使有机酸、黄酮类、蒽醌类、内酯类、香豆素类以及酚类成分溶出。但用水提取易酶解苷类成分时,易发霉变质。

2. 亲水性有机溶剂

亲水性有机溶剂与水能混溶,如乙醇、甲醇、丙酮等,以乙醇最常用。乙醇的溶解性能较好,对中药穿透能力较强。亲水性成分除蛋白质、黏液质、果胶、淀粉和部分多糖外,大多能在乙醇中溶解。难溶于水的亲脂性成分,在乙醇中的溶解度也较大。通常可根据提取物的性质,采用不同浓度的乙醇进行提取。乙醇为有机溶剂,虽易燃,但毒性小、价格低廉、来源方便,且可回收反复使用,而且乙醇的提取液不易发霉变质。甲醇与乙醇的性质相似,沸点较低,但有毒性,使用时应予以注意。丙酮是一个良好的脱脂溶剂,有防腐作用,具有挥发性和可燃性,且具有一定毒性。

3. 亲脂性有机溶剂

亲脂性有机溶剂不能与水混溶,如石油醚、三氯甲烷、乙酸乙酯等。这类溶剂的选择性强,但挥发性大,多易燃,一般有毒。亲脂性有机溶剂价格较贵,且穿透植物组织的能力较弱,在提取时往往需要较长时间。如果药材中含有较多的水分,用这类溶剂很难将有效成分浸出。

（四）提取条件对提取效果的影响

1. 物料粒度

物料的粒度是影响提取效率的关键因素。将物料进行粉碎,使成较小的颗粒,溶剂更容易进入物料细胞内部,同时比表面积的增大有利于扩散阶段的进行,加快浸出速率。然而,中药材根、茎、叶的粉碎方法各不相同,如果粉碎过细会影响后期操作。物料的粒度大小应适度,当粒度过小时,物料中的成分相互之间或与细胞壁之间存在的吸附作用会加强,反而使扩散速率受到影响;同时破裂的组织细胞多,浸出的杂质也多。采用煎煮法时溶质易糊化,采用渗漉法时,过细的粉粒易造成堵塞而使溶剂流通阻力增大。

2. 浸泡时间

中药饮片在提取前一般浸泡处理,以利于有效成分溶出。浸泡时间应视药材质地及所含成分而定。含淀粉多的中药如不浸泡或浸泡不透就加热,中药表面容易形成一层胶样薄膜,影响成分的溶出。但浸泡时间也不宜过长,以免某些成分水解,影响提取液质量。

3. 提取时间

适宜的提取时间是指扩散达到平衡的时间。若提取时间太短,则药材所含成分浸出不完全,无法达到所需的治疗效果,也是对药材的浪费。但当扩散达到平衡后,仍长时间提取反而会导致大量杂质溶出,活性成分被破坏。若以水作为溶剂,长时间浸泡还易霉变,影响浸提液的质量。因此盲目延长提取时间是对能源和时间的浪费。

4. 提取温度

在提取过程中,随着温度的升高,中药饮片组织软化,促进了膨胀,分子热运动加剧,从而加快了溶剂对药材的渗透及对药物成分的解吸、溶解,同时促进药物成分的扩散,提高了浸出效果。而且温度适当升高,可使细胞内蛋白质凝固破坏,杀死微生物,有利于浸出物和制剂的稳定性。但温度过高能使中药材中某些不耐热成分或挥发性成分被破坏、散失。此外,高温浸提液中往往无效杂质较多,冷却后会因溶解度降低和胶体变化而出现沉淀或浑浊,影响制剂质量和稳定性。所以提取温度以饮片中有效成分不被破坏为前提,控制在接近溶剂沸点温度为宜。当利用有机溶剂进行加热提取时,应注意防止溶剂挥发损失,并注意操作安全。

5. 提取次数

浓度梯度是扩散作用的主要动力,而更换新鲜溶剂可重新形成浓度梯度,以提高浸出效果。但次数过多,在有效成分早已被充分提取的情况下反而导致大量杂质的溶出。提取次数的确定往往应根据活性成分的浸提程度、生产能耗和成本等指标确定。

6. 提取溶剂 pH

适当调整提取溶剂的 pH 将有助于中药材中的某些弱酸性、弱碱性有效成分在溶剂中的解吸和溶解。

7. 提取压力

提取之初增大压力可加速溶剂对中药材的浸润与渗透过程,缩短发生溶质扩散过程所需的时间。同时,加压情况下进行的渗透可能使部分细胞破裂,有利于浸出成分的扩散。但当中药组织内已充满溶剂之后,加大压力对扩散速率则不再有影响。对于组织松软、容易浸润的药材,加压对提取的影响并不显著。

中药提取各影响因素并不独立,而是互相联系着对有效成分的提取起作用,因此在实际实验和生产中,不但要考察各因素的单独影响,更要考虑各因素影响的交互作用,如此才能确定出最佳的因素组合。

第三节　中药提取方法与设备

一、煎煮法

1. 煎煮法提取的特点

煎煮法是我国最传统的提取方法。临床上采用煎煮法提取中药,可根据病情需要灵活加减药味,充分体现了中医辨证施治的特点。煎煮法符合中医传统汤剂用药习惯,对有效成分尚未清楚的中药或方剂进行剂型改进时,常先采取煎煮法粗提。目前,水煎煮法是中药制剂生产首选的提取方法之一。

煎煮法是以水为溶剂,将中药饮片或粗粉加热煮沸一定时间,浸提中药有效成分的方法。此法适用于有效成分能溶于水,且对湿、热较稳定的中药,一般宜煎2~3次。此法优点是能煎出大部分有效成分,简单易行。缺点是煎出液中杂质较多,容易变霉、腐败,一些不耐热及挥发性成分在煎煮过程中易被破坏或挥发而损失。

煎煮法以水作为溶剂,浸提成分范围广,经煎煮后,中药中的多种成分可被提取出来。煎煮法的溶剂易得、价廉,设备简单,技术成熟,至今仍是中药生产最常用的提取方法。煎煮法自身存在不足,应用也有局限性。一是浸出范围广,大量无效成分同时被浸出,使得煎煮液中杂质较多,其中的水溶性大分子杂质和脂溶性杂质会给过滤和精制带来较大困难。二是含淀粉、黏液质、多糖类、蛋白质等较多的药材,煎煮液黏稠,过滤、分离较为困难,也不利于精制,且易发霉变质。三是中药制剂多为复方,在煎煮过程中,成分之间可能发生水解、氧化、还原、络合等复杂的化学反应,产生新的成分,这些新成分可能增减或改变复方本身的药效,具体机理极为复杂,有待进一步深入研究。

2. 煎煮法提取工艺参数

1)药材的粒径 粒径是影响药材有效成分释放与溶出的重要因素之一,也是煎煮工艺考察的主要指标之一,对药材提取过程中的渗透与扩散两个阶段均有较大的影响。药材粒径越小,比表面积越大,水越容易渗入药材内部,利于有效成分的浸出。若药材粒径过小,一方面当溶剂渗入药材颗粒内部后,表面积增大,吸附作用增强,不利于扩散;另一方面粒径过小,大量药材细胞破裂,可造成大量高分子物质(如树脂、黏液质等)浸出,使药材外部扩散系数降低,浸出液杂质增加,分离提纯困难,同时也不便于煎煮操作。若药材不经适度粉碎或粒径过大,煎煮时,水渗透进入药材内部困难,使得有效成分溶出过少或不完全,造成药效降低。因此中药在煎煮之前要经过适度的粉碎,药材粒径要大小适中,使有效成分最大限度地溶出。

2)加水量 煎煮过程中加水量的多少直接影响中药的提取效果。通常情况下,加水量过少不利于有效成分的溶解;加水量过多则使得煎煮液浓度低,增大后续浓缩工序的工作量,能源消耗加大,增加生产成本。制备汤剂的传统经验是第一煎加水至液面高出药材表面3 cm左右,第二煎与第三煎液面要与药材表面相平。工业生产中,第一煎的加水量一般为药材质量的10~12倍,第二煎的加水量应为药材质量的6~8倍。实际工作中,煎煮提取的加水量应根据中药的组织情况及吸水性能,并结合温度及单位时间的蒸发量而定。一般来说,花、叶、全草的用水量稍多,矿物药、根茎类药物、贝壳类药物用水量较少,具体参数可通过实验进行确定。

3)浸泡温度及时间 药材在煎煮前宜用水浸泡,以改善煎煮效果。但苷类成分在冷水中性质不稳定,容易酶解,因而药材浸泡的温度应考虑药物成分性质及季节等因素。浸泡药材的水温多在20~30 ℃,温度不可过高,以免药材中的某些蛋白类成分突然受热凝固、淀粉类成分糊化,在外层形成致密包膜或使部分高分子物质形成胶体,不利于有效成分的浸出。为了避免药材中苷类等成分酶解,浸泡时间一般根据药材质地及所含成分的性质而定。花、茎、叶类等质地疏松的药材,一般宜浸泡20~30 min;根、种子、果实类等质地坚实的药材,一般宜浸泡60 min,具体浸泡时间应以药材泡透为准。

4)煎煮温度 根据浸出的机理,渗透、溶解、扩散的能力随温度升高而增大,浸出速率随之加快。但温度过高可引起某些成分的分解或破坏。

5)煎煮压力 加大煎煮压力可以加速中药的浸润与渗透过程,并可使部分细胞破裂。但当中药组织内部已经充满水之后,加大压力对扩散速率则没有影响。

6)煎煮时间 中药成分的提取率一开始随着提取时间的延长而增高,但若达到扩散平

NOTE

衡,时间则不起作用。传统汤剂的制备中,对于一些质地坚硬与所含成分不易溶于水的药材,应长时间煎煮,通常采用先煎的方法;对于一些质地疏松、含挥发性或不稳定成分的药材,煎煮时间应短,通常采用后下的方法。中药生产中,含挥发性成分的药材多采用双提法。

7)煎煮次数 通常药材煎煮2～3次可提取出总有效成分的70%～80%,实际工作中,药材的煎煮次数与药材的质地、目标成分性质等密切相关,具体条件可通过实验优选而定。

8)煎煮容器 由于药材中的成分可以与铁、铜、铝等发生反应,所以煎煮时禁用铁、铜、铝制器皿。传统上用砂制、陶制器皿,目前生产上采用不锈钢器具。

3. 煎煮法提取工艺流程

煎煮法提取工艺流程如图3-1所示。

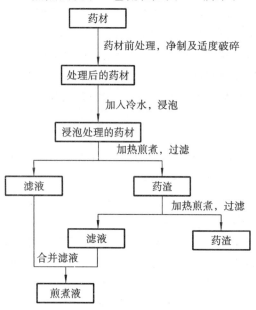

图3-1 煎煮法提取工艺流程

4. 煎煮法提取设备

小批量生产常用敞口倾斜式夹层锅,也可用搪玻璃罐或不锈钢罐等;大批量生产用多功能提取罐、球形煎煮罐等。

1)密闭煎煮罐(图3-2) 密闭煎煮罐为目前常用的煎煮提取设备,罐体为全封闭结构,可常压操作,也可加压操作。罐体主材为不锈钢,底盖开闭通过气动结构操纵。投料后可通入蒸汽进行直接加热,达到提取所需温度后,停止进气,改向罐体夹层通蒸汽进行间接加热,使罐内维持微沸状态。罐内的搅拌桨同时工作,使药材得以均匀煎煮提取,并可加速扩散。煎煮结束后可自动卸渣。

2)多功能提取罐 多功能提取罐为中药制剂生产中提取的关键设备,如图3-3所示。它有多种用途,如水提、醇提、热回流提取、循环提取、提取挥发油、回收药渣中的有机溶剂等。出渣门上有直接蒸汽进口,可直接通蒸汽以缩短水提的加热时间。罐内有三叉式提升破拱装置,通过气缸带动,以利出渣。出渣门由两个气缸分别带动开合轴完成门的启闭和带动斜面摩擦自锁机构将出渣门锁紧。大容积提取罐的加料口采用气动锁紧机构,密封加料口采用四连杆死点锁紧机构,提高了安全性。多功能提取罐规格为$0.5\sim6~m^3$。小容积提取罐的下部采用正锥形,大容积提取罐采用斜锥形以利出渣。

多功能提取罐的罐内操作压力为0.15 MPa,夹层压力为0.3 MPa,属于压力容器。为防止误操作快开门引起跑料和威胁人身安全,对快开门需设安全保险装置,以使快开门锁紧后方能通气升压,罐内卸压后才能打开锁紧装置,并可显示各动作的操作和报警功能。

多功能提取罐是目前中药生产中普遍采用的一类可调节压力、温度的密闭间歇式提取或蒸馏等多功能设备。其有许多特点:①可进行常压常温提取,也可以加压高温提取,或减压低温提取;②水提、醇提、提油、蒸制、回收药渣中溶剂等均能使用;③采用气压自动排渣,操作方便,安全可靠;④提取时间短,生产效率高;⑤设有集中控制台,控制各项操作,可大大减轻劳动强度,利于流水线生产。

二、浸渍法

1. 浸渍法提取的特点

浸渍法属于静态提取方法,是将药材用适当的浸出溶剂在常温或加热下浸泡一定时间,使其所含有效成分浸出的一种常用方法。此法操作简便、设备简单,广泛应用于酊剂、酒剂的生

 NOTE

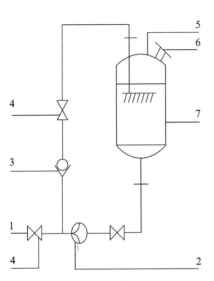

图 3-2　密闭煎煮罐示意图

注：1. 通往浓缩工段；2. 循环泵；3. 单向阀；
4. 阀门；5. 通往分离排空工段；
6. 加料口；7. 罐体。

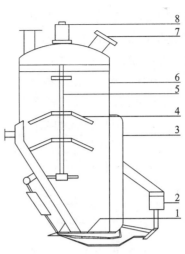
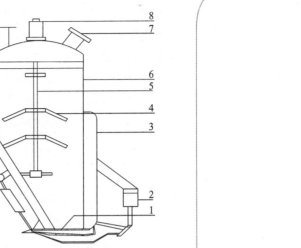

图 3-3　多功能提取罐示意图

注：1. 带滤板的活底；2. 下气动装置；3. 夹层；
4. 料叉；5. 上下移动轴；6. 罐体；
7. 加料口；8. 上气动装置。

产,适用于黏性药材、无纤维组织结构的药材、新鲜及易膨胀的药材、价格低廉的芳香性药材的提取,尤其适用于热敏性中药物料,不适用于贵重药材、毒性药材的提取及制备高浓度的制剂。

浸渍法的优点是简单易行,制剂澄明度较好,无须加热或加热时不达沸点,因而能耗小、生产成本低。缺点是溶剂使用量大,并且呈静止状态,溶剂利用率低,有效成分浸出不完全。浸渍液中有效成分浓度低,且生产周期较长,不宜用水作为溶剂,具有局限性。

浸渍法按提取温度和浸渍次数可分为冷浸渍法、热浸渍法和重浸渍法三种。

1) 冷浸渍法　冷浸渍法是在室温下进行的操作,故又称常温浸渍法。视药材品种不同,一般要浸渍 3~5 天,长的可达数月。开始应每日搅拌一次,以后每周搅拌一次。此法不用加热,适用于含挥发性成分、多糖、黏性物质及不耐热成分的药材。生产酊剂、酒剂常用此法。溶剂以浸出一次为度,本法所得的成品在室温下一般能保持较好的澄明度。

具体操作过程:将待浸药材清洗,适当粉碎,置于加盖容器内,加一定量溶剂密闭,于室温下浸泡 3~5 天(或至规定时间),适当加以振动或搅拌,到规定时间后过滤浸出液,压榨残渣,使残液析出,将压榨液与滤液合并,静置 24 h 后过滤,将浓度调至规定标准。压榨液中带有不溶性成分及细胞成分,故放置一定时间后再过滤。浸出液可进一步制备流浸膏、浸膏、片剂、冲剂等。

2) 热浸渍法　热浸渍法是将药材饮片或粗粉置于特定的罐内,加一定量溶剂(浓或稀乙醇溶液),以水浴或蒸汽加热。乙醇为溶剂时,在 40~60 ℃进行浸渍;水为溶剂时,在 60~80 ℃进行浸渍,以缩短浸提时间,其余和冷浸渍法操作相同。水为溶剂的浸渍法在大生产中多先加热到沸腾,马上停止加热,保温 2~3 h 即可。

热浸渍法可以大幅度缩短浸出时间,提高效率,有效成分的浸提也更全面,但由于浸提温度高于室温,故浸出液中杂质浸出量亦相应增加,冷却后有沉淀析出,导致澄明度不如冷浸渍法好。含热不稳定成分的药材不能采用此法。热浸渍法的提取温度一般不高,因此也称为温浸渍法,一般适用于制备酒剂。

3) 重浸渍法　重浸渍法即多次浸渍法,此法可减少药渣吸附浸出液所引起的药物成分的损失。重浸渍法提取效率最高,优于热浸渍法及冷浸渍法。

单次浸渍法的固有缺点是固液接触面更新较慢,即使加热或搅拌也不能使药渣中的吸附残液完全析出,导致固液接触的边界层难以有效更新,影响溶质的扩散;重浸渍法保持了较好的浓度差,提取效率高。其操作是将全部浸提溶剂分为几份,先用第一份浸渍,药渣再用第二份溶剂浸渍,如此重复2~3次,最后将各份浸渍液合并处理即得。重浸渍法能大大降低浸出成分的损失量。

2. 浸渍法提取工艺流程

浸渍法提取工艺流程如图3-4所示。

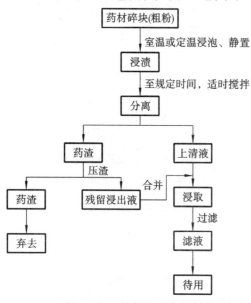

图3-4 浸渍法提取工艺流程

3. 浸渍法提取设备

浸渍法所用的主要设备为浸渍器和压榨器,前者为中药浸渍的盛器,后者用于挤压药渣中残留的浸出液。

1)浸渍器 许多煎煮设备也可用于浸渍操作。中药生产中常用浸渍器的材料有不锈钢、搪瓷、陶瓷等。专用的浸渍器下部有出液口,为防止药材残渣堵塞出口,承托药材的假底板上应适当开设孔格,并铺设滤布,以起过滤作用。浸渍器上部有盖,以防止浸提溶剂挥发损失及异物污染。有时还在浸渍器上装设搅拌器以提高浸出效果。若容量较大而难以搅拌,可在下端出口处装循环泵,将下部浸出液抽至浸渍器上端,起到搅拌作用。为便于热浸作用,有时也在浸渍器内安装加热用蒸汽盘管。

2)压榨器 浸渍操作中,药渣所吸附的药液浓度总是和浸出液相同,浸出液的浓度越高,由药渣吸附浸出液所引起的成分损失越大。压榨药渣不仅可以减少浸出成分的损失,同时压榨浸渍后的药渣在下一轮浸渍中还可以明显改善固液接触状态,增强传质效果。小量生产时可用单螺旋压榨机,如图3-5所示;大量生产时宜采用水压机,如图3-6所示,压出药渣中吸附的残留浸出液。

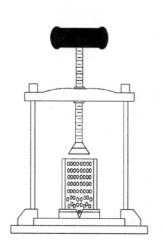

图3-5 单螺旋压榨机示意图

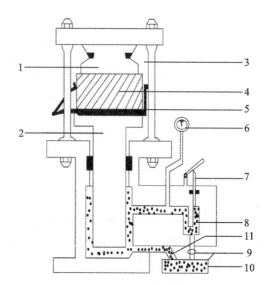

图3-6 水压机示意图

注:1.压头;2.大唧筒;3.金属筒;4.待压药渣;5.储液罐;
6.压力表;7.小唧筒;8.水;9.阀;10.水容器;11.出水口。

三、渗漉法

渗漉法是将粉碎成粗粉的药材置于渗筒中,从上部连续添加提取溶剂,溶剂渗过药材层,在向下流动的过程中浸出药材中有效成分的方法,是一种经典的提取方法,属于动态提取法。目前,渗漉法仍然是实验室以及中药生产中常用的中药提取方法之一。

1. 渗漉法提取的特点

1) 浸出效率高 一般先将药材粉碎成粗粉,再进行渗漉提取。提取溶剂自上而下渗过药材层,溶剂中浸出的成分逐渐增加;对于某一特定位置的药粉来说,其周围溶剂溶出成分而浓度变大后,向下流动,所腾出的空间被浓度较低的上层溶液所填充,对于该特定位置来说,总是浓度高的提取液被浓度低的提取液所置换,从而保持了药粉细胞中成分的浓度高于组织外溶剂中成分的浓度,形成浓度差。因此,渗漉法相当于无数次浸渍,是一个连续进行的动态过程,提取效率高。

2) 提取温度低 渗漉法提取可以在较低的温度下进行,适合于热稳定性较差的有效成分的提取。在提取时,可根据提取溶剂的特点、待提取药材中成分的热稳定性以及温度对成分在提取溶剂中溶解度的影响等因素,选择适宜的温度。如需要加热,也是使提取溶剂温热,原则上不要使溶剂产生蒸气而影响渗漉。

3) 节省工序 渗漉筒底部一般带有过滤装置,渗漉液从渗漉筒出口流出后,可不必再进行过滤,节省工序。

4) 适用范围广 除乳香、没药、芦荟等无组织结构、遇溶剂易软化形成较大团块的药材外,一般植物药材经粉碎后,均可用渗漉法提取。此法尤其适用于贵重药材、毒性药材的提取,因为这些药材的量一般较少,单渗漉法简单而易于操作,也不易造成成分的大量损失。

2. 渗漉法提取操作

最早的渗漉法一般指单渗漉法,但随着科学技术的发展以及实际生产过程中提取工作的需要,又发展了重渗漉法、加压渗漉法和逆流渗漉法等渗漉提取方法。同时,市场上也出现了与之相适应的多种渗漉设备,以满足不同生产要求。渗漉法作为一种动态的提取方法,一般是在低温、常温或温热的情况下进行。由于具有提取温度相对较低、提取效率高等特点,渗漉法越来越受到人们的重视。

渗漉法是将中药饮片先装在渗漉器中用溶剂浸渍 24~48 h,然后不断向渗漉器内添加新溶剂,使其自上而下渗透过药材,从渗漉器下部流出、收集浸出液的一种浸出方法。当溶剂渗透进药粉细胞内溶出成分后,由于相对密度增大而向下移动,上层新加入的溶剂置换其位置,形成良好的浓度差,使扩散能更好地进行,故浸出效果优于浸渍法。渗漉法根据操作方法的不同,可分为单渗漉法、重渗漉法、加压渗漉法、逆流渗漉法。

1) 单渗漉法 单渗漉法是指仅用一个渗漉筒的渗漉方法。单渗漉法又可按照渗漉过程中所使用溶剂的浓度变化分为一般渗漉法和梯度渗漉法。一般渗漉法是指在渗漉过程中使用单一溶剂或者一种比例恒定的混合溶剂进行渗漉。如使用 95% 乙醇或者 75% 乙醇作为提取溶剂进行渗漉。梯度渗漉法是指在渗漉过程中先后使用若干种比例不同的混合溶剂进行渗漉,如先用 95% 乙醇进行渗漉,药渣再使用 75% 乙醇进行渗漉,然后将两次的渗漉液合并。单渗漉法操作过程一般包括药材粉碎、润湿、装筒、排气、浸渍、渗漉等步骤。

单渗漉法所用设备相对简单。在实验室里,一个带有筛板的玻璃柱或者简单的玻璃柱底端加上纱布或棉花,都可以用于单渗漉法操作。中型或大型单渗漉设备一般由渗漉罐、溶剂罐、储液罐和加液泵等组成,如图 3-7 所示。其渗漉罐形状有圆柱形、正锥形和斜锥形等,渗漉罐上部有加料口和加液口,下部有出渣口和出液口,其底部有筛板、筛网等以支撑底层药粉。渗漉罐常带有夹层,可向夹层中通入热水(油)进行加热或冷冻盐水进行冷却,以达到提取所需

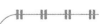

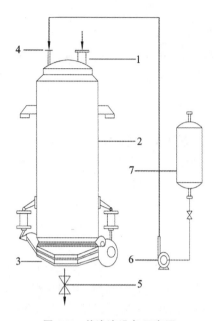

图 3-7　单渗漉设备示意图

注:1.加料口;2.渗漉罐;3.出渣口;

4.加液口;5.出液口;6.溶剂泵;7.溶剂罐。

的温度。单渗漉法是在常压下进行的。操作时,脉冲式或恒流式加液泵向渗漉罐中不断输入溶剂,控制溶剂的加入量,使溶剂的加入量与渗漉罐罐底的渗漉液流出量基本一致,保持罐内溶剂始终浸过药粉的顶层。

2)重渗漉法　重渗漉法是将多个渗漉筒串联排列,前一个渗漉筒中药粉的渗漉液可用作下一个渗漉筒中药粉的提取溶剂,渗漉液依次流过串联的多个渗漉筒,在末端渗漉筒的出口收集渗漉液,以获得高浓度渗漉液的方法。重渗漉法的操作过程与单渗漉法类似,一般包括药材粉碎、润湿、装筒、排气、浸渍、渗漉等步骤。重渗漉法的药材粉碎、润湿、排气、浸渍等步骤的操作与单渗漉法的操作基本一致,药粉装筒和渗漉等步骤与单渗漉法不同,主要体现在以下几点:①重渗漉法的渗漉装置中含有若干个串联排列的渗漉筒,药粉需要按一定的比例同时装入这些渗漉筒中;②渗漉过程中,每个渗漉筒先分别收集一定量的初漉液,因为这部分初漉液中有效成分的浓度比较大,若让其进入下一个渗漉筒中,会影响该渗漉筒中有效成分的溶出;后续的续漉液依次从前一个渗漉筒流入后一个渗漉筒,在最后一个渗漉筒的漉液出口处收集渗漉液。

重渗漉设备较单渗漉设备复杂。中型或大型重渗漉设备一般由5~10个渗漉罐、加热器、溶剂罐、储液罐、加液泵等组成,图3-8所示为可进行重渗漉的多功能渗漉设备。对于该多功能重渗漉设备中的单个渗漉罐来说,它与单渗漉设备中的渗漉罐类似,也有圆柱形、蘑菇形、正锥形和斜锥形之分;罐上部有加料口和加液口,下部有出渣口和出液口,其底部带有筛板、筛网等,以支撑罐内药粉;渗漉罐常有夹层,可通过蒸汽加热或冷冻盐水冷却,以达到提取所需的温度。与单渗漉设备不同之处:多功能渗漉设备由5~10个渗漉罐组成,罐与罐之间既可串联,也可并联,主要通过控制管道和阀门来控制串联或并联的罐的数量。并联有利于每个渗漉罐初漉液的收集;串联有利于续漉液的再利用,使之从一个渗漉罐中流出,再作为溶剂进入下一个渗漉罐进行渗漉提取;甚至从最后一个渗漉罐收集到的续漉液可再输入该装置的第一个渗

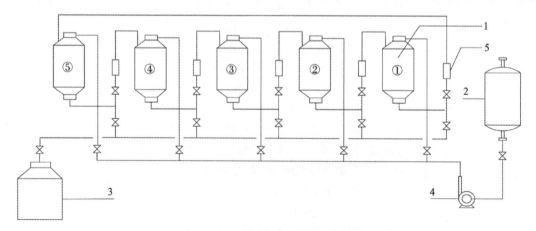

图 3-8　多功能渗漉设备示意图

注:1.渗漉罐;2.溶剂罐;3.储液罐;4.加液泵;5.加热器。

漉罐中再用于渗漉,重新渗过整个渗漉系统,以提高续漉液的浓度,完成重渗漉提取。

3)加压渗漉法 加压渗漉法系通过加压泵给渗漉装置内部施加一定的压力,使溶剂及浸出液较快地渗过药粉层,从渗漉筒底端出口流出的一种快速渗漉方法。加压渗漉法操作过程一般包括药材粉碎、润湿、装机、排气、浸渍、加压渗漉等步骤。此外,加压渗漉法是在一个特制的设备中进行的,这种设备可以带有加热或制冷功能。

当渗漉罐中的溶剂和药材受热而温度升高时,渗漉在较高的温度下进行,药材组织内外之间的传质速率会大大加快,有利于药材有效成分的溶出而提取效率提高。当然,提取温度不宜过高,否则溶剂容易产生蒸气,形成气泡,不利于渗漉。对于热稳定性差的成分的提取,可以调低设备的提取温度,使渗漉过程在常温或低于常温的条件下进行,有利于热稳定性差成分的提取。

4)逆流渗漉法 逆流渗漉法是将药材与提取溶剂在提取管段中沿相反方向运动,连续充分地相互接触而进行提取的一种提取方法,属于动态逆流提取法。在药材与溶剂逆向运动的过程中,药材颗粒扩散界面周围的有效成分迅速向溶剂中扩散,使扩散界面内外始终保持较高的浓度差,实现较高的提取效率。逆流渗漉法操作过程一般包括药材粉碎、润湿、装粉、逆流渗漉、药渣排出等步骤。

渗漉法适用于有效成分能溶于水,且对湿、热较稳定的中药。此法优点是有效成分浸出较完全,故其提取效率比浸渍法高,是浸渍法的发展和优化。缺点是操作复杂,不易控制。

3. 渗漉法提取工艺参数

1)药材粉碎的程度 被提取药材的粉碎程度越高,接触面积就越大,其溶质从药材内部扩散到表面所通过距离越短,提取速率越高。但实际生产中药材不宜过细,因为过细反而会使得提取液和药渣分离困难。对于植物药材的提取,若粉碎得过细,大量细胞破裂,一些黏液和高分子物质进入溶液,使提取液变得浑浊,无效成分增多,影响产品质量。一般要求粒度适宜且均匀。若以水为溶剂,宜选用粗粉,叶、花、草类甚至不必粉碎;果实、种子类可按实际情况粉碎;根、茎、皮类选用薄碎的饮片。若以乙醇为溶剂,可相应地选用较粗的粉末。

2)温度 由于溶质在溶剂中的溶解度一般随温度升高而增加,同时扩散系数亦随温度升高而增大,故提取速率和提取收率均有提高。但温度升高,杂质混入较多,热敏性组分分解破坏,挥发性组分损失加大。因此利用升温方式来提高提取速率有一定局限性。在提取操作时应控制温度在沸点以下。

3)溶剂用量及提取次数 在定量溶剂的情况下,多次提取可提高提取收率。第一次提取时溶剂用量要超过药材溶解度所需要的量,不同药材的溶剂用量和提取次数需要通过实验来确定。加大溶剂用量使提取液变稀,这将给提取液中溶质的回收带来困难,所以溶剂用量要适宜。

4)时间 在一定条件下,提取时间越长越有利于提取过程。当扩散达到平衡时,时间就不起作用了,相反地会使杂质溶出量增加,影响产品纯度。

5)压力 药材组织坚实,溶剂较难浸润,提高提取压力有利于加速浸润过程,使药材组织内更快地充满溶剂和形成浓溶液,从而使开始发生溶质扩散过程的时间缩短。当药材组织内充满溶剂之后,加大压力对扩散速率再没有影响。压力对组织松软、容易湿润的药材的提取影响不显著。

6)浓度差 浓度差是指药材内部溶解的浓溶液与其周围溶液的浓度差值。浓度差越大,提取速率越快。在选提取工艺和设备时,以其最大浓度差作为基础。

7)pH 在中药提取过程中,调节 pH 有利于某些有效成分的提取,例如用酸性溶剂提取生物碱、用碱性溶剂提取皂苷等。

NOTE

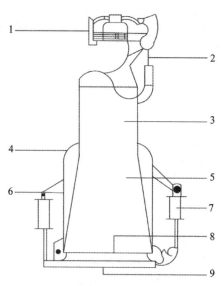

图 3-9 微倒锥形多功能提取罐示意图

注：1. 加料门；2. 加料门气缸；3. 圆柱形筒体；
4. 夹套；5. 倒锥形筒体；6. 启闭气缸；
7. 锁紧气缸；8. 假底；9. 排渣门。

4. 渗漉法提取常用设备

1）直筒形和微倒锥形多功能提取罐　直筒形多功能提取罐的罐体高径比较大，一般在 2.5 以上，多用于渗漉、罐组逆流提取和醇提、制备药酒等，也可用于水提取。直筒形多功能提取罐设备总高度较高，罐体材料消耗较多，但可缩短加热时间，节省占地面积；容积为 0.5～2 m³。

为解决中药材尤其是根、枝、茎和叶类在床层互相交叉和提取后床层下沉产生对器壁的挤压而不能自动顺利出渣的问题，可采用微倒锥形多功能提取罐，如图 3-9 所示。其下部筒身为倒锥形，使一些难以自动出渣的药材在出渣门开启后全部排出，缩短了出渣时间。

2）移动床连续提取器　移动床连续提取器一般有浸渍式、喷淋渗漉式和混合式 3 种，其特点是提取过程连续进行，加料和排渣都是连续进行的。移动床连续提取器适用于大批量生产，在其他工业生产中使用广泛。

U 形螺旋推进式提取器属于浸渍式连续逆流提取器的一种，如图 3-10 所示。其主要由进料管、出料管、水平管及螺旋输送器等组成；各管均有蒸汽夹层，以通蒸汽加热。药材自加料斗进入进料管，再由螺旋输送器经水平管推向出料管，溶剂由相反方向逆流而来，将有效成分浸出，收集得到浸出液，药渣自动送出管外。U 形螺旋推进式提取器属于密闭系统，适用于挥发性有机溶剂的提取操作；加料、卸料均为自动连续操作，劳动强度较低，且浸出效率高。

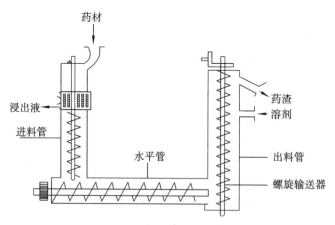

图 3-10　U 形螺旋推进式提取器示意图

四、回流提取法

回流提取法是用乙醇等易挥发的有机溶剂提取原料成分，将浸出液加热蒸馏，其中挥发性溶剂馏出后又被冷却，重复流回浸出容器中浸提原料，这样周而复始，直至有效成分回流提取完全的方法。按照固液浸提时传质平均推动力的不同，回流提取法可分为回流热浸法、索氏浸提法两种。

1. 回流提取法的特点

回流提取法是中药制剂生产的重要操作单元。中药材内有效成分的提取分离过程是溶质由固相传递到液相的传质过程。用扩散理论解释,就是溶质从高浓度向低浓度方向渗透的过程,浓度差越大,扩散传质的动力越大,溶出速率越快,有效成分溶出率越高。要达到快速、完全的溶出目的,必须经常更新固液界面层,使中药组织中的溶质与溶出液中的溶质在单位时间内能保持一个较高的浓度差。

1)回流热浸法 将中药饮片或粗粉装入圆底烧瓶内,添加溶剂浸没药材,瓶口安装冷凝管,通冷凝水,药材浸泡一定时间后,水浴加热回流浸提至规定时间后,过滤药液,药渣再添加新溶剂回流 2～3 次,合并各次药液,回收溶剂,即得浸出浓缩液,待用。

2)索氏浸提法 少量药粉可用索氏提取器提取,大生产时采用循环回流装置。将中药饮片置于提取器中,溶剂自储液罐加入提取器内,至浸出液充满虹吸管时,则进入蒸发罐内被加热蒸发,产生的溶剂蒸气进入冷凝器,经冷凝后又汇入储液罐中,再次流入提取器,反复循环,蒸发罐内即得到浓浸出液。浸提完全时再适当加热提取器,使药渣中的有机溶剂蒸发出来,并沿管路进入冷凝器的蛇形管而被冷凝送至储液罐。

回流提取法的提取液在蒸发锅中受热时间较长,故不适用于受热易遭破坏的原料成分的浸出。此法常用于脂溶性成分的提取,较渗漉法省时,溶剂耗用量少,与常温提取方法相比,提取成分较多。缺点是后续需要增加溶剂回收工序,成本相应提高,且挥发性溶剂易燃易爆。

2. 回流提取法的设备

1)索氏提取器 索氏提取器又称脂肪抽取器或脂肪抽出器。索氏提取器是由提取器、提取管、冷凝器三部分组成的,提取管两侧分别有虹吸管和连接管,各部分连接处要严密不能漏气。实验室内常用索氏提取器来进行连续回流提取。浸提前先将药材研碎,以增加固液接触的面积;然后将药材置于提取器中,提取器的下端与盛有浸提溶剂的圆底烧瓶相连,上面接回流冷凝管。加热圆底烧瓶,使溶剂沸腾,蒸气通过连接管上升,进入冷凝管中,被冷凝后滴入提取器中,溶剂和固体接触进行萃取,当提取器中溶剂液面达到虹吸管的最高处时,含有药材有效成分的溶剂虹吸回到烧瓶,因而萃取出一部分物质。圆底烧瓶中的浸出溶剂继续蒸发、冷凝、浸出、回流,如此重复,使药材有效成分不断被纯的浸出溶剂所提取,将浸提出的物质富集在烧瓶中。

2)翻转式提取罐 翻转式提取罐如图 3-11 所示,可用于药材的煎煮、热回流提取和炼油等。罐身利用液压通过齿条、齿轮机构倾斜 125°,由上口出渣。罐盖可通过液压上升或下降,罐盖封闭力大、严密,可加压煎煮,解决煮不透、提不净的问题。本设备特点是料口直径大,容易加料与出料,适合于质轻、块大、品种杂的中药材。

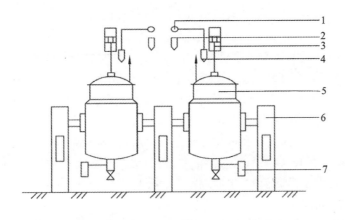

图 3-11 翻转式提取罐示意图

注:1. 冷凝器;2. 油水分离器;3. 液压缸;4. 分离器;5. 提取罐;6. 支座;7. 滤渣器。

五、水蒸气蒸馏法

蒸馏是利用液固体系或混合液体中各组分的沸点不同,使低沸点组分蒸发,气、液两相逐级流动,并通过接触实现质量和热量的传递,再冷凝以分离整个组分的操作单元。蒸馏是一种热力学的分离工艺,是蒸发和冷凝两种单元操作的联合。在中药蒸馏法中,主要使用极性大、价廉易得、安全无害的水为溶剂,故称为水蒸气蒸馏法。水蒸气蒸馏法的优点在于设备简单、设备容易操作、成本低、产量大。其缺点是操作温度较高、时间较长,从而易致低沸点和水溶性组分流失较大。

1. 水蒸气蒸馏法的特点

水蒸气蒸馏法适用于难溶或不溶于水、与水不发生反应、能随水蒸气蒸馏而不被破坏的中药成分的提取。水蒸气蒸馏法是指将含挥发性成分中药材的粗粉或碎片浸泡湿润后,中药材中的挥发性成分随水蒸气蒸馏而带出,经冷凝后收集馏出液,一般需再蒸馏 1 次,以提高馏出液的纯度和浓度,最后收集一定体积的蒸馏液,但蒸馏次数不宜过多,以免挥发油中某些成分氧化或分解。此法常用于中药挥发油、小分子生物碱、小分子酚类物质的提取,操作简单、成本低。缺点是水蒸气蒸馏药材成分受热时间长,容易氧化或分解。

2. 水蒸气蒸馏法提取工艺流程

以金银花挥发油的提取为例,水蒸气蒸馏法的提取工艺流程如图 3-12 所示。

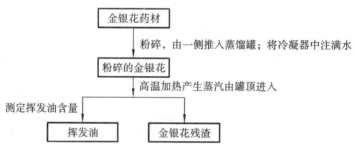

图 3-12　金银花挥发油提取工艺流程图

六、超临界流体萃取法

1. 超临界流体萃取法的特点

超临界流体萃取(supercritical fluid extraction,SFE)是利用超临界状态下的流体为提取剂,从液体或固体中提取中药材中的有效成分并进行分离的方法。与传统的中药有效成分提取技术相比,SFE 技术具有许多独特的优点,已经成为中药提取分离的重要手段之一。

超临界流体是指当温度和压力均超过其相应临界点值时的流体。超临界流体与常规溶剂相比,优势在于其密度近似于液体,黏度近似于气体(低黏度),具有对溶质的溶解度高、似气体、易扩散、传质效率高等特点。SFE 兼具精馏和液液萃取的特点,操作参数易于控制,溶剂可循环使用,尤其适合于中药热敏物质的分离,能达到无溶剂残留的目的。二氧化碳因具有临界条件好、无毒、不污染环境、安全和可循环利用等优点,成为最常用的超临界流体。由于超临界流体具有密度高、黏度低、扩散系数大的特性,因而此法具有无溶剂残留、易于回收、选择范围广等特点。缺点是设备投资较大、生产成本高、萃取产物成分复杂,需进一步精制。

2. 超临界流体萃取剂

用作萃取剂的超临界流体应具备以下条件:①化学性质稳定,对设备没有腐蚀性,不与萃取物反应;②临界温度应接近常温或操作温度,不宜太高或太低,最好在室温附近或操作温度附近;③操作温度应低于被萃取溶质的分解或变质温度;④临界压力低,以节省动力费用;⑤对

超临界流
体萃取

NOTE

被萃取物的选择性高(容易得到纯产品);⑥纯度高、溶解性能好,以减少溶剂循环用量;⑦价廉易得,如果用于食品和医药工业,还应无毒。

可作为超临界流体的物质很多,一般为低相对分子质量的化合物,如 H_2O、CO_2、C_2H_6、C_2H_4、NH_3、N_2O、CCl_2F_2、C_7H_{16} 等,非极性的 CO_2 是目前广泛使用的超临界流体萃取剂。

CO_2 的临界温度接近室温(31.1 ℃),可在室温下对中药有效成分进行提取,从而防止了热敏性和挥发性物质的氧化和逸散,而且使高沸点、低挥发性、易热解的物质远在其沸点之下萃取出来。CO_2 的临界压力(7.38 MPa)处于中等压力,其超临界状态比较容易达到,操作参数易于控制。CO_2 具有无毒、无臭、无味、化学性质稳定、易于精制、易于回收等特点,因而被广泛用于药物、食品等天然产品的提取和化学研究方面,可以得到没有溶剂残留的高纯度产品。同时,CO_2 还具有抗氧化、灭菌的作用,在密闭的高压系统中进行,一切细菌都被杀灭,有利于保证和提高提取物的质量。

3. 超临界流体萃取分离模式

超临界流体萃取的工艺流程是根据不同的萃取对象和不同的工作任务而设置的。超临界流体萃取基本流程中的重要部分:①萃取段(溶质由原料转移至超临界流体);②解吸段(溶质与超临界流体及不同溶质间的分离)。

超临界流体萃取按照萃取过程的特殊性可分为常规萃取、夹带剂萃取、喷射萃取等;按照解吸方式的不同可分为等温法、等压法、吸附法、多级解吸法等;按照萃取操作流程可分为间歇式萃取、半连续式萃取、连续式萃取等。

1)单一组分的超临界流体萃取分离　将萃取原料装入萃取釜,采用 CO_2 为超临界流体萃取剂。CO_2 气体经热交换器冷凝成液体,用加压泵把压力提升到工艺过程所需的压力(应高于 CO_2 的临界压力),同时调节温度,使其成为超临界 CO_2 流体。

CO_2 流体作为溶剂从萃取釜底部进入,与被萃取物充分接触,选择性溶出所需的化学成分。含萃取物的高压 CO_2 流体经节流阀降压到低于 CO_2 临界压力后进入分离釜(又称解吸釜),由于溶质在 CO_2 中的溶解度急剧下降而析出,自动分离成溶质和 CO_2 气体两部分,前者为过程产品,定期从分离釜底部放出,后者为循环 CO_2 气体,经热交换器冷凝成 CO_2 液体再循环使用。整个分离过程是利用 CO_2 流体在超临界状态下对有机物的溶解度特异性增加,而低于临界状态下对有机物基本不溶解的特性,使 CO_2 流体不断在萃取釜和分离釜间循环从而有效地将需要分离提取的组分从原料中分离出来。

2)使用夹带剂的超临界流体萃取分离　夹带剂可从两方面影响溶质在超临界流体中的溶解度和选择性,即溶剂流体的密度和溶质与夹带剂分子间的相互作用。

通常夹带剂在使用中用量较少,对超临界流体的密度影响不大,甚至还会降低超临界流体的密度,而影响溶解度和选择性的决定因素就是夹带剂与溶质分子间的范德瓦尔斯力或夹带剂与溶质之间特定的分子间作用,如氢键、弱络合及其他各种作用力。另外在溶剂的临界点附近,溶质溶解度对温度、压力的变化最为敏感,加入夹带剂后,能使混合溶剂的临界点更接近萃取温度,增强溶质溶解度对温度的敏感程度,使被分离组分通过温度、压力从循环气体中分离出来,以避免气体再次压缩的高能耗。夹带剂不仅可以增加溶质在超临界流体中的溶解度和选择性,同时还可以作为表面活性剂的辅助剂,有利于超临界流体微乳液的形成。一般情况下,对溶质具有很好溶解性的溶剂也往往是很好的夹带剂,常用甲醇、乙醇、丙酮等。夹带剂的用量一般不超过 15%。

4. 超临界流体萃取常用设备

超临界 CO_2 流体萃取仪(图 3-13)主要由加热系统和加压系统构成,包括 CO_2 泵、夹带剂泵、加热器、冷却器、萃取釜、分离釜、压力控制器、温度控制器及低温恒温槽、净化系统、流量计、安全保护装置、清洗系统等,可以使一定流量的 CO_2 达到超临界状态,并在设定的温度、压力、流量下稳定通过萃取釜进行萃取工作。

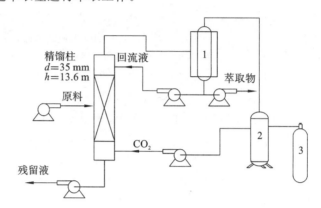

图 3-13　连续逆流超临界 CO_2 流体萃取仪示意图

注:1. 分离器;2. 缓冲罐;3. CO_2 钢瓶。

第四节　中药提取新技术

一、微波辅助提取法

微波辅助提取法又称微波萃取技术,是指利用微波反应器,使用合适的溶剂从中药、天然药用植物、矿物、动物组织等中提取特定化学成分的技术和方法。极性分子接受微波辐射能量后,通过分子偶极高速旋转产生内热效应。微波除加热效率特别高外,还具有穿透力强和选择性高的特点。电磁波可穿透萃取剂,到达被萃取的中药物料内部,并迅速转化为热能,使细胞内部温度快速上升,当细胞内部压力超过细胞膜承受能力时,细胞破裂,细胞内有效成分充分流出,在较低温度下便可溶于萃取剂,再经过进一步分离。

1. 微波辅助提取工艺参数

1) 提取溶剂的种类和用量　水是常用的溶剂,其极性大、溶解范围广、价格便宜。其缺点是选择性差,容易提取出大量无效成分。乙醇为半极性溶剂,溶解性介于极性与非极性溶剂之间。其缺点是具有挥发性、易燃性。微波辅助提取时,提取溶剂的用量可在较大范围内变动,如提取溶剂与物料比可在 1∶5 至 50∶1 范围内选择。若提取溶剂体积太大,提取时釜内压力增大,超出承受能力,溶液便会溅失;提取溶剂体积太小导致提取效率低,药物提取不完全。

2) 微波提取频率、功率和时间　微波对溶剂的穿透深度受微波波长的影响,微波渗透深度随波长的增大而减小,即频率越高,波长越短,其穿透力越强。因此在进行微波辅助提取时,需要对提取频率进行筛选和考察。当时间一定时,功率越高,提取效率越高,提取越完全。但是如果超过一定限度,则会使提取体系压力过高,此时需打开容器安全阀,随即溶液便会溅出,造成提取物的损失。微波提取时间与被测物样品量、物料中的含水量、溶剂体积和加热功率有关。水可有效地吸收微波能,所以较干的物料需要较长的辐照时间。

3) 物料物理性质　物料在提取前一般需经粉碎、加入适当的提取溶剂浸润等预处理,以增大提取溶剂与物料的接触面积,提高微波提取效率。

2. 微波辅助提取常用设备

微波辅助提取的设备分为两类:一类为微波辅助提取罐,另一类为连续微波辅助提取器。

1) 微波辅助提取罐　微波辅助提取罐可分为微波炉装置和提取容器两部分。微波辅助提取罐的原理与中药企业使用的多功能提取罐类似,回流式微波辅助提取罐的结构一般是在

微波装置的侧面或顶部开孔,安装管路同反应器连接,在反应器外面安装冷凝管,用于回流提取液的冷却。为了防止微波泄漏,一般要在微波炉外打孔处连接一定直径和长度的金属管屏蔽微波。微波辅助提取罐为间歇式生产设备。

2)连续微波辅助提取器 在反应物料较少的情况下,微波辅助提取可显著提高提取效率;反应物料较多时,需要的时间则较长,因此设计生产了针对工业使用的连续微波辅助提取器。部分连续微波辅助提取器兼有消解、萃取、合成的功能,实现了非脉冲连续微波调整,一般具有功率选择、控温、控压、时控装置,可以连续工作。连续微波辅助提取器容量为 10～100 L,一般一次可以提取 5～100 kg 的中药材。

二、超声波辅助提取法

超声波辅助提取法是利用超声波增大物质分子运动的频率和速率,增强溶剂穿透力,提高药物溶出速率和溶出次数,缩短提取时间的浸取方法。

1. 超声波辅助提取法的特点

超声波是指频率为 20 kHz～50 MHz 的电磁波,它是一种机械波,需要能量载体(介质)来进行传播。超声波辅助提取法是利用空化效应、机械效应及热效应,通过增大介质分子的运动速率,增强介质穿透力,以提取中药有效成分的一种方法。

介质内部溶解的微气泡在超声波的作用下增大,形成共振腔,然后瞬间闭合,即超声波的空化效应。超声波在介质中的传播可以使介质质点在其传播空间内产生振动,从而强化介质的扩散、传质,即超声波的机械效应。超声波在传播过程中,声能不断被介质吸收,并全部或大部分转化成热能,导致介质本身和药材组织温度升高,促进有效成分溶解,这就是超声波的热效应。

此法在提取过程中不需要加热,适用于热敏性物质的提取,具有溶剂用量少、提取的有效成分含量高的特点。

2. 超声波辅助提取工艺参数

1)溶剂 超声波辅助提取的选择性主要是通过溶剂的选择性来实现的,根据成分的性质选择不同的溶剂可以达到提取的目的。同时,由于超声波不能破坏药材中的酶,因此,苷类和多糖类成分等用超声波辅助提取时要注意选择利于抑制酶的活性的溶剂。

2)时间 超声波辅助提取通常比常规提取的时间短。超声波辅助提取一般在 10～100 min 即可得到较好的提取效果。不过因药材不同,提取率随提取时间的变化亦不同。

3)超声波频率 超声波频率是影响有效成分提取率的主要因素之一。药材在不同的频率下处理相同的时间,提取率相差较大。

4)温度 超声波辅助提取时一般不需加热,因其本身有较强的致热作用,因此在提取过程中对温度进行控制也具有一定意义。一般在水提时,随着温度的升高提取率增大,达到 60 ℃后,温度如继续升高,提取率则呈下降趋势。但是对其他溶剂如不同浓度的乙醇,需要进行实验筛选。

3. 超声波辅助提取常用设备

超声波辅助提取设备的关键部位是超声波发生器,通常有 3 种类型:机械式振荡器、磁致伸缩振荡器及电致伸缩振荡器。前两种振荡器频率均在 20～30 kHz,电致伸缩振荡器频率在 100 kHz～1 GHz。超声波辅助提取设备分为小试机型、中试机型和规模生产机型。

1)小试机型 一般用于实验室,超声功率为 50 W～11 kW,提取罐或槽容积为 50 mL ～2 L。

2)中试机型 一般用于中试,超声功率为 2～15 kW,提取罐或槽容积为 10～100 L。

3)规模生产机型 主要用于中药材提取的批量生产,超声功率为 5～25 kW,提取罐容积为 1000～3000 L。

超声波辅助提取设备(图 3-14)根据结构型号可分为内置式和外置式两类。内置式机型主要是指将超声波换能器阵列组合并密封于一个多边形立柱体内,将其安装于中药材提取罐内中心位置,其超声波能量从多边形立柱内向外(罐内的媒质)发射。外置式机型主要是指将超声波换能器以阵列组合的方式安装于提取罐体的外壁,其超声能量由罐外壁向提取罐内发射。

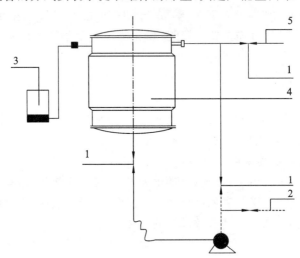

图 3-14　超声波辅助提取设备示意图

注:1. 阀门;2. 出液口;3. 超声波发生器;4. 提取罐;5. 进液口。

三、生物酶解技术

1. 生物酶解技术的特点

大部分植物性中药的细胞壁由纤维素构成,有效成分往往包裹在细胞内,纤维素则是由 β-D-葡萄糖以 1,4-β-D-葡萄糖苷键连接而成,用纤维素酶可破坏 β-D-葡萄糖苷键,进而有利于有效苷元的提取。中药制剂中的杂质大多为淀粉、果胶、蛋白质等,可选用相应的酶予以分解,例如,针对根中含有的脂溶性、难溶于水或不溶于水的成分多的特性,通过加入淀粉部分水解产物及葡萄糖苷酶或转糖苷酶,可使脂溶性、难溶于水或不溶于水的有效成分转移到水溶性苷糖中。

2. 生物酶解技术工艺参数

酶反应较温和地将植物组织分解,可较大幅度地提高效率。酶的种类、酶解温度、酸碱度、降解时间是影响酶法提取效果的关键因素。酶可在较温和的条件下提取和分解植物组织中的大分子成分,较大幅度地提高药物有效成分含量,降低中药生产过程中的过滤和纯化难度,提高产品的纯度和制剂的质量。

1) 酶的种类、用量　采用酶法处理时,所用酶的种类应根据中药中的有效成分、辅助成分及物料的性质来确定,不同的中药使用酶的种类不同,不能一概而论。若采用复合酶,则复合酶的组成、比例也应筛选。关于酶的用量,需在含相同底物的提取液中加入不同量的酶进行酶解。如果酶的用量过少,酶的作用太弱,反应慢,底物转化不完全;如果用量过多,成本增加,甚至会带进较多的杂质,影响产品质量。可通过测定酶解产物的含量,以确定最适用量。

2) 酶解温度　在其他条件相同的情况下,将酶反应液分成若干份,分别控制在不同的温度下进行酶解反应,测定酶反应的活性。绝大多数酶在 60 ℃ 以上即失去活性,各种酶在一定条件下都有其一定的最适温度。通常植物体内酶的最适温度在 40～50 ℃,动物体内酶的最适温度在 37～40 ℃。

3）pH 酶反应需在一定 pH 下进行，才能表现出最大活力，酶表现最大活力时的 pH 称为最适 pH。偏离最适 pH 越远，酶的活力越低，酶反应速率也随之降低。不同酶的最适 pH 各不相同，彼此差异很大。

本章小结

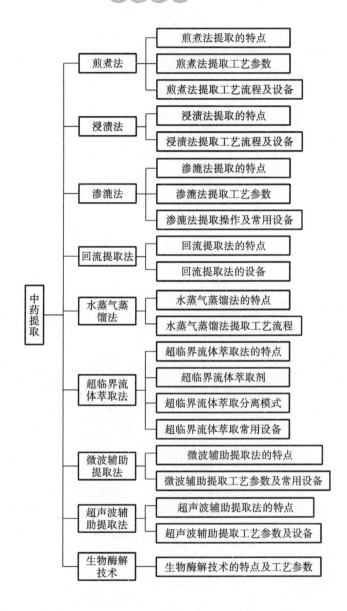

思考与练习

一、多项选择题

1. 下列哪些方法适用于贵重药材和有效成分含量低的药材的提取？（　　　）

A. 煎煮法　　　　　　B. 浸渍法　　　　　　C. 回流法　　　　　　D. 渗漉法

2. 以乙醇为浸出溶剂的提取方法有（　　　）。

A. 浸渍法　　　　　B. 超临界流体萃取法　C. 煎煮法　　　　　　D. 回流法

参考答案

3. 影响浸出的因素有（　　　）。

A. 药材料度　　　　　B. 药材成分　　　　　C. 浸提压力　　　　　D. 浸提温度

4. 下列哪些属于中药提取传热的基本方式？（　　　）

A. 热传导　　　　　B. 热扩散　　　　　C. 热对流　　　　　D. 热辐射

5. 以下溶剂中，极性大于二硫化碳的有（　　　）。

A. 石油醚　　　　　B. 氯仿　　　　　C. 水　　　　　D. 丙酮

二、判断题

1. 浸渍法中，药材颗粒粉碎得越小越好。（　　　）

2. 超临界流体萃取法解决了溶剂残留的问题，是一种简单可行的提取方法。（　　　）

3. 动、植物药具有完整的细胞结构。（　　　）

4. 浸渍法中，可选用任何溶液作为提取剂。（　　　）

5. 渗漉法操作简单，提取效率高于浸渍法，可用于名贵药材提取。（　　　）

（张　烨　岳　鑫）

· 第二篇 ·

药物分离与纯化

在化学合成药物、生物合成药物或中药提取药物得到的中间品中,除了药物的活性成分和有效成分外,还存在大量的杂质或未反应的原料,因此必须通过多种分离方法,将产品中的杂质除去,得到合格的产品,以提高药物成分的纯度和满足生产制剂工艺的要求。

原料药在生产过程中,分离纯化工艺复杂,一般药物的分离纯化成本占产品生产总成本的50%以上。化学原料药在生产过程中,分离纯化成本是整个合成工艺过程成本的2倍及以上;生物制药过程中,抗生素的分离纯化成本是发酵成本的3~4倍;中药提取工艺完成后,分离精制的平均成本占总成本的80%以上。药物生产过程中,中间产品的品质取决于分离纯化方法和工艺的选择,因此研究和开发先进的、便于操作的、生产成本低的分离方法和设备,意义重大。

药物分离设备从原理上可分为机械分离和传质分离两大类。机械分离的对象是两相及以上的混合物,主要是利用流体力学原理实现非均相体系的分离。传质分离过程主要用于各种均相混合物的分离,主要特点是有能量传递现象的发生。本篇着重介绍常见机械分离和传质分离方法的原理和设备。

第四章 机械分离

 学习目标

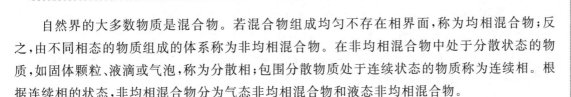

　　1. 掌握：过滤、离心分离的基本概念、基本原理和操作方式。

　　2. 熟悉：常见的过滤和离心分离技术，常见的过滤和离心分离设备的结构、工作原理及特点。

　　3. 了解：过滤和离心分离技术在制药生产中的应用。

　　自然界的大多数物质是混合物。若混合物组成均匀不存在相界面，称为均相混合物；反之，由不同相态的物质组成的体系称为非均相混合物。在非均相混合物中处于分散状态的物质，如固体颗粒、液滴或气泡，称为分散相；包围分散物质处于连续状态的物质称为连续相。根据连续相的状态，非均相混合物分为气态非均相混合物和液态非均相混合物。

　　在制药生产分离过程中，必备的生产环节包括非均相混合物的分离操作。由于非均相混合物的连续相和分散相的物理性质不同，工业上一般采用机械方法分离。根据运动方式不同，机械分离可以分为两种操作方式。流体相对于固体颗粒床层运动的分离过程称为过滤；颗粒相对于流体运动而实现的混合物分离称为沉降分离。常用的沉降分离操作根据作用力不同，主要有重力沉降和离心沉降。制药生产过程中，气态非均相混合物主要采用离心沉降方法进行分离。例如，药物粉碎工艺中旋风分离器的使用。液态非均相混合物的分离，根据工艺要求采用不同的分离方法。悬浮液的增浓，可以应用增稠器或者离心分离；乳浊液的分离采用离心分离机。生产中固液混合物的分离最为常见，主要采用过滤操作达到分离目的。例如，中药药液与药渣的分离，生物制药过程中发酵液的固液分离，药物合成过程中晶体与母液的分离，药物吸附精制过程中活性炭的分离等。因此在制药过程中，非均相混合物分离操作工艺的优化，对于提高产品质量和降低生产成本有很重要的意义。

案例导入

　　对乙酰氨基酚又称扑热息痛，它是一种常用的解热镇痛药。泰诺、白加黑、百服宁、快克等常用的药品中都有这种成分。对乙酰氨基酚可以抑制体内环氧化酶的活性，从而抑制前列腺素的合成和释放而起解热镇痛的作用。对乙酰氨基酚原料药分离纯化采用结晶和活性炭脱色工艺，会遇到如何使固液混合物分离的问题。

　　问题：

　　(1) 对乙酰氨基酚结晶操作中晶体和母液的分离应用哪种分离设备？

　　(2) 对乙酰氨基酚应用活性炭脱色后，采用什么方法将活性炭分离？

 NOTE

第一节 过 滤

过滤是分离悬浮液最普遍和最有效的单元操作。过滤是依靠外加作用力使混合物中的流体强制通过多孔性过滤介质,悬浮的固体颗粒被截留在过滤介质上,从而实现混合物的分离。被分离的液体混合物称为滤浆,穿过过滤介质的澄清液体称为滤液,被截留的固体颗粒层称为滤饼。

一、基本概念

1. 过滤的推动力

根据过滤过程的推动力产生方式,过滤可分为以下几种。

(1)重力过滤:由悬浮液本身的液柱静压产生操作推动力,主要应用于处理颗粒粒度大、含量少的滤浆。这种处理方式简单便捷,过滤压强一般为 50 kPa。

(2)加压过滤:应用泵或其他方式给滤浆加压,可以产生较高的操作压力,主要用于处理重力分离速率慢、较难分离的滤浆;过滤压强可达 500 kPa 以上。

(3)真空过滤:在滤液一侧抽真空,适用于含有矿粒或晶体颗粒的滤浆,且便于洗涤滤饼;过滤介质上下产生的压强差通常不超过 85 kPa。

(4)离心过滤:操作压力是由被分离物质产生的离心力,便于洗涤过滤产生的滤饼,所得滤饼的含液量少,适用于晶体物料和纤维物料的过滤。

2. 过滤机理

根据过滤介质拦截固体颗粒的机理,过滤可分为以下几种。

(1)表面过滤:如图 4-1 所示,利用过滤介质表面或过滤过程中所生成的滤饼来拦截固体颗粒,使固体与液体分离。过滤开始阶段会有少量小于介质通道直径的颗粒穿过介质混入滤液中,因此开始过滤时滤液较浑浊。随着过滤的进行,颗粒会逐渐在介质通道入口发生架桥现象,如图 4-2 所示,滤浆中的小颗粒受到阻拦且在过滤介质表面沉积形成滤饼。此时,真正对颗粒起拦截作用的是滤饼,而过滤介质仅起着支撑滤饼的作用。表面过滤真正起过滤作用的是滤饼,也称为饼层过滤。但是,当悬浮液的颗粒含量极低而不能形成滤饼时,固体颗粒只能依靠过滤介质的拦截与液体分离,这种情况下只有大于介质孔道直径的颗粒才能从液体中除去。表面过滤适用于颗粒含量较高(固相体积分数大于 1%)的悬浮液分离。

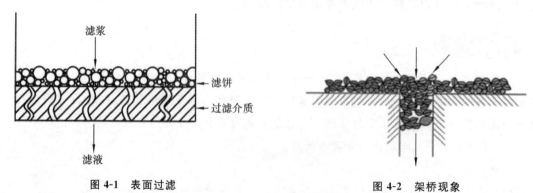

图 4-1 表面过滤   图 4-2 架桥现象

(2)深层过滤:如图 4-3 所示,当颗粒粒径小于过滤介质孔道直径时,不能在过滤介质表面形成滤饼,颗粒进入介质内部,借惯性和扩散作用进入孔道内壁面,并在表面力和静电的作用下沉积下来,从而与液体分离。深层过滤会使过滤介质内部的孔道逐渐缩小,所以过滤介质必须定期更换或再生。深层过滤真正起过滤作用的是过滤介质。深层过滤适用于固相含量少（固相体积分数小于 0.1%）、粒度小但处理量较大的悬浮液的分离。深层过滤在制药生产中的典型应用有砂滤法过滤饮用水、浑浊药液的澄清、分子筛脱色等。

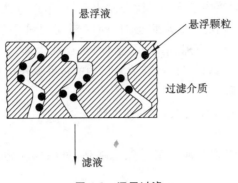

图 4-3　深层过滤

3. 过滤介质

过滤介质一般为多孔材质，便于让滤液顺利通过，孔道尺寸根据所需截留的颗粒粒径进行选择。过滤介质应具有高空隙率，具有尽可能小的流动阻力，同时具有足够的机械强度以截留颗粒。根据滤液性质和过滤条件，过滤介质还应具有良好的耐腐蚀性和耐热性。

工业上常见的过滤介质主要有织物介质、粒状介质、多孔固体介质和多孔膜（表 4-1）。

表 4-1　常见过滤介质

序号	材质	性能	特点	应用
1	织物介质（滤布）	天然纤维棉、毛、丝、麻等或各种合成纤维加工而成的织物，以及由玻璃丝或金属丝编织而成的多孔网	厚度薄，阻力小，易清洗，更新方便，价格低廉，应用广泛	截留粒径为 5～65 μm 的颗粒
2	粒状介质	固体颗粒：砂粒、木炭、石棉、硅藻土等或非纺织纤维堆积而成的固定床层	床层较厚	深层过滤
3	多孔固体介质	具有大量微细孔道的固体材料：多孔陶瓷、多孔塑料或多孔金属等制成的滤管或滤板	介质较厚，阻力较大，孔道较细	截留 1～3 μm 的小颗粒
4	多孔膜	无机材料膜和有机高分子膜	厚度较薄，介于几十微米到 200 μm 之间，孔径很小	截留 1 μm 以下的微细颗粒，主要用于膜分离

4. 滤饼压缩性

随着过滤过程的进行，滤饼不断加厚，滤液的流动阻力增大。实验表明，滤饼颗粒的特性决定了滤液流动阻力的大小。若滤饼的颗粒为不易变形的坚硬固体，如碳酸钙、硅藻土等，当两侧的压强差增大时，颗粒的形状及颗粒间的空隙一般均不会发生明显变化，此时单位厚度的滤饼所具有的流动阻力可视为恒定，称为不可压缩滤饼。若滤饼为絮状物或胶状物，则当两侧的压强差增大时，滤饼内颗粒的形状及颗粒间的空隙均将发生明显变化，故此时单位厚度的滤饼所具有的流动阻力将随压强差或滤饼厚度的增加而增大，这种滤饼称为可压缩滤饼。

对于可压缩滤饼，随着过滤压强差的增大，滤饼的空隙将变小，滤液流动阻力将增大。此外，对于所含颗粒十分细小的悬浮液的过滤，初始时这些细小颗粒极易进入介质的孔道并将孔道堵死，即使未完全堵死，这些细小颗粒所形成的滤饼也极不利于滤液的流动，导致流动阻力

NOTE

急剧增大,操作难以继续。

5. 助滤剂

工业过滤中,会经常采用添加助滤剂的方法。在过滤开始前,将另一种质地坚硬且能形成疏松饼层的固体颗粒混入滤浆中或涂于过滤介质表面,以帮助过滤操作过程中形成疏松的滤饼。这种预混或预涂的固体颗粒即为助滤剂,助滤剂使用量一般不超过固体颗粒质量的0.5%。常见的助滤剂有硅藻土、石棉、滑石粉、活性炭、珍珠岩等。需要注意的是,由于混入的助滤剂通常难以除去,故一般只在以回收液体为目的的过滤操作中使用助滤剂。

6. 影响过滤速度的因素

(1) 滤液的黏度:滤液的黏度越大,过滤速度越慢。一般中药提取液需要趁热过滤或保温过滤,以保证药液的流动性较好。

(2) 过滤介质的特性:织物介质一般空隙率越高,过滤速度越快。多孔固体介质空隙越大、孔径越小,过滤速度越慢。

(3) 过滤的推动力:过滤介质和滤饼上、下的压强差越大,过滤速度越快。因此实际生产中常采用加压过滤或者减压抽滤。

(4) 滤饼的厚度:滤饼越厚(尤其是滤液中存在大分子胶体物质时,容易堵塞饼层空隙),过滤速度越慢。在实际生产中,在不影响产品性质的条件下,可以加入一定量的絮凝剂,减小胶体物质的影响。

(5) 助滤剂的添加:选用适宜的助滤剂,保证一定的空隙率,可以加快过滤速度。

二、基本原理

1. 过滤速度方程式

单位时间通过单位过滤面积所得到的滤液量即为过滤速度,又称为滤液通量。过滤速度是衡量过滤效果的一个重要指标。表面过滤的过滤速度可由下式计算:

$$u = \frac{dV}{A\,d\theta} = \frac{\Delta p}{\mu rc\left(\dfrac{V+V_e}{A}\right)} = \frac{\Delta p}{\mu rcL} \tag{4-1}$$

或者

$$\frac{dV}{d\theta} = \frac{A\Delta p}{\mu rc\left(\dfrac{V+V_e}{A}\right)} = \frac{A\Delta p}{\mu rcL} \tag{4-2}$$

此为不可压缩滤饼的过滤基本方程式,式中,u 为过滤速度,$m^3/(m^2 \cdot s)$;$\dfrac{dV}{d\theta}$ 为过滤速率,m^3/s;A 为过滤面积,m^2;Δp 为作用于滤饼和过滤介质的总压强差,Pa;μ 为滤液黏度,$Pa \cdot s$;r 为滤饼阻力特性的系数,即滤饼比阻,m^{-2};c 为悬浮液浓度,即形成单位体积滤饼获得的滤液体积,m^3/m^3;V 为滤液量,m^3;V_e 为过滤介质当量滤液量,m^3;L 为滤饼厚度,m。

对于可压缩滤饼,随着滤饼变厚,过滤的压强差变大,滤饼比阻发生变化:

$$r = r_0(\Delta p)^s \tag{4-3}$$

式中,r_0 为单位压强差下的滤饼比阻,m^{-2};s 为滤饼的压缩指数,无因次。可压缩滤饼的 s 为 $0\sim1$,不可压缩滤饼的 $s=1$。

将式(4-3)代入式(4-2)中,得

$$\frac{dV}{d\theta} = \frac{A\Delta p^{1-s}}{\mu r_0 c\left(\dfrac{V+V_e}{A}\right)} = \frac{A\Delta p^{1-s}}{\mu r_0 cL} \tag{4-4}$$

2. 恒压过滤方程式

过滤开始时,没有形成滤饼,过滤阻力最小,过滤速度最快;累积滤液量越多,则形成的滤饼越厚,过滤阻力越大,过滤速度也越慢,因此,过滤是一个非定态过程。若维持操作压强差 Δp 不变,则过滤速度会逐渐下降,这种操作方式称为恒压过滤;若要维持过滤速度不变,则操作压强差 Δp 必须不断增加,这种操作方式称为恒速过滤。为避免过滤初期因压强差过高而使滤布堵塞或破损,可首先采用恒速过滤,然后采用恒压过滤。

过滤时,对于特定的悬浮液,μ、r_0、c 均为定值。令

$$k = \frac{1}{\mu r_0 c} \tag{4-5}$$

将式(4-5)代入式(4-4)中,得

$$\frac{dV}{d\theta} = \frac{kA^2 \Delta p^{1-s}}{V + V_e} \tag{4-6}$$

恒压过滤时,令 $K = 2k\Delta p^{1-s}$,称之为过滤常数,其值与悬浮液性质和操作压强差有关,由实验测定,则

$$\frac{dV}{d\theta} = \frac{KA^2}{2(V + V_e)} \tag{4-7}$$

以过滤起始为上限,过滤终了为下限,对式(4-7)定积分得

$$V_e^2 = KA^2 \theta_e \tag{4-8a}$$

$$V^2 + 2V_e V = KA^2 \theta \tag{4-8b}$$

$$(V + V_e)^2 = KA^2(\theta + \theta_e) \tag{4-8c}$$

恒压过滤方程式表示过滤压强差恒定时,滤液体积与过滤时间之间的关系,呈抛物线形式。工业生产计算时,习惯令 $q = \frac{V}{A}$、$q_e = \frac{V_e}{A}$,代入式(4-8)中,得

$$q_e^2 = K\theta_e \tag{4-9a}$$

$$q^2 + 2q_e q = K\theta \tag{4-9b}$$

$$(q + q_e)^2 = K(\theta + \theta_e) \tag{4-9c}$$

3. 滤饼洗涤方程式

过滤结束后,滤饼的空隙残留有少量滤液,一方面为了回收残留滤液,另一方面为了保证滤饼的洁净,需要选用适当的溶剂洗涤滤饼。以洗涤水为例,洗涤时滤饼厚度恒定不变,洗涤时操作压强差不变,洗涤水的体积流量不变。洗涤的方式有两种:置换洗涤法和横穿洗涤法。

洗涤速度是指单位时间所消耗的洗涤水量,为

$$\left(\frac{dV}{d\theta}\right)_w = \frac{V_w}{\theta_w} \tag{4-10}$$

式中,$\left(\frac{dV}{d\theta}\right)_w$ 为洗涤速度,m^3/s;V_w 为消耗的洗涤水体积,m^3;θ_w 为消耗的洗涤时间,s。

加压叶滤机采用置换洗涤法,即洗涤水流动路径与过滤终了时滤液的流动路径相同。

$$\left(\frac{dV}{d\theta}\right)_w = \left(\frac{dV}{d\theta}\right)_E = \frac{KA^2}{2(V + V_e)} \tag{4-11}$$

洗涤时间为

$$\theta_w = \frac{2V_w(V + V_e)}{KA^2} \tag{4-12}$$

板框压滤机采用横穿洗涤法,洗涤时洗涤水从滤饼的一侧穿过整个滤饼,从滤饼的另外一侧流出,洗涤面积是过滤终了时的 1/2,洗涤水流过的距离是过滤终了时的 2 倍。

$$\left(\frac{\mathrm{d}V}{\mathrm{d}\theta}\right)_{\mathrm{W}} = \frac{1}{4}\left(\frac{\mathrm{d}V}{\mathrm{d}\theta}\right)_{\mathrm{E}} \tag{4-13}$$

洗涤时间为

$$\theta_{\mathrm{W}} = \frac{8V_{\mathrm{W}}(V+V_{\mathrm{e}})}{KA^2} = \frac{8V_{\mathrm{W}}(q+q_{\mathrm{e}})}{KA} \tag{4-14}$$

三、过滤设备

工业生产中,过滤固液混合物的生产设备统称为过滤机。根据过滤压强差产生的原理不同,过滤机可分为压滤、吸滤和离心三种类型。目前,制药生产中广泛使用的板框压滤机和加压叶滤机均属典型的压滤式过滤机,转筒真空过滤机是典型的吸滤机,三足式离心机则为典型的离心式过滤机。根据操作方式的不同,过滤机又可分为间歇式和连续式两大类,板框压滤机是应用最广泛的一种间歇式压滤机,加压叶滤机和三足式离心机也属间歇式过滤机,而转筒真空过滤机是典型的连续式过滤机。

(一)几种典型的过滤设备

1. 板框压滤机

板框压滤机主要由头板、滤板、滤框、尾板、主梁和压紧装置组成。两根主梁把尾板和压紧装置连在一起构成机架。机架上靠近压紧装置端放置头板,头板和尾板之间依次交替排列着多块带凸凹纹路的滤板与滤框,滤框两侧覆以滤布,如图4-4所示。

图4-4 板框压滤机外观图

滤板和滤框(图4-5)的四个角端均开有圆孔,故当滤板和滤框装合于一起并压紧后,即构成了滤浆通道、洗水(进口)通道、洗水(出口)通道和滤液通道的四个通道。滤框的两侧覆以滤布,框内与滤布围成了截留滤饼的空间。除头板和尾板的外侧表面外,其余的板两侧表面均开有纵横交错的沟槽。滤板依据结构的不同,又分为洗涤板和过滤板两种,洗涤板的两侧表面有暗孔,与洗水(进口)通道和洗水(出口)通道相通;过滤板的两侧表面有暗孔,与洗水(出口)通道和滤液通道相通。为了生产时方便安装操作,区分不同的滤板及滤框,滤板和滤框的外侧铸有标记钮。通常过滤板为一钮,滤框为二钮,洗涤板为三钮。安装时,过滤机应以钮数按头板、2、3、2、1、2、3、2、…、尾板的顺序对滤板和滤框加以排列。

过滤时,悬浮液从框左上角的滤浆通道进入滤框,固体颗粒将被滤布截留于框内形成滤饼,滤液则依次穿过滤饼和滤布,再经过滤框两侧板面的凹槽收集通过暗孔进入滤液通道排出。待框内全部充满滤饼后,操作即可停止。

洗涤时,洗涤水进入洗水(进口)通道,洗涤水通过洗涤板的暗孔经两侧凹槽进入板面与滤布之间,在泵压的作用下依次穿过滤布、滤饼和滤布,最后由滤板和洗涤板的暗孔从洗水(出口)通道排走。此种洗涤法称为"横穿洗涤法"。洗涤结束后,旋开压紧装置将滤板与滤框拉开,卸下滤饼,洗涤滤布,然后重新组装,进入下一操作周期。

板框压滤机的结构简单,制造容易,所需辅助设备少,操作灵活,过滤压力高,占地面积少,过滤面积大且可调,可采用耐腐蚀性材料制造。其适用于难过滤的或液相黏度很高的悬浮液或腐蚀性物料的过滤。其主要缺点是洗涤不够均匀,劳动强度大,以及间歇操作方式使其生产效率低。但是自动操作的压滤机可以大大减轻劳动强度和提高过滤效率。

NOTE

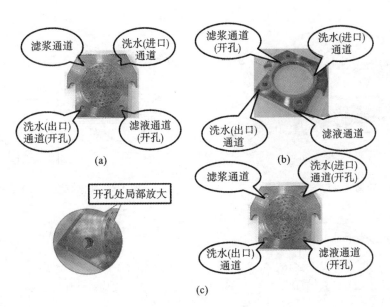

图 4-5　板框压滤机结构

注：(a) 过滤板；(b) 滤框；(c) 洗涤板。

板框压滤机型号很多,一般表示方法如图 4-6 所示,例如 BMS 20-635/25 型板框压滤机表示明流式手动压紧式板框压滤机,过滤面积为 20 m²,滤框的边长为 635 mm,框厚度为 25 mm。

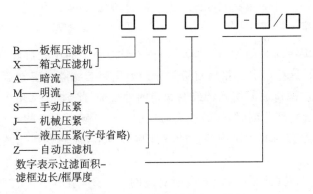

图 4-6　板框压滤机型号表示方法

2. 转筒真空过滤机

转筒真空过滤机如图 4-7、图 4-8 所示,其主机设备为转鼓,为一个电机带动旋转的水平圆筒。转鼓表面是一层用于支撑的金属网,网的外周覆以滤布,转鼓的内腔采用纵向隔板分隔为 18 个扇形小格,每个扇形小格都有一根导管与转鼓一端侧面圆盘的一个圆孔相连,该圆盘被固定于转鼓上随转鼓一起转动,称为转动盘,其结构如图 4-9 所示。

转动盘与另一静止的固定盘相配合,固定盘开有三个圆弧形的凹槽 f、g、h。凹槽 f 通过导管与滤液排出管(连接真空系统)相连通;凹槽 g 通过导管与洗涤水排出管(连接真空系统)相连通;凹槽 h 通过导管和压缩空气管相连通。当固定盘与转动盘的表面紧密贴合时,转动盘上的小孔与固定盘上的凹槽将对应相通,称为分配头。

转筒真空过滤机工作时,转动盘随转鼓一起旋转,转筒的下部浸入滤浆中,凭借分配头的作用,在某一时刻转鼓表面上的不同小孔分别处于不同的工作状态;每一个扇形小格在转鼓旋转一周的过程中,所对应的转鼓表面的工作状态也不同。转鼓旋转一周的工作顺序是过滤、吸干、洗涤、吹松和卸渣。

图 4-7 转筒真空过滤机外观图

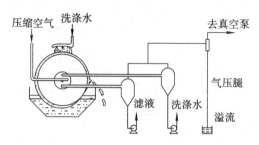

图 4-8 转筒真空过滤机工作系统

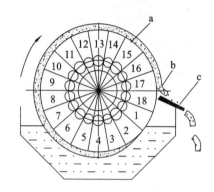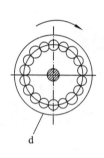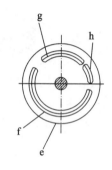

图 4-9 转筒真空过滤机转筒结构图

注:a. 转筒;b. 滤饼;c. 刮刀;d. 固定圆盘;e. 转动圆盘;
f. 真空吸滤液的凹槽区;g. 真空吸洗涤水的凹槽区;h. 压缩空气反吹的凹槽区。

(1) 过滤:转鼓旋转到此刻时,转动盘上 1～7 扇形小格的小孔旋转到与固定盘上的滤液管对应的凹槽 f 相通,这些扇形小格所对应的转鼓表面将与滤液真空管道系统相连,滤液被滤液泵抽吸到滤液储罐,滤饼被截留到转鼓上滤布的外表面,此刻 1～7 扇形小格为过滤操作。

(2) 吸干:转鼓旋转到此刻时,转鼓表面对应的 8～10 扇形小格的小孔继续与滤液管所对应的凹槽 f 相通,转鼓表面的滤饼中残留的滤液将被吸干,被抽吸到滤液储罐,从而完成对滤饼的吸干操作。

(3) 洗涤:转鼓旋转到此刻时,转鼓表面对应的 12～14 扇形小格的小孔与洗涤水管所对应的凹槽 g 相通,转鼓表面将与抽水真空系统相连,同时转鼓上方洗涤水喷头喷洒洗涤水对转鼓表面的滤饼进行洗涤,洗涤水经洗涤水真空管道系统被抽吸到洗涤水储罐,从而完成对滤饼的洗涤操作。

(4) 吹松:转鼓旋转到此刻时,转鼓表面对应的 16～17 扇形小格的小孔与压缩空气管道所对应的凹槽 h 相通,转鼓表面将与压缩空气的管道系统相连,压缩空气从转鼓内部向表面反吹,从而实现对滤饼的吹松操作。

(5) 卸渣:转鼓旋转到此刻时,18 扇形小格对应的转鼓表面上的滤饼与刮刀相遇,从而实现对滤饼的卸渣操作。

上述操作过程中,凹槽 f 中间的 11 扇形小格不工作,凹槽 g 与凹槽 h 之间的 15 扇形小格不工作,相对应的转鼓表面也停止工作,主要是为了避免两个工作区域发生串通。

转筒真空过滤机的优点是连续自动操作、节省人力、劳动强度小,适用于处理量大但易于分离的滤浆过滤,对于胶体混合物或微细颗粒的混合物,加入助滤剂也较容易过滤;主要缺点为体积庞大,附属设备多,投资费用高,有效过滤面积小。同时由于需要进行真空操作,过滤的推动力有限,由于料液饱和蒸气压的限制,滤浆的温度不能过高。而且洗涤时不均匀、不充分。

NOTE

3. 加压叶滤机

加压叶滤机又称为叶片压滤机。如图 4-10、图 4-11 所示,加压叶滤机是在一个圆筒状的机壳内,平行排布多个不同宽度的长方形滤板支架,每一片滤板四周端面封闭,两侧面覆有滤布,下端面有滤液小孔与滤液总管相通。每一片滤板各为一个过滤单元。新型的加压叶滤机具有特制的滤板,不需要专门的滤布,同时可以通过机械振动装置自动卸渣。

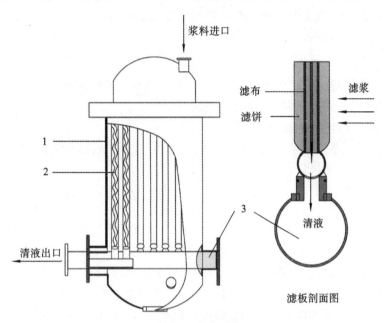

图 4-10 加压叶滤机结构示意图

注:1. 机壳;2. 滤板;3. 滤液总管。

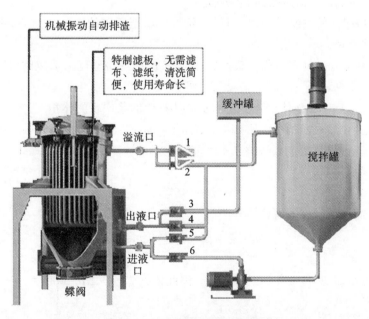

图 4-11 加压叶滤机过滤系统图

过滤操作时,加压泵先将滤浆打入机壳内,持续加压,在压强差的作用下滤饼被截留于滤布上,滤液穿过滤布,进入滤叶的内部,再由滤叶下端的滤液小孔汇聚至滤液总管处收集。过滤操作一段时间后,滤饼达到一定厚度,过滤速度变慢。

洗涤时,重新在机壳内加入洗涤水,加压用洗涤水置换滤饼间隙残留的滤液,洗涤水与过滤终了时的滤液走同样的流动路径,称为置换洗涤法。

洗涤结束后,先将滤液总管通压缩空气,吹松滤饼,再打开机壳的上盖,进行卸渣和清洗滤布,完成后重新组装滤叶开始下一周期工作循环。

加压叶滤机的优点在于密闭操作,过滤、洗涤与装卸过程与板框压滤机相比较方便,占地面积小,过滤速度较快,洗涤效果好。其缺点是过滤时滤饼的厚度一般不均匀,更换滤布不方便,同时设备的成本也较高。

(二)过滤设备的生产能力

过滤设备的生产能力有两种表示方法,一种是采用单位时间内所获得的滤液体积量来表示,另一种是采用单位时间内所获得的滤饼量来表示。

1. 板框压滤机的生产能力

板框压滤机的一个工作周期包括过滤、洗涤、卸渣、清洗和安装等操作,在以滤液为产品的情况下,计算其生产能力,得

$$Q = \frac{V}{\theta} = \frac{V}{\theta + \theta_w + \theta_d} \tag{4-15}$$

式中,Q 为板框压滤机的生产能力,m^3/s 或 m^3/h;V 为板框压滤机一个生产周期所得到的滤液体积,m^3;θ 为板框压滤机一个生产周期所需的操作时间,s 或 h。θ_w、θ_d 分别为一个生产周期内的洗涤时间和辅助操作时间,即卸渣、清洗和安装时间,s 或 h。

【例题 4-1】 某悬浮液在 9.81×10^3 Pa 的恒定压强差下进行过滤,其中固相体积分数为 25%,得到不可压缩滤饼和滤液。已知滤饼的空隙率为 45%,比阻为 4×10^9 L/m^2,水的黏度为 1×10^{-3} Pa·s,过滤介质的阻力可忽略,试计算:

(1)每平方米过滤面积上获得 2 m^3 滤液所需的过滤时间;

(2)过滤时间延长一倍所增加的滤液量;

(3)在与(1)相同的过滤时间内,当过滤压强差增至原来的 1.3 倍时,每平方米过滤面积上所能获得的滤液量。

解:(1)设每平方米过滤面积上获得 2 m^3 滤液时的滤饼厚度为 L,对滤饼、滤液及滤浆中的水分进行物料衡算,得

$$\text{滤液体积} + \text{滤饼中水的体积} = \text{滤浆中水的体积}$$

即

$$2 + 1 \times L \times 0.45 = (2 + 1 \times L) \times (1 - 0.25)$$

解得

$$L = 1.67 \text{ m}$$

故每获得 1 m^3 滤液所形成的滤饼体积为

$$c = \frac{1.67 \times 1}{2} \text{ m}^3/\text{m}^3 = 0.835 \text{ m}^3/\text{m}^3$$

由于为不可压缩滤饼,故 $s = 0$ 且 $r_0 = r$。因此依据 $K = 2k\Delta p^{1-s}$ 和 $k = \frac{1}{\mu r_0 c}$ 得

$$K = \frac{2\Delta p}{\mu rc} = \frac{2 \times 9.81 \times 10^3}{1 \times 10^{-3} \times 4 \times 10^9 \times 0.835} \text{ m}^2/\text{s} = 5.87 \times 10^{-3} \text{ m}^2/\text{s}$$

由题意可知,过滤介质的阻力可忽略,且 $q = 2$ m^3/m^2,故代入式 $(q + q_e)^2 = K(\theta + \theta_e)$ 得

$$\theta = \frac{q^2}{K} = \frac{2^2}{5.87 \times 10^{-3}} \text{ s} = 681 \text{ s}$$

可见,所需的过滤时间为 681 s。

NOTE

（2）若过滤时间延长一倍，则 $\theta' = 2\theta = 2 \times 681$ s $= 1362$ s。

由于 $q^2 = K\theta$，得

$$q' = \sqrt{K\theta'} = \sqrt{5.87 \times 10^{-3} \times 1362} \ \text{m}^3/\text{m}^2 = 2.83 \ \text{m}^3/\text{m}^2$$

$$q' - q = 2.83 - 2 \ \text{m}^3/\text{m}^2 = 0.83 \ \text{m}^3/\text{m}^2$$

可见，每平方米过滤面积上可再增加 0.83 m³ 的滤液。

（3）已知

$$\frac{K'}{K} = \frac{\Delta p'}{\Delta p} = 1.3$$

即

$$K' = 1.3K$$

故

$$q' = \sqrt{K'\theta} = \sqrt{1.3K\theta} = \sqrt{1.3 \times 5.87 \times 10^{-3} \times 681} \ \text{m}^3/\text{m}^2 = 2.279 \ \text{m}^3/\text{m}^2$$

所以，每平方米过滤面积上所能获得的滤液量为 2.279 m³。

2. 转筒真空过滤机的生产能力

转筒真空过滤机旋转一圈即为一个生产周期。一个生产周期中只有转筒浸没在滤浆内时在过滤，其他部分同时在进行其他操作。

转筒表面浸入滤浆的面积与转筒表面积的比例，称为浸没度。

$$\psi = \frac{\text{浸没角度}}{360} \tag{4-16}$$

当转筒真空过滤机工作条件恒定，即旋转速率恒定（设转筒真空过滤机的转速为 n，单位为 r/min）时，一个工作周期的时间为

$$T = \frac{60}{n} \tag{4-17}$$

转筒真空过滤机一个工作周期的过滤时间为

$$\theta = \psi T = \frac{60\psi}{n} \tag{4-18}$$

转筒旋转一周可得到的滤液体积为

$$V = \sqrt{KA^2(\theta + \theta_e)} - V_e = \sqrt{KA^2\left(\frac{60\psi}{n} + \theta_e\right)} - V_e \tag{4-19}$$

每小时获得的滤液量为

$$Q = 60nV = 60\sqrt{KA^2(60\psi n + \theta_e n^2)} - 60V_e n \tag{4-20}$$

滤布阻力忽略不计时，则有

$$Q = 60nV = 60n\sqrt{KA^2 \frac{60\psi}{n}} = 456A\sqrt{Kn} \tag{4-21}$$

【例题 4-2】 用转筒真空过滤机过滤某种悬浮液，滤浆处理量为 25 m³/h。已知每得到 1 m³ 滤液可得滤饼 0.05 m³，要求转筒的浸没度为 30%，转筒表面的滤饼厚度不低于 6 mm。已知过滤机恒压条件下的过滤常数 $K = 8 \times 10^{-4}$ m²/s，$q_e = 0.01$ m³/m²。试求过滤机的过滤面积 A 和转筒的转速 n。

解： 以 1 min 为基准。由题目数据知：

$$c = 0.05 \ \text{m}^3/\text{m}^3, \quad \psi = 0.3$$

$$Q = \frac{25}{60 \times (1+c)} = \frac{25}{60 \times (1+0.05)} \ \text{m}^3/\text{min} = 0.397 \ \text{m}^3/\text{min}$$

$$\theta_e = \frac{q_e^2}{k} = \frac{0.01^2}{8 \times 10^{-4}} \ \text{s} = 0.125 \ \text{s} \tag{a}$$

NOTE

117

过滤和分离
技术发展的
高参数趋势

$$\theta = \frac{60\psi}{n} = \frac{60 \times 0.3}{n} = \frac{18}{n}$$

滤饼体积为 $0.397 \times 0.05 \text{ m}^3/\text{min} = 0.01985 \text{ m}^3/\text{min}$

取滤饼厚度 $\delta = 6 \text{ mm}$，得

$$n = \frac{0.01985}{\delta A} = \frac{0.01985}{0.006A} = \frac{3.308}{A} \qquad \text{(b)}$$

转筒旋转一周可得到的滤液体积为

$$V = \sqrt{KA^2 \left(\frac{60\varphi}{n} + \theta_e \right)} - V_e$$

每分钟获得的滤液量为

$$Q = nV = n\left(\sqrt{KA^2 \left(\frac{60\varphi}{n} + \theta_e \right)} - V_e \right) = 0.397 \text{ m}^3/\text{min}$$

将式(a)和式(b)代入上式得

$$\frac{3.308}{A} \left[\sqrt{8 \times 10^{-4} A^2 \left(\frac{60 \times 0.3}{\frac{3.308}{A}} + 0.125 \right)} - 0.01A \right] = 0.397$$

$$A = 3.859 \text{ m}^2$$

$$n = \frac{3.308}{A} = \frac{3.308}{3.859} \text{ r/min} = 0.857 \text{ r/min}$$

第二节 离心分离

一、基本概念

离心分离是混合物在离心机中依靠离心力的作用,将密度不同的组分进行分离的单元操作。离心分离广泛应用于制药工业生产中。

按照离心分离的过程原理,离心分离可分为离心过滤和离心沉降。

(1) 离心过滤:离心机转鼓内壁开孔,并覆上滤布,转鼓旋转时,滤液在离心力的作用下穿过滤布,固体滤渣被截留在滤布上。主要适用于固相浓度大的滤浆初步分离。典型的应用是三足式过滤离心机。

(2) 离心沉降:离心机转鼓无开孔,转鼓高速旋转时,密度大的固体颗粒在转鼓内壁沉降形成滤饼,清液由转鼓中心溢出。主要适用于固相浓度低和微细颗粒的悬浮液分离。

二、基本原理

1. 离心力场自由沉降速度

离心分离是利用流体中不同组分存在密度差进行分离的操作。根据斯托克斯定律,在重力场中颗粒在流体中的自由沉降速度,即重力沉降速度为

$$u_g = \frac{d^2(\rho' - \rho)g}{18\mu} \qquad (4\text{-}22)$$

式中,u_g 为重力沉降速度;d 为颗粒的平均粒径;ρ' 为颗粒密度;ρ 为流体密度;μ 为流体黏度。

在离心力场中,颗粒的自由沉降速度为

$$u_r = \frac{d^2(\rho' - \rho)}{18\mu} \frac{u_t^2}{r} \qquad (4\text{-}23)$$

NOTE

式中，u_r 为离心力场径向分速度；d 为颗粒的平均粒径；u_t 为离心力场切向分速度；μ 为流体密度；r 为颗粒相对于中心轴的运动半径。

2. 离心分离因数

同一种颗粒在同样的流体介质中的离心沉降速度与重力沉降速度的比值为

$$K = \frac{u_r}{u_g} = \frac{u_t^2}{gr} \tag{4-24}$$

K 为颗粒在离心力场中的惯性离心力场强度和重力场中的重力场强度的比值，称为离心分离因数。离心分离因数是离心机的重要指标。根据离心分离因数，离心机可分为以下 3 种。

（1）低速离心机：$K \leqslant 3000$，用于物料脱水或者悬浮液的初步分离。

（2）高速离心机：$3000 < K < 50000$，用于微细颗粒悬浮液的分离或乳浊液的分离。

（3）超高速离心机：$K \geqslant 50000$，用于分离胶体溶液或超微细颗粒的悬浮液分离。

新型离心机离心分离因数可达 500000 以上，可用于实验室研究分离难分离的乳浊液。离心分离因数的大小关键在于离心机转轴的材质和机械强度。

3. 离心分离影响因素

（1）药液的密度和黏度的影响：药液的密度和黏度是影响离心分离的重要因素之一。药液的相对密度一般在室温下要求控制在 1.0～1.1 之间。离心分离过程中，密度太大时，黏度相应比较大，药液的流动性较差，容易黏附及堵塞，分离效果较差；当密度太小时，药液的浓度太小，处理量大，生产成本高，也不利于进行下一步工艺操作。在生产操作中，一般为了保证药液的流动性能好，可在工艺操作条件允许的情况下适当加热，以提高药液的黏度，保证流动性好。

（2）药液温度的影响：一般根据药液的黏度影响，可适当对药液加热。但是在实际操作过程中，由于离心机高速运转的机械摩擦等原因的影响，药液会有一定的升温，因此药液中存在易挥发的有机成分时，一方面容易引起成分挥发，另一方面具有一定的安全隐患，此时在实际生产中可应用低温离心机。

（3）离心时间的影响：理论上，离心时间越长，分离越充分，分离效果越好。但是在实际操作过程中，分离时间越长，固体沉降越致密，其中吸附的有效成分越多，而且出渣也不容易。因此，在生产操作过程中，要根据实际情况设置合理的离心时间。

三、离心分离设备

1. 离心过滤设备

（1）三足式过滤离心机：三足式过滤离心机（图 4-12）适用于分离固液混合物，主要依靠高速旋转的离心力将混合固液分离。三足式过滤离心机有离心过滤式和离心沉降式两种，区别在于有无开孔。三足式过滤离心机的机内装有高速旋转的转鼓，转鼓内壁开有诸多小孔，内侧覆有一层或多层滤布。工作时，将滤浆倒入转鼓内部，转鼓高速旋转，在离心力的作用下滤液依次穿过滤布及转鼓内壁上的小孔被甩出，同时固体颗粒被截留于滤布表面。

制药工业生产过程中常见的三足式过滤离心机的结构如图 4-13 所示。离心机的转鼓、机壳和电动机均被固定于下方的水平支座上，而支座则借助拉杆被悬挂于三根支柱上，故称为三足式过滤离心机。工作时，转鼓的高速旋转是由电动机带动三角带驱动，相应的摆动则由减震器上的弹簧所承受，这种结构可以减轻转鼓的摆动，减轻轴和轴承的震动，以免设备松动。

三足式过滤离心机的离心分离因数一般可达 400～1200，对物料的适用性强，应用广泛。主要缺点为上部出料，劳动强度大及间歇操作的生产效率低。近年来随着生产需求，已在卸料方式上不断改进，出现了自动卸料及连续生产的三足式过滤离心机。

（2）卧式刮刀卸料离心机：卧式刮刀卸料离心机（图 4-14）是连续运转、间歇操作的过滤式

图 4-12　三足式过滤离心机外观图

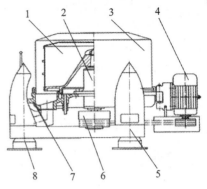

图 4-13　三足式过滤离心机结构图

注:1. 转鼓;2. 主轴组合;3. 机壳;4. 电动机;
5. 配重底座;6. 离心离合器;7. 底盘;8. 减震器。

离心机。卧式刮刀卸料离心机的结构如图 4-15 所示,具有一个卧式的篮式转鼓,转鼓内壁覆有滤布,内有可升降的卸料刮刀。卧式刮刀卸料离心机在转鼓连续旋转的过程中完成进料、分离、洗涤、脱水、卸料及滤布再生等操作程序,可自动操作,也可人工操作。

图 4-14　卧式刮刀卸料离心机外观图

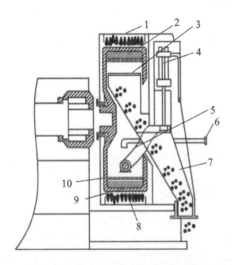

图 4-15　卧式刮刀卸料离心机结构图

注:1. 机壳;2. 滤饼;3. 升降卸料刮刀;
4. 液压控制结构;5. 进料管;6. 洗涤水管;
7. 滤饼溜槽;8. 滤液;
9. 滤布或滤网;10. 转鼓。

卧式刮刀卸料离心机是利用旋转的转鼓带动转鼓内物料做高速旋转运动时产生的离心力将两种密度不同且互不相溶的液体与固体颗粒的悬浮液进行分离的机械。工作时,进料阀打开,物料经进料管进入全速旋转的转鼓内,滤液透过滤布及转鼓内壁的小孔甩到转鼓外,经由机壳的排液管排出,固体颗粒被截留在滤布上。当滤饼达到设定厚度时,进料阀关闭,停止进料。洗涤水冲洗阀门打开,洗涤水喷头将洗涤水均匀地喷洒在滤饼上,洗涤水被甩出转鼓。洗涤水甩干后,卸料刮刀自动上升,滤饼沿刮刀的倾斜溜槽泄出。当刮刀升至转鼓内壁的极限位置时,冲洗阀打开,自动清洗滤布,完成一个工作周期。卧式刮刀卸料离心机在自动全速旋转状态下完成操作,单次循环时间短,处理量大,可获得较干的滤渣和良好的洗涤效果。

卧式刮刀卸料离心机操作方便且生产能力

 NOTE

强,适用于大规模连续生产。该离心机适用于含固相颗粒粒径大于 $10~\mu m$ 的悬浮液的分离。

一般来说,悬浮液中固相颗粒的质量分数大于 25% 而液相黏度小于 10 Pa·s 时,选用该离心机较合适。因此,卧式刮刀卸料离心机已经广泛用于化工、轻工、制药等工业部门中的硫铵、硫酸镍、硫酸亚铁、淀粉、硼酸、蒽、聚氯乙烯、尿素、重碱、烧碱、食盐、氯化钾、硫酸钾等百余种物料的分离。

使用卧式刮刀卸料离心机时,必须确保进料流速稳定,进料中的固相浓度稳定,否则将会使离心机产生较大的振动和噪声,影响离心机的使用效果或产生不安全因素。由于应用刮刀卸料容易破坏晶体颗粒,所以工艺要求药物晶体必须完整时,刮刀卸料不适用于这种场合。

(3)活塞推料式离心机:活塞推料式离心机(图 4-16)是一种连续操作的过滤式离心机。在高速运转的情况下,连续进行进料、分离、洗涤等操作,滤渣由左右往复运动的活塞推送出离心机。

卧式活塞推料式离心机的结构如图 4-17 所示。主电机带动转鼓全速旋转,物料由进料口连续引入,沿锥形进料斗的内壁均匀流至转鼓的滤网壁上,在离心力作用下,滤液穿过滤网和转鼓壁滤孔排出转鼓,经排液管排出机外,滤渣被截留在转鼓内,形成环形滤饼。沉积于滤网内壁上的滤饼则被往复运动的活塞推送器沿轴向不断地向前推移,最后被推出转鼓内壁面至机壳的出料口。在出料的过程中,可同时洗涤滤饼,洗涤水经洗涤水出口排出。

图 4-16 活塞推料式离心机外观图

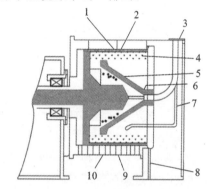

图 4-17 卧式活塞推料式离心机结构图

注:1. 转鼓;2. 滤网;3. 进料口;4. 滤饼;
5. 活塞推送器;6. 进料斗;7. 冲洗管;
8. 出料口;9. 洗涤水出口;10. 滤液出口。

卧式活塞推料式离心机的特点是颗粒不易破碎,控制系统简单,功率消耗稳定。但是其对悬浮液的浓度较敏感,主要适用于分离含结晶状或短纤维状中、粗颗粒的悬浮液,悬浮液温度不超过 110 ℃,固相平均粒度在 0.1～3 mm,固相含量为 50%～60%,供料浓度稳定、均匀。

2. 离心沉降设备

(1)碟片式离心机:碟片式离心机(图 4-18)是在离心机转鼓内装有很多相互保持一定间距的锥形碟片。离心机的碟片具有一定的半锥角(30°～50°),碟片直径一般为 0.2～1.0 m,碟片数目可按照需求设定,可达到 30～160 片,碟片间隙一般为 0.1～1.5 mm。

碟片式离心机有澄清型和分离型两种(图 4-19),主要区别在于碟片和出液口的结构。

澄清型碟片式离心机的转鼓结构是碟片不开孔,出液口只有一个。悬浮液经碟片底部四周进入各碟片间的通道并向轴心运动,澄清液向中心流动并由清液出口排出,密度大的固体颗粒向碟片的下方沉降,并在离心力的作用下向碟片外缘运动,最后沉积在碟片式离心机转鼓内壁。

分离型碟片式离心机的转鼓结构是料液从中心管加入,经碟片底部由碟片中心孔分别流入各碟片间,乳浊液呈薄层流动,流体依靠离心力的作用从下面通过小孔上升。在上升的过程中,密度大的重液从碟片的锥面向下流动并向转鼓的外缘移动,汇集到离心机内壁由重液出口

NOTE

图 4-18　碟片式离心机外观图

图 4-19　碟片式离心机结构图

流出；密度小的清液从碟片的锥面向上流动，到离心机中心通道由清液出口流出。这种离心机在运转时，转鼓中心轻、重液界面的位置应控制在各碟片的中心孔处，这样就可以通过更换设在重液出口处不同直径的调节环来调节。

碟片式离心机的优点是分离时间短，生产效率高，自动连续操作，碟片的设计结构可以减少液体间的扰动，每个碟片上缩短沉降距离，增加沉降面积，大大提高了离心机的分离效率和生产能力；操作密闭，可节能环保、减少污染，尤其适用于制药生产。主要适用于乳浊液的分离和含少量微细颗粒的悬浮液的澄清。目前在中药生产自动化操作过程中，提取液经初步过滤，滤液中的少量微细颗粒经该离心机连续分离，再经管道进入连续浓缩装置，可以实现一定的连续密闭操作，具有很广阔的应用前景。

（2）管式高速离心机：管式高速离心机可以分离液液混合物和含有微细颗粒的固液混合物。管式高速离心机是一种能产生高强度离心力场的离心机，转速可达 10000～80000 r/min，离心分离因数最高可达 180000。管式高速离心机结构简单，有一高径比较大的管状转鼓，转鼓内装有径向安装的挡板（图 4-20、图 4-21），主要目的是减小转鼓所受应力，保证密度大的物料在转鼓内有足够的沉降时间。

图 4-20　管式高速离心机外观图

管式高速离心机工作时，混悬液从设备底部进入转鼓，转鼓高速旋转，料液上升过程中，轻液通过环状挡板溢出，重液从转鼓上端排出。管式高速离心机分离液液混合物可连续操作，分离固液混合物需间歇式卸料。

管式高速离心机的优点是结构紧凑和密闭操作，分离能力强，主要用于分离乳浊液及含有稀薄微细颗粒的悬浮液；缺点是容量小，分离能力弱于碟片式离心机。

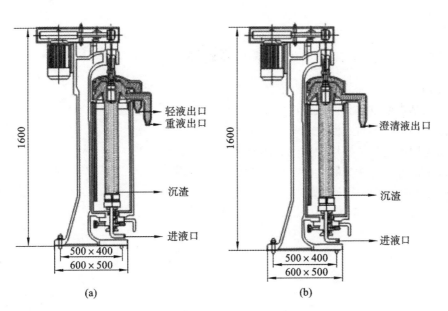

图 4-21　管式高速离心机结构图

注：(a) GF(分离型)工作原理及结构图；(b) GQ(澄清型)工作原理及结构图。

本章小结

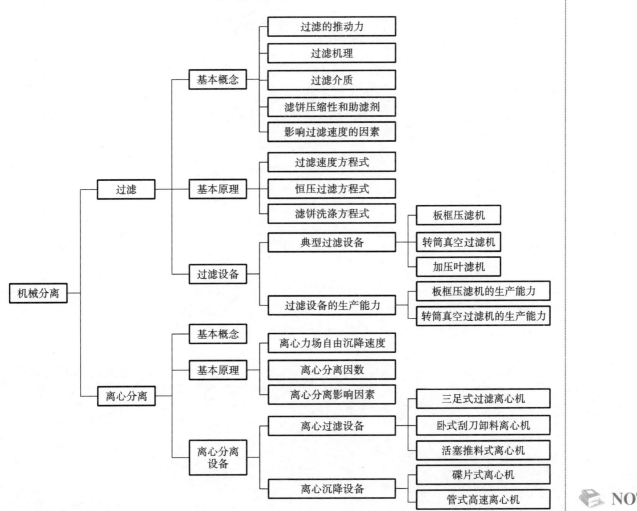

参考答案

思考与练习

1. 过滤和离心分离的区别是什么？
2. 什么是表面过滤和深层过滤？
3. 滤饼的压缩性对过滤过程有什么影响？
4. 制药生产过程中常用的过滤介质有哪些？
5. 滤饼的洗涤方法有哪些？有何区别？
6. 什么是离心分离因数？离心分离因数的意义是什么？

（张丽华）

NOTE

第五章 传质分离

扫码看课件

学习目标

1. 掌握：吸附、离子交换、结晶、膜分离的基本概念和基本原理。
2. 熟悉：常见传质分离装置的结构及运行方式。
3. 了解：传质分离技术的前沿发展和设备改进。

传质分离是用于各种均相混合物的分离,特点是有质量传递现象发生。根据物理化学原理的不同,工业上常用的传质分离过程又分为平衡分离过程和速率分离过程。

平衡分离过程是借助分离媒介使均相混合物分为两相系统,再以混合物中各组分在处于相平衡的两相中分配关系的差异为依据而实现分离。传质分离的传质推动力为偏离平衡态的浓度差。研究相平衡,对于分离方法的选择很重要。一般相平衡需要经过相当长的接触时间才能建立,但是在实际操作中,相际的接触时间是有限的,因此需要研究物质在一定接触时间内由一相迁移到另一相的量,即传质速率。传质速率与物质性质、操作条件等因素有关。本章主要介绍吸附、离子交换和结晶的平衡分离过程。

速率分离过程是在推动力(浓度差、压力差、温度差、电位差等)的作用下,利用各组分扩散速率的差异实现组分的分离。这类分离过程的特点是处理的物料和产品一般是同一相态,仅是组成差别。本章主要介绍膜分离的传质过程。

案例导入

扑炎痛又名贝诺酯(benorilate)、解热安、苯乐安。化学名为 2-(乙酰氧基)苯甲酸-4'-(乙酰氨基)苯酯。扑炎痛为对乙酰氨基酚(扑热息痛)与乙酰水杨酸(阿司匹林)的酯化产物,是一种新型抗炎、解热、镇痛药,主要用于类风湿性关节炎、急慢性风湿性关节炎、风湿痛、感冒发热、头痛、神经痛及术后疼痛等。扑炎痛原料药在合成、精制工艺过程中,应用了多种典型的制药传质分离工艺。请结合本工艺过程分析混合物的传质分离方法。

问题：
在酯化反应完成后粗品是如何精制的？

案例导入
解析

第一节 吸 附

一、概述

1. 吸附分离的概念

在一定条件下,使被分离流体与多孔固体物质表面充分接触,流体中的某个组分或多个组分在固体物质表面和微孔内表面产生富集积聚时,称为吸附(adsorption)。其中被吸附的物质

NOTE

称为吸附质(adsorbate),多孔固体物质称为吸附剂(adsorbent)。当吸附达到平衡时,剩余流体本体相称为吸余相,吸附剂内的流体称为吸附相。吸附结束后,吸附的逆过程,即将吸附质重新从吸附剂上洗脱,称为解吸。吸附分离技术是工业生产中分离流体混合物的一项重要单元操作。

2. 吸附分离的应用

吸附在实际生产中已经有很长的应用历史,例如:生产自来水时应用活性炭吸附水中杂质;药品的分离纯化利用活性炭脱色和除臭等。随着新型吸附剂及吸附分离新工艺的开发,吸附分离过程显示出节能、产品纯度高、可除去痕量物质、操作温度低等突出优点。

吸附分离在制药生产中有广泛的应用,如:化学合成药生产中的脱色和纯化;中药有效成分的分离纯化;生物制药中氨基酸、多肽及蛋白质的提取、分离、纯化等。

3. 吸附分离技术的特点

吸附分离技术一般具有如下特点。

(1) 吸附分离的处理量较小:一般情况下固体吸附剂的吸附能力具有一定的限制。

(2) 适合热敏性物质的分离:吸附操作条件温和。

(3) 吸附工艺设计比较复杂:吸附工艺设计可以直接与其他分离过程或者在药物合成反应过程中同步进行,会改变工艺过程的动力学和热力学关系,需要多次实验设计考察;吸附质和吸附剂之间的相互吸附作用及吸附平衡理论无线性规律,实验工作量大。

4. 吸附的类型

根据吸附质与吸附剂之间作用力不同,吸附可分为以下三类。

(1) 物理吸附。吸附剂通过分子间范德瓦尔斯力对吸附质产生吸附作用,称为物理吸附。物理吸附结合力弱,选择性低,吸附热低,容易解吸。因此,吸附过程通常是可逆的。物理吸附速率较快,容易达到平衡。

(2) 化学吸附。吸附剂和吸附质由化学键作用,吸附剂与吸附质之间发生化学反应而产生吸附作用,称为化学吸附。化学吸附的作用力较强,选择性较高,吸附热较大。

物理吸附和化学吸附的主要差别在于吸附作用力不同,在一定条件下,两者可以同时发生。在不同温度下,主导吸附会发生变化。一般规律:低温易发生物理吸附,高温易发生化学吸附。两种吸附特征的比较见表 5-1。

表 5-1 物理吸附与化学吸附特征的比较

类型	作用力	吸附热	可逆性	吸附分子层	选择性	吸附速率	电子转移
物理吸附	范德瓦尔斯力	较小,接近液化热	快速,可逆	单分子层或多分子层	无选择性	较快,需要的活化能很小	无电子转移,有时吸附质会被极化
化学吸附	化学键力	较大,接近化学反应热	较慢,不可逆	单分子层	高度选择性	较慢,需要一定的活化能	发生电子转移,吸附质与吸附剂表面成键

(3) 交换吸附。当吸附剂表面由极性分子或者离子组成时,这些极性分子或离子会吸引溶液中带相反电荷的离子形成双电层,同时吸附剂与溶液中吸附质发生离子交换,称为极性吸附或静电吸附。吸附剂交换吸附质的能力由带电离子的电荷决定,极性分子或离子所带电荷越多,吸附力就越强。

交换吸附的特点:吸附力为静电引力;吸附质为极性分子或离子;吸附分子层为单分子层或多分子层;吸附热与物理吸附相近,吸附过程一般可逆;吸附的选择性较好。鉴于以上特点,我们在本章第二节专门介绍离子交换分离。

以上吸附分离技术中,物理吸附应用最广,化学吸附由于其选择性较高而应用较少,交换吸附在生物制药分离中应用较多。同时各种类型的吸附较难严格区分,有时会同时发生。本节主要介绍物理吸附过程。

二、吸附平衡原理

1. 吸附平衡

当吸附达到平衡时,吸附量、溶液浓度和吸附温度的关系,为吸附平衡关系。固体物质表面分子或原子所处的状态不同于固体物质内部分子或原子所处的状态,固体物质内部分子或原子受到的作用力总和为零,处于平衡状态。而固体物质表面的分子或原子同时受到不相等的来自两相的分子的作用力,因此表面分子所受到的力是不对称的,作用力的合力方向指向固体内部。吸附过程是处于表面层的固相分子始终受到指向固体内部的力的作用,能从外界吸附分子、原子或离子,并在其表面形成多分子层或单分子层,该过程达到动态平衡时,称为吸附平衡(adsorption equilibrium)。

2. 吸附平衡关系理论

吸附是一种动态的平衡分离法。开始吸附时,吸附剂吸附吸附质的速率大于吸附质从吸附剂上解离的速率。随着吸附过程的进行,吸附剂表面吸附质的浓度越来越大,吸附速率越来越小,解吸速率逐渐增大。当吸附质在吸附剂上的吸附和解吸速率相等时,吸附达到平衡。此时,吸附剂上吸附质的平衡浓度 q 是溶液中游离的吸附质浓度 c、吸附压力 p、吸附温度 θ 的函数,即

$$q = f(c, p, \theta) \tag{5-1}$$

式中,q 为单位质量吸附剂上所吸附的吸附质的质量,即平衡浓度,单位为 mg/g 或 g/g;c 为溶液中游离的吸附质浓度;p 为吸附压力;θ 为吸附温度。

恒压下操作时,通过实验操作测定出吸附剂上吸附质的平衡浓度 q 与溶液中游离的吸附质浓度 c 的关系式,绘制出的曲线,称为吸附等压线。

恒温下操作时,通过实验操作测定出吸附剂上吸附质的平衡浓度 q 与溶液中游离的吸附质浓度 c 的关系式,绘制出的曲线,称为吸附等温线。下面介绍常见的吸附等温线。

(1) 亨利(Henry)定律。

吸附在恒温、恒压条件下进行时,吸附剂上吸附质的平衡浓度 q 与溶液中吸附质浓度 c 的关系曲线称为吸附曲线。当流体处于物理吸附状态时,吸附分子与吸附剂不缔合或解离,保持原分子的状态,低浓度的吸附质吸附于均一的吸附剂表面时,相邻的分子互相独立,吸余相和吸附相之间的平衡浓度呈线性关系,可表示为

$$q = k_H c \tag{5-2}$$

式中,q 为吸附平衡时,单位质量吸附剂上所吸附的吸附质质量,单位为 mg/g 或 g/g;k_H 为亨利系数,又称分配系数,单位为 m^3/kg;c 为吸附平衡时溶液中吸附质的浓度,单位为 kg/m^3。

或者

$$q = k'_H \cdot p \tag{5-3}$$

式中,q 为吸附平衡时,单位质量吸附剂上所吸附的吸附质体积,单位为 m^3/kg;k'_H 为亨利系数,又称分配系数,单位为 $m^3/(kg \cdot Pa)$;p 为吸附平衡时溶液中吸附质的平衡分压,单位为 Pa。

亨利定律主要适用于低覆盖率的吸附,即吸附剂表面被吸附的面积小于 10% 的液相或气相吸附。

(2) Freundlich 方程。

当溶质浓度较高时,吸附平衡常呈非线性,亨利定律不再适用。某些吸附过程可以利用

NOTE

Freundlich 方程表达吸附平衡过程,即

$$q = k_F \cdot p^{\frac{1}{n}} \tag{5-4}$$

式中,q 为吸附平衡时,单位质量吸附剂上所吸附的吸附质体积,单位为 m^3/kg;k_F 为 Freundlich 方程常数,其值与吸附剂的种类、特性、温度及采用的单位有关;p 为吸附平衡时气体的分压,单位为 Pa;n 为与温度有关的常数,一般 $n \geqslant 1$。随着温度的升高,$1/n$ 趋向于 1。

Freundlich 方程表明,在等温下吸附热随覆盖率(即相应的吸附量)的增加呈对数下降时,吸附量与压力的指数成正比。压力增大,吸附量增加,但是压力增大到一定程度时,吸附剂吸附饱和,饱和吸附量维持恒定值。当中等程度覆盖时,Freundlich 方程两边取对数,得到

$$\lg q = \frac{1}{n}\lg p + \lg k_F \tag{5-5}$$

根据上述方程绘制直线,直线的斜率是 $1/n$,一般在 $0.1 \sim 0.5$ 之间,截距为 $\lg k_F$,由斜率和截距即可求出 n 和 k_F。Freundlich 方程适用于中等压力范围内的气相吸附过程,当低压或者高压时,方程会出现较大的偏差。

(3) Langmuir 方程——单分子层吸附理论。

单分子层吸附理论是指吸附剂上有许多活性点,每个活性点具有相同的能量,只能吸附一个分子,并且被吸附的分子间无相互作用。而多分子层吸附理论是指吸附剂表面被吸附质覆盖后可以继续吸附吸附质分子。Langmuir 基于单分子层吸附理论,推导出 Langmuir 方程:

$$q = \frac{q_M k_L p}{1 + k_L p} \tag{5-6a}$$

式中,q 为吸附平衡时,单位质量吸附剂上所吸附的吸附质体积,单位为 m^3/kg;k_L 为 Langmuir 方程常数,其值与吸附剂的种类、特性、压力及采用的单位有关,单位为 $1/Pa$;q_M 为吸附剂表面被吸附质全部覆盖时的单分子层吸附量,单位为 m^3/kg;p 为吸附平衡时,吸附质在气体混合物中的分压,单位为 Pa。

或者

$$q = \frac{q_M k_L c}{1 + k_L c} \tag{5-6b}$$

(4) BET 模型——多分子层吸附理论。

BET 模型认为,被吸附的分子不能在吸附剂表面自由移动,吸附层是不移动的理想均匀表面。吸附可以是多层吸附,层与层之间的作用力是范德瓦尔斯力。各层水平方向的分子之间不存在相互作用力。各吸附层之间存在动态平衡,每一层形成的吸附速率和解吸速率相等。恒温下基于气体动力学理论,得到多分子层物理吸附的 BET 方程:

$$q = \frac{k_B q_M p}{(p_0 - p)\left[1 + (k_B - 1)\dfrac{p}{p_0}\right]} \tag{5-7}$$

式中,q 为吸附平衡时,单位质量吸附剂上所吸附的吸附质体积,单位为 m^3/kg;k_B 为 BET 方程常数,其值与吸附温度、吸附热、冷凝热等有关;q_M 为第一层单分子层的饱和吸附量,单位为 m^3/kg;p 为吸附质的平衡分压,单位为 Pa;p_0 为吸附质的饱和蒸气压,单位为 Pa。

BET 方程的适用范围是 p/p_0 在 $0.05 \sim 0.35$ 之间。当 $p \ll p_0$ 时,$k_L = k_B/p_0$,Langmuir 方程是 BET 方程的特例。

三、吸附动力学

1. 吸附传质过程

对于一定的吸附体系,吸附条件一定时,吸附经历了三个阶段。

（1）第一阶段：吸附质克服吸附剂周围的液膜阻力，到达吸附剂颗粒的外表面附近，这个过程称为外扩散，即膜扩散过程。

（2）第二阶段：吸附质受吸附作用力影响，从颗粒的外表面传向颗粒微孔内，进一步进入孔隙内部，这个过程称为内扩散过程。

（3）第三阶段：部分吸附质在吸附剂颗粒外表面被吸附，称为表面吸附过程。

2. 影响吸附的因素

固体吸附剂在溶液中的吸附主要考虑三个方面的作用力：吸附剂与吸附质之间的作用力，吸附剂与溶剂之间的作用力，吸附质与溶剂之间的作用力。工业生产中固体吸附剂在溶液中的吸附比较复杂，影响因素也较多，主要有吸附剂、吸附质、溶剂及吸附过程的温度、压力等操作条件。

为了达到更好的吸附效果，选择合适的吸附条件和吸附剂，主要从以下几个方面分析影响吸附的因素。

（1）吸附剂的性质。

吸附剂的比表面积（单位质量吸附剂所具有的表面积），以及吸附剂的颗粒度、孔径、极性对吸附的影响很大。根据实践应用，一般吸附剂的比表面积越大，孔隙率越高，吸附容量越大，吸附能力越强；吸附剂的颗粒度越小，吸附阻力越小，吸附速率就越快；适当的孔径分布，有利于吸附质向孔隙中扩散，吸附速率就越快。

表面张力的影响：固体吸附剂易吸附对其表面张力较小的成分。

吸附质的溶解性：吸附质在溶剂中溶解度较高时，吸附量较少。相反，采用溶解度较大的洗脱剂时，解吸较容易。

根据相似相溶原理，极性吸附剂易吸附极性物质，非极性吸附剂易吸附非极性物质。极性吸附剂适宜从非极性溶剂中吸附极性物质，非极性吸附剂适宜从极性溶剂中吸附非极性物质。

（2）温度的影响。

吸附一般是放热过程，吸附热越大，则吸附过程受温度的影响也越大。物理吸附的吸附热较小，温度变化对吸附影响较小。化学吸附一般受温度的影响较大，温度升高，吸附量增加。但是，在实际生产中，大多数溶液中溶质随溶液温度升高，溶解度增大，吸附量减少。

（3）溶液 pH 的影响。

溶液的 pH 影响化合物的解离度，进而影响吸附剂或吸附质的解离。一般来说，有机酸在酸性条件下、胺类在碱性条件下较容易被非极性吸附剂吸附。但是，各种溶质吸附的最佳 pH 通常由实验测定。

（4）溶液中其他组分的影响。

溶液中存在不参与吸附的溶剂和溶质时，可能相互促进、相互干扰或不受影响。应根据实际应用条件优化，以促进吸附过程的进行。

四、吸附剂及其选择

1. 常用吸附剂

目前常用的吸附剂主要有活性炭、硅胶、硅藻土、沸石、活性氧化铝和聚合物吸附剂等。

（1）活性炭。

结构：活性炭具有亲有机物和疏水的性质，故又称为非极性吸附剂。

特点：活性炭是一种具有多孔结构、非极性表面的吸附剂。活性炭在制药生产中应用广泛，具有以下优点：来源广泛，价格低廉；吸附量大；抗酸耐碱；化学稳定性好；容易解吸；热稳定性高；高温下解吸再生；晶体结构不发生变化；可多次吸附和解吸，吸附性能不变。

应用：活性炭在制药生产中可用于溶剂回收；溶液脱色、除臭、净制等；吸附气体中的硫化物、氧化物等有机物;分离提取糖、氨基酸、多肽及脂肪酸;可用于生产中三废的处理;还可作为催化剂的载体。活性炭是当前应用最普遍的吸附剂。活性炭对不同物质的吸附规律:对极性基团多的化合物的吸附能力优于对极性基团少的化合物的吸附能力;对芳香族化合物的吸附能力优于对脂肪族化合物的吸附能力;对相对分子质量大的化合物的吸附能力优于对相对分子质量小的化合物的吸附能力。

来源:通常含碳的物料都可制成活性炭,常见的来源有矿物、植物和动物。煤、木材、锯末、果壳和其他含碳废料等都可以加工成黑炭,活化制成活性炭。活性炭吸附剂根据性状区分有粉末状、颗粒状和锦纶状。

再生方法:活性炭活化方法通常有两种,药品活化法和水蒸气活化法,常用的方法是水蒸气加热再生法。

（2）硅胶。

结构:天然的 SiO_2 一般称为硅藻土,人工合成的称为硅胶,分子式为 $xSiO_2 \cdot yH_2O$。硅胶是具有多孔性的坚硬、无定形链状和网状结构的硅酸聚合物颗粒,骨架表面有很多硅醇基团（—SiOH）,对水的吸附性很强,可吸附游离态的水,加热容易除去。

特点:硅胶是应用较广泛的一类极性吸附剂,具有化学惰性,吸附量较大,容易制备不同大小孔径和表面积的多孔性硅胶。

应用:硅胶可用于萜类、固醇类、生物碱、酸性化合物、磷脂类、脂肪类、氨基酸类等物质的吸附分离,还可作为气体干燥剂使用。

（3）活性氧化铝。

结构:活性氧化铝是 Al_2O_3 部分水合物的无定形多孔结构。活性氧化铝不仅含有无定形的凝胶,还有氢氧化物晶体形成的刚性骨架结构。

特点:活性氧化铝是一种常用的亲水性极性吸附剂。活性氧化铝价格低廉,再生容易,活性容易控制,分离效果好;但是在生产中操作不方便,程序较烦琐,而且处理量有限,因而限制了其吸附量。

应用:特别适用于亲酯性成分的分离,广泛应用于醇、酚、生物碱、染料、苷类、氨基酸、蛋白质、维生素及抗生素等物质的分离。氧化铝也可作为干燥剂和催化剂的载体应用。

（4）聚合物吸附剂。

结构:在合成大孔网状聚合物吸附剂的过程中没有引入离子交换官能团,加入惰性的致孔剂,只有多孔的骨架。例如,美国 Rohm & Haas 公司生产的 Amberlite 系列吸附剂和日本三菱化成公司生产的 Diaion 系列吸附剂均为大网格聚合物吸附剂。

特点:聚合物吸附剂是一种非离子型多聚物,其性质与活性炭、硅胶类似。但是这种吸附剂的机械强度高,使用寿命长,而且吸附选择性好,吸附质容易解吸。

应用:常用于微生物制药行业,如抗生素和维生素的分离浓缩。

（5）沸石。

结构:沸石分子筛是结晶硅酸金属盐的多水化合物,沸石吸附作用有两个特点:表面的路易斯酸中心极性很强;沸石中的笼（A 形、X 形、Y 形沸石）或通道（丝光沸石、ZSM5）的尺寸很小,为 0.5～1.3 nm,使得其中的引力场很大。

特点:沸石对外来分子的吸附力远远超过其他吸附剂,即使吸附质的分压（浓度）很低,吸附量仍然很大。

2. 吸附剂选择原则

吸附剂的主要特点是比表面积较大和多孔隙,而工业吸附剂还需要有高选择性和高吸附量的特性。吸附剂的性能对吸附分离操作的技术经济指标起着决定性的作用,一般选择原则如下。

（1）吸附剂比表面积大。在分离过程中应用较多的是物理吸附，只发生在固体表面分子直径厚度区域内，单位面积固体表面的吸附量非常小。工业上常用的吸附剂，只有有足够大的比表面积，才具有较大的平衡吸附量，吸附能力强。

（2）孔径和孔径分布适宜。孔径的大小及其分布对吸附剂的选择性影响很大。通常认为，大孔的孔径范围为 200~1000 nm，过滤孔的孔径范围为 10~200 nm，微孔的孔径范围为 1~10 nm。孔径分布是不同大小的孔体积在总孔体积中所占的比例。一般吸附剂的孔径分布很窄（如沸石）时，选择吸附性能就很强。活性炭、硅胶等吸附剂的孔径分布都较窄。

（3）颗粒尺寸小和分布均一。一般要求吸附剂颗粒的尺寸尽量小，增大外扩散传质表面积，缩短粒内扩散的路程，加快扩散速率。在固定床操作时，由于物料通过床层的流动阻力和动力消耗较大，分离液相物料的碳粒尺寸为 1~2 nm，分离气相物料的碳粒尺寸为 3~5 nm。流化床吸附操作时，需要保持颗粒悬浮的同时不能流失，碳粒尺寸为 0.5~2 nm。采用槽式分离操作时，应用 10~1000 μm 的细粉，便于吸附结束后碳粒的过滤分离。活性炭要求颗粒尺寸均一，吸附时吸附质在所有颗粒中的内扩散时间相同，使颗粒群体的吸附性能最大。

（4）吸附选择性好，才能对吸附质有良好的吸附效果。

（5）吸附剂容易再生，即平衡吸附量容易受吸附温度或压力的影响。

（6）吸附剂耐用：需具备一定的机械强度和耐磨性，性能稳定，较低的床层压力降，价格便宜等。

五、工业吸附装置

（一）吸附装置类型

工业上利用固体吸附剂进行吸附分离的常见操作方式主要包括间歇式吸附、固定床吸附、移动床和流化床吸附。移动床和流化床吸附主要应用于连续处理量较大的过程。制药生产工业的特点是品种多、批次量小，因此间歇式吸附和固定床吸附的应用较为广泛。

1. 间歇式吸附

间歇式吸附又称为搅拌槽吸附，通常是在带有搅拌器的吸附釜或吸附池中进行间歇式操作。这种吸附工艺过程，首先将混悬液置于吸附池中，打开搅拌装置，同时加入吸附剂颗粒。此时吸附池内混悬液处于湍动状态，其颗粒外表面的浓度是均一的，吸附剂颗粒表面的液膜阻力减小，主要是液膜扩散传质过程控制吸附速率。吸附达到平衡时，利用过滤装置将吸附剂过滤，进行再生。这种吸附工艺的优点是吸附设备简单，便于操作，但是吸附剂不易再生，不利于自动化工业生产，并且吸附剂寿命较短。

间歇式吸附有三种：单次吸附、多次吸附和多级逆流吸附。单次吸附是吸附剂一次投入混悬液完成吸附过程，主要应用于低浓度混悬液、吸附剂的吸附能力很强的情况；多次吸附是将多个吸附池串联，悬浮液多次通过多个吸附池吸附，主要应用于高浓度混悬液的处理。

2. 固定床吸附

固定床吸附是目前应用最为广泛的一种吸附分离操作方式。固定床吸附器是一个垂直圆筒状吸附塔，内部多孔支撑板上堆满吸附剂颗粒。在吸附操作时，被处理的物料流过吸附剂颗粒床层，被吸附的组分留在床层中，其余组分从塔中流出。操作开始时，绝大部分吸附质被吸附，故流出液中吸附质的浓度较低，随着吸附过程的继续进行，流出液中吸附质的浓度逐渐升高，开始缓慢，后来加速，在某一时刻浓度突然急剧增大，此时称为吸附过程的"穿透"，应立即停止操作。当床层的吸附剂达到饱和时，吸附过程停止，进行解吸操作，用升温、减压或置换等方法将被吸附的组分洗脱下来，使吸附剂床层完全再生，然后进行下一个循环的吸附操作。为了维持工艺过程的连续性，可以设置两个以上的吸附塔，至少有一个塔处于吸附阶段。

固定床吸附的特点是设备简单,吸附操作和床层再生方便,吸附剂寿命较长。但是该过程的动力学分析却很复杂。因为固定床吸附过程是不稳定的、非线性的,而且吸附剂粒子是不均匀的。一般固定床吸附操作多采用轴向扩散模型分析。轴向扩散模型是理想的平推流动中叠加一个轴向返混,返混程度用轴向扩散系数表示。该模型的建立基于如下假设:在与流体流动方向相垂直的每一个截面径向浓度是均匀的;在每一个截面及流体流动的方向上,流体速率和轴向扩散系数均为恒定值;溶质浓度为流动距离的连续函数。

如图 5-1 所示,在固定床吸附过程的初期,流出液中没有吸附质。随着时间的推移,床层逐渐饱和。靠近进料端的床层首先达到饱和,而靠近出料端的床层最后达到饱和。若流出液中出现吸附质所需时间为 t,则 t 称为穿透时间。从 t 时刻开始,流出液中吸附质的浓度逐渐升高,直至达到与进料浓度相等的点 c_c,这段曲线称为"穿透曲线",点 c_c 称为穿透点或干点。穿透曲线的测定是固定床吸附过程设计与操作的基础。

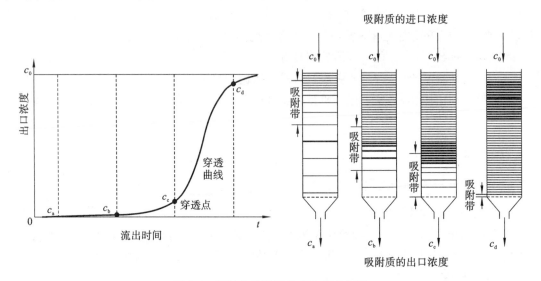

图 5-1　穿透曲线及固定床吸附变化图

（二）吸附-再生方式

吸附剂的再生是指在吸附剂性质不发生变化或变化很小的情况下,将吸附剂中的吸附质等杂质除去,从而恢复吸附剂的吸附能力,达到重复使用的目的。一般用水、稀酸、稀碱或有机溶剂就可实现性能稳定的大孔聚合物吸附剂的再生。而绝大部分吸附剂,如硅胶、活性炭、分子筛等,都必须通过加热进行再生。应用加热法进行再生时,必须注意吸附剂晶体所能承受的温度即吸附剂的热稳定性。同时,吸附剂再生的条件还与吸附质有关。

（1）变温吸附-再生:压力一定时,物理化学理论中吸附的吉布斯自由能 ΔG 符合以下公式:

$$\Delta G = \Delta H - T\Delta S \tag{5-8}$$

式中,ΔG 为吸附过程中吉布斯自由能变化;ΔH 为吸附过程中焓值变化;ΔS 为吸附过程中熵值变化;T 为吸附过程中的温度。

当 $\Delta G = 0$ 吸附达到平衡时,熵值 ΔS 降低,故式(5-8)中焓变 ΔH 为负值,表明吸附过程是放热过程,可见若降低操作温度,可增加吸附量,反之亦然。因此,吸附操作通常在低温下进行,然后提高操作温度发生解吸现象。通常用水蒸气直接加热吸附剂使其升温解吸,解吸物与水蒸气冷凝后分离。吸附剂经间接加热、干燥和冷却等阶段组成变温吸附过程,吸附剂可循环使用。

吸附分离效果在不同的环境温度下不同,解吸需要直接或间接加热吸附剂才能完成。因此利用温度的变化实现吸附与解吸的再生循环操作。

（2）变压吸附-再生：温度一定的条件下，混合物的组分在压力升高的条件下被吸附剂选择性吸附，然后降低压力或抽真空使吸附剂解吸，利用压力的变化完成循环操作。根据压力变化不同，变压吸附循环有常压吸附、真空解吸，加压吸附、常压解吸，加压吸附、真空解吸等类型。对某吸附剂而言，压力变化越大，吸附质解吸得越多。变压操作一般用于混合物气体的分离。

（3）变浓度吸附-再生：在恒温恒压下，吸附剂选择性吸附液体混合物中的某些成分，然后选用少量其他溶剂将吸附饱和的吸附剂中的吸附质溶解出来，使吸附剂解吸再生。该过程用于液体混合物的主体分离。常用的溶剂有水、有机溶剂等各种极性或非极性物质。

卓越的化学家
和物理学家
——朗格缪尔

第二节　离子交换

一、概念与基本原理

1. 离子交换的概念

离子交换是利用离子交换剂解离离子交换溶液中的离子。离子交换剂与不同离子的结合力强弱不同，将某些离子从溶液中分离出来，再选择适宜的洗脱剂将吸附的离子从离子交换剂上洗脱下来，从而达到分离、提纯、浓缩的目的。在溶液分离纯化过程中，离子交换剂是含有可交换基团的不溶性电解质的总称。

2. 离子交换的基本原理

离子交换剂中可解离的离子为阳离子，则称为阳离子交换剂，反之则为阴离子交换剂。离子交换剂中离子与溶液中的离子发生置换后，离子本身结构不发生改变。

阳离子交换剂 HR 解离出阳离子 H^+（R^- 表示离子交换剂的骨架部分），与溶液中 A^+ 离子发生交换，阳离子交换反应可表示为

$$HR + A^+ \rightleftharpoons AR + H^+$$

阴离子交换剂 RCl 解离出阴离子 Cl^-，应用其处理含有 B^- 的溶液，阴离子交换反应可表示为

$$RCl + B^- \rightleftharpoons RB + Cl^-$$

离子交换反应是按离子等当量原则进行的，即从离子交换剂上解离的离子进入溶液中，溶液中必然有等当量的同符号的离子被吸附到离子交换剂上。

离子交换反应是可逆的，当分离开始进行时，交换反应正反应速率大于逆反应速率，随着离子交换剂交换的离子数量越来越多，离子交换剂的交换能力逐渐下降。反应进行到一定时间时，正反应速率等于逆反应速率，离子交换剂吸附饱和，需要对交换剂进行再生处理。再生是应用与离子交换剂亲和力更强的盐溶液进行处理，使反应向逆反应方向进行，恢复离子交换剂的交换能力。再生后，离子交换剂可循环使用。

3. 离子交换的特点

离子交换的特点是离子选择性高，树脂无毒性，可循环使用多次，应用过程中一般不用有机溶剂，具有设备简单、操作方便等优点。但离子交换有处理时间长、一次性投资大、产品品质不稳定等缺点，一般用它解决某些选择性较高、处理比较复杂的分离问题。同时，在生产操作过程中，需注意观察交换树脂的破碎或者交换衰退问题，防止工艺效果下降。

NOTE

二、离子交换树脂

目前最常用的离子交换剂是一种具有三维立体网状骨架结构、可解离离子基团、不溶性的固态高分子聚合物。离子交换剂骨架上的离子是阳离子或阴离子活性功能基团。阳离子交换剂由可移动的阳离子和高分子或聚合物形式的负电荷阴离子构成，阴离子交换剂的构成则相反。离子交换剂按骨架结构可以分为无机材料离子交换剂和有机材料离子交换剂。最早发现和应用的是天然无机离子交换剂，合成离子交换剂目前应用最广泛。

（一）离子交换树脂的结构

离子交换树脂是一种有机高分子聚合物，一般有合成离子交换剂和天然有机高分子离子交换剂。离子交换树脂的结构示意图如图 5-2 所示，其基本结构是具有高分子活性基团的网

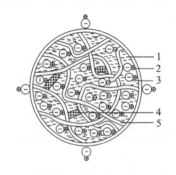

图 5-2　离子交换树脂结构示意图

注：1. 水；2. 交换离子（反离子）；
3. 固定基团；4. 交联；5. 惰性骨架。

状结构。主要组成如下：一是携带有固定高分子功能基团（活性基团）的不溶性三维立体网状惰性骨架，一般以 R 表示，高分子功能基团一般是多元酸或多元碱，如$-SO_3^-R$、$-N^+R_3$；二是与骨架上功能基团电荷相反的活性离子（可交换离子），最常见的可交换离子是 H^+、OH^-；三是在干态和湿态的离子交换树脂中都存在的高分子结构中的孔隙。

不溶的网状惰性骨架与功能基团是连成体的，不能自由移动，统称为母体。活性离子则可以在网状骨架和溶液间自由迁移，以此置换存在于溶液中的离子，按与树脂功能基团的化学亲和力不同进行交换，树脂上的活性离子可以与溶液中的同电性离子交换。

（二）离子交换树脂的分类

离子交换树脂的分类方法有多种。

按树脂骨架的材料不同可分为聚苯乙烯型树脂（001×7）、酚醛型树脂（122）、聚丙烯酸型树脂（112×4）、环氧氯丙烷型-多乙烯多胺型树脂（330）等。

按骨架的物理结构分类可分为凝胶型树脂（201×7）、大孔树脂（D101），以及均孔树脂。

按制备树脂的聚合反应类型不同可分为共聚型树脂和缩聚型树脂。

按活性基团的性质不同可分为含酸性功能基团的阳离子交换树脂，如$-SO_3H$、$-COOH$、$-PO_3H_2$、$-HPO_2Na$、$-AsO_3H_2$、$-SeO_3H$ 等，含碱性功能基团的阴离子交换树脂，如伯氨基、仲氨基、叔氨基、季铵基等。

从电化学的观点来看，离子交换树脂是一种疏水性的多价电解质。离子交换树脂的性能的决定因素在于功能基团的性质。由于活性功能基团的电离程度强弱不同，按活性基团酸或碱的强弱程度，分为强酸性、中强酸性、弱酸性阳离子交换树脂，强碱性、弱碱性阴离子交换树脂。由于活性基团决定了树脂的主要交换特性，这种分类方法最为常用。

1. 强酸性阳离子交换树脂

强酸性阳离子交换树脂骨架上活性功能基团极易电离，主要代表是磺酸基（$-SO_3H$）和次甲基磺酸基（$-CH_2SO_3H$），具有相当于盐酸或硫酸的强酸性。当离子交换树脂浸泡于水中时，树脂发生膨胀产生生活性，阳离子交换树脂骨架上活性功能基团可如同普通酸一样发生电离。以 R 表示树脂的骨架部分，阳离子交换树脂在水中的电离方程式如下：

$$RSO_3H \Longleftrightarrow RSO_3^- + H^+$$
$$RCH_2SO_3H \Longleftrightarrow RCH_2SO_3^- + H^+$$

NOTE

强酸性阳离子交换树脂的活性功能基团的电离程度大,不受溶液 pH 的影响,在 pH 1~14 均可进行离子交换反应。以 H^+ 型阳离子交换树脂为例,一般电解反应有三种类型。

与碱液发生中和反应:

$$RSO_3H + NaOH \Longleftrightarrow RSO_3Na + H_2O$$

中性盐分解反应,处理 NaCl 溶液:

$$RSO_3H + NaCl \Longleftrightarrow RSO_3Na + HCl$$

复分解反应,盐基型树脂在 KCl 溶液中:

$$RSO_3Na + KCl \Longleftrightarrow RSO_3K + NaCl$$

强酸性阳离子交换树脂与 H^+ 结合能力较弱,交换饱和后,再生成 H^+ 型比较困难,因此耗酸量较大,一般为该树脂交换吸附量的 3~5 倍。树脂再生的方法是用 HCl、H_2SO_4、NaCl 溶液冲洗置换。

还有一种介于强酸性阳离子交换树脂和弱酸性阳离子交换树脂之间的中强酸性阳离子交换树脂,如磷酸基团($-PO_3H_2$)、次磷酸基团($-PHO(OH)$)等。

2. 弱酸性阳离子交换树脂

弱酸性阳离子交换树脂是含有弱酸性基团的离子交换树脂,如羧基($-COOH$)、酚羟基($-C_6H_5OH$)、氧乙酸基团($-OCH_2COOH$)等,其中含羧基的阳离子交换树脂用途最广。以羧基($-COOH$)作为活性基团的离子交换树脂,类似于有机酸,较难电离,具有弱酸的性质,因此称为弱酸性阳离子交换树脂。在水中的电离方程式如下:

$$RCOOH \Longleftrightarrow RCOO^- + H^+$$

含弱酸性基团的离子交换树脂的电离程度受溶液 pH 的影响很大,在 pH≥7 的溶液中才具有较好的交换能力,而在酸性溶液中几乎不发生交换反应。

以 101×4 羧酸阳离子交换树脂为例,溶液 pH 对其交换容量的影响见表 5-2。

表 5-2 树脂型号为 101×4 的羧酸阳离子交换树脂的交换能力与溶液 pH 的关系

序号	1	2	3	4	5
pH	5	6	7	8	9
交换容量/(mmol/g)	0.8	2.5	8.0	9.0	9.0

由表 5-2 中的数据可以看出,树脂的交换能力随溶液 pH 升高而增大,随 pH 下降而减小。弱酸性阳离子交换树脂的交换反应有两种类型。

中和反应,与碱液发生反应:

$$RCOOH + NaOH \Longleftrightarrow RCOONa + H_2O$$

因为 RCOONa 在水中不稳定,遇水易水解生成 RCOOH,故羧酸钠型树脂不易洗涤到中性,洗到出口 pH 为 9~9.5 即可,洗水量也不宜过多。

复分解反应,与 KCl 溶液反应:

$$RCOONa + KCl \Longleftrightarrow RCOOK + NaCl$$

与强酸性阳离子交换树脂性质不同,弱酸性阳离子交换树脂与 H^+ 结合力很强,因此容易再生成 H^+ 型并且耗酸量亦少。这类树脂在抗生素生产中常用于脱色工艺。

3. 强碱性阴离子交换树脂

强碱性阴离子交换树脂以活性基团季铵基团为代表,如三甲铵基团($RN^+(CH_3)_3$)(Ⅰ型),二甲基羟基乙基铵基团($RN^+(CH_3)_2(C_2H_4OH)$)(Ⅱ型)。R 表示树脂中的聚合物骨架,强碱性树脂在水中发生电离的方程式为

$$RN(CH_3)_3OH \Longleftrightarrow RN^+(CH_3)_3 + OH^-$$

Ⅰ型强碱性阴离子交换树脂的热稳定性好,抗氧化性好,机械强度大,使用寿命较长,但是

再生较难。Ⅱ型树脂较Ⅰ型抗有机污染能力强。但Ⅰ型较Ⅱ型碱性更强,用途更广泛。强碱性阴离子交换树脂与强酸性阳离子交换树脂性质相似,其电离能力较强,不受 pH 变化影响,在 pH 1～14 范围内都可以进行离子交换。其反应方程式如下。

中和反应,与 HCl 溶液反应:

$$RN(CH_3)_3OH + HCl \Longrightarrow RN(CH_3)_3Cl + H_2O$$

中性盐分解反应,与 NaCl 溶液反应:

$$RN(CH_3)_3OH + NaCl \Longrightarrow RN(CH_3)_3Cl + NaOH$$

复分解反应:

$$RN(CH_3)_3Cl + NaBr \Longrightarrow RN(CH_3)_3Br + NaCl$$

强碱性阴离子交换树脂有 Cl^- 盐型、OH^- 型和 SO_4^{2-} 型等。Cl^- 盐型化学性质稳定,耐热性较好,市场上销售的商品大多数为 Cl^- 盐型。树脂在酸、碱溶液中均是稳定的,外部溶液的 pH 对其交换能力没有影响。树脂与 OH^- 结合力较弱,再生时 NaOH 消耗量较大,可用 HCl 溶液、NaOH 溶液、NaCl 溶液、Na_2SO_4 溶液和 H_2SO_4 溶液再生,用 NaOH 溶液再生处理时,易变成 OH^- 型离子交换树脂。这类树脂可以用于药物的精制提纯,抗生素的生产常用型号为 201×4 的树脂,另外还常用于制备无盐水。

4. 弱碱性阴离子交换树脂

弱碱性阴离子交换树脂以伯氨基($-NH_2$)、仲氨基($-NHR$)或叔氨基($-NR_2$)及吡啶基团为代表,其碱性较弱。

弱碱性阴离子交换树脂的功能基团电离程度弱,解离程度很小,仅在 pH<7 的溶液中才能使用,所以只能与 H_2SO_4、HCl 等强酸的阴离子进行交换,且交换能力受溶液 pH 的影响较大,pH 越低,交换能力越强。其反应方程式如下。

中和反应,与 HCl 溶液反应:

$$RNH_3OH + HCl \Longrightarrow RNH_3Cl + H_2O$$

复分解反应,与 Na_2SO_4 溶液反应:

$$R(NH_3Cl)_2 + Na_2SO_4 \Longrightarrow R(NH_3)_2SO_4 + 2NaCl$$

树脂与 OH^- 结合力很强,一般用碳酸钠溶液、氢氧化钠溶液或氨溶液再生,易再生为 OH^- 型,并且耗碱量少。

(三) 离子交换树脂的命名

目前,国际标准中还没有离子交换树脂的统一命名,一般是以厂家的品牌号和代号命名。20 世纪 60 年代后有逐步统一的命名法:凝胶型离子交换树脂的型号由四个数字组成,第一个数字为分类代号,第二个数字为骨架代号,第三个数字为顺序号,第四个数字为交联度数值,第三个数字和第四个数字之间用"×"连接;大孔型离子交换树脂的型号由大孔的第一个大写字母 D 和三个数字组成,第一个数字是产品的分类代号,第二个数字是骨架代号,第三个数字是顺序号,用于区别基团、交联度等。如表 5-3、图 5-3 所示。

表 5-3　离子交换树脂命名中的分类代号和骨架代号

代号	0	1	2	3	4	5	6
分类代号	强酸性	弱酸性	强碱性	弱碱性	螯合性	两性	氧化还原性
代表功能基团	$-SO_3H$	$-COOH$ $-PO_3H_2$	$-N^+(CH_3)_3$ $-N^+(CH_3)_2$ $(CH_2)_2OH$	$-NH_2$ $-NHR$ $-NR_2$	$-CH_2-N$ $(CH_2COOH)_2$	$-COOH$ $-N^+(CH_3)_3$	$-CH_2SH$

续表

代号	0	1	2	3	4	5	6
基团名称	磺酸基	羧酸基磷酸基	季铵基	伯、仲、叔氨基	胺羧酸	强碱弱酸	硫醇基
骨架代号	苯乙烯系	丙烯酸系	酚醛系	环氧系	乙烯吡啶系	脲醛系	氯乙烯系

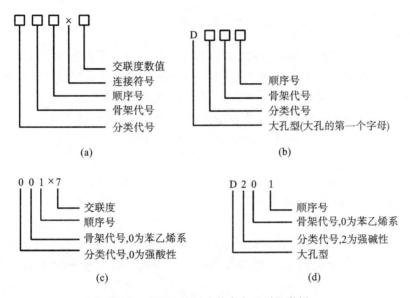

图 5-3 离子交换树脂的命名原则及举例

注:(a) 凝胶型离子交换树脂;(b) 大孔型离子交换树脂。

例如,001×7 表示强酸性苯乙烯系阳离子交换树脂(其交联度为 7%),如图 5-3(c)所示;D201 为大孔型强碱性苯乙烯系阴离子交换树脂(交联度没有标出),如图 5-3(d)所示。

(四) 离子交换树脂的理化性能指标

1. 外观和色泽

离子交换树脂大多被制成球状颗粒,直径为 0.2~1.2 mm,少数因特殊用途而制成膜状、棒状、粉末状、片状和纤维状等。球状树脂的优点是比表面积大,机械强度大,溶液在树脂中流动阻力较小,耐磨性能好,不容易破裂。普通凝胶型离子交换树脂是透明球珠,大孔型离子交换树脂是不透明雾状球珠。

离子交换树脂一般有白色、黄色、黄褐色、棕色、灰色、红色等多种颜色,可以根据制药生产工艺使用条件及污染变质等情况进行选择。购买选择新树脂时,可以通过观察树脂颜色,初步了解树脂纯正程度等一般情况。在树脂使用过程中,一般选用浅色树脂,可以通过定期观察树脂吸附过程中颜色的逐步深化,定性判断树脂交换性能变化。

2. 粒度

离子交换树脂颗粒大小一般根据实际应用的场合进行选择。一般树脂干颗粒的直径为 0.04~1.2 mm。在水处理中使用的树脂颗粒直径一般为 0.3~1.2 mm;而用于吸附生物大分子的离子交换剂的粒径较小,一般直径为 0.02~0.3 mm;色谱选用的树脂粒径更小,一般直径为 20~50 μm。抗生素提取一般使用 16~60 目占 90% 以上的球状树脂,因为料液黏度较高,杂质较多。粒度越小,离子交换速率越快,但粒度越小,流动阻力增大,容易发生阻塞;粒度过大,强度下降,装填量少,内扩散时间延长,不利于分子交换。

NOTE

3. 交换容量

离子交换树脂交换容量是代表离子交换树脂活性功能基团数量的重要参数，即离子交换树脂所具有的交换能力，又称为交换当量。离子交换树脂交换容量是指一定质量或体积的离子交换树脂所具有的交换离子能力，一般的表示方法有两种：质量交换容量，单位为 mmol/g；体积交换容量，单位为 mmol/mL。质量交换容量又分干态和湿态两种。树脂的质量随被吸附离子型式不同而改变，应注明所处的离子型式。体积交换容量一般是对湿态离子交换树脂而言的，它表示单位堆积体积树脂的交换容量。树脂的堆积体积也与树脂的离子型式有关，也应注明树脂的离子型式。

4. 交联度

离子交换树脂的交联度是指树脂在生产过程中所加入的交联剂的量，一般为 1%～20%，国产树脂一般为 7%，进口树脂一般为 8%。离子交换树脂交联度是树脂骨架结构的重要结构参数。交联度与离子交换树脂的交换容量、选择性、膨胀性、微孔间隙尺寸、含水量、稳定性等密切相关。但是实际应用过程中，由于在制造过程中离子交换树脂自身会发生附加交联，因此实际的交联度比说明书中所示的交联度高，而且阳离子和阴离子交换树脂的交联度也有区别。

5. 密度

实际生产中离子交换树脂的密度有多种表示方法，常见的表示方法如下。

(1) 骨架密度：单位体积的离子交换树脂的质量，也称真密度。湿真密度是指湿态离子交换树脂单位真体积的质量。这里的真体积，是指离子交换树脂颗粒本身固有的体积，它不包括颗粒间的空隙体积。湿态离子交换树脂是指吸收了平衡水分，并经离心法除去外部水分的树脂。一般阳离子交换树脂的湿真密度为 1.1～1.3 g/mL，阴离子交换树脂的湿真密度约为1.1 g/mL。

(2) 堆积密度：离子交换树脂在柱中堆积时单位体积的质量，其中体积包括树脂的颗粒间隙。湿堆积密度是指单位堆积体积湿态离子交换树脂的质量。堆积体积是指离子交换树脂以紧密的无规律排列方式在量器中占有的体积，它包括树脂颗粒固有体积及颗粒间的空隙体积。湿态树脂的堆积密度一般为 0.6～0.85 g/mL。对一定数量的混态离子交换树脂来说，其堆积体积受许多因素影响，例如：离子型式、粒度分布、树脂的堆积状态和量器直径。

6. 孔结构

离子交换树脂的孔结构常用孔度和孔径表示，离子交换树脂的孔度是指单位质量或单位体积树脂所含有的孔隙体积，单位为 mL/g 或 mL/mL。树脂的孔径差别很大，大孔树脂的孔径是 1～1000 nm；凝胶树脂的孔径取决于交联度，湿态树脂的孔径为 1～10 nm。树脂的选择性受孔径大小影响较大。无机树脂孔径均匀，而有机树脂孔径大小不均，方向不定。

7. 比表面积

比表面积是指单位质量离子交换树脂所具有的内外总表面积，是多孔树脂重要的性能参数之一，单位为 m^2/g。凝胶型离子交换树脂的比表面积一般不到 1 m^2/g，大孔型离子交换树脂的比表面积为 1～1000 m^2/g。比表面积与孔结构密切相关，在适宜的孔径基础上，选择比表面积大的树脂能够提高吸附量和交换速率。表面积测定方法有气体吸附法、压汞法、染料吸附法等。

8. 机械强度

离子交换树脂的机械强度是指离子交换树脂在各种机械力作用下抗破损的能力，包括离子交换树脂的耐磨性、抗渗透冲击性能及物理稳定性等。机械强度的测定方法：将离子交换树脂先经过酸、碱处理，再取出一定量离子交换树脂置于球磨机中撞击一定时间后，取出过筛，计算出离子交换树脂的完好率。一般要求离子交换树脂的机械强度在 90%以上。

NOTE

9. 稳定性

离子交换树脂的化学稳定性包括 pH 稳定范围、热稳定性、抗氧化性、耐还原性、耐有机溶剂、耐辐射,以及抗有机物污染和微生物侵袭等多个方面。

盐型强酸、强碱性离子交换树脂比游离型酸(碱)稳定,苯乙烯系比酚羟基系离子交换树脂稳定,阳离子交换树脂比阴离子交换树脂稳定,弱碱性阴离子交换树脂的稳定型最差,OH⁻ 型阴离子交换树脂的稳定性最差。

苯乙烯系磺酸树脂稳定性很强,在强酸、强碱及各类有机溶剂中很稳定,同时在饱和氨水、0.1 mol/L 高锰酸钾溶液、0.1 mol/L 硝酸溶液、温热氢氧化钠溶液等中不发生明显改变。低交联型阴离子交换树脂长期浸泡在碱性溶液中容易被降解。干态离子交换树脂一般受热易被降解,因此不能高温保存。

三、离子交换动力学

离子交换平衡理论有很多种,如膜平衡理论、吸附平衡理论、质量作用定律、离子交换渗透理论等。离子交换树脂浸泡在溶液中,不论流体是何种运动状态,在离子交换树脂表面总是存在一层液膜,交换离子依靠分子扩散穿透液膜,因此液膜的厚度对离子交换影响较大。根据流体力学理论,溶液搅拌越剧烈,液膜厚度越薄,溶液中主体浓度越均匀一致,离子交换阻力越小。

实际操作过程中,离子交换速率比溶液中的离子互换反应速率慢。因为离子交换树脂与溶液进行的离子交换反应只有较小比例发生在离子交换树脂颗粒表面,更多的是在颗粒内部进行。类似于多相化学反应,以中和反应为例,说明离子交换反应过程的五个步骤。

$$RN(CH_3)_3OH + HCl \rightleftharpoons RN(CH_3)_3Cl + H_2O$$

(1) 表面扩散:HCl 溶液中的交换离子 Cl⁻ 从溶液主体穿过离子交换树脂颗粒表面的液膜向颗粒表面扩散。

(2) 进入树脂中心:交换离子 Cl⁻ 从离子交换树脂颗粒表面向颗粒内部扩散,到达离子交换树脂内部活性中心。

(3) 离子交换:交换离子 Cl⁻ 与 RN(CH₃)₃OH 中的 OH⁻ 发生交换反应。

(4) 离子解吸:交换下来的离子(OH⁻)从颗粒内部向颗粒表面扩散,直至颗粒表面。

(5) 离子扩散:交换下来的离子(OH⁻)穿过颗粒表面的液膜,进入溶液。

在上述五个步骤中,离子交换的总速率取决于速率慢的一个步骤,即控制步骤。要提高交换速率,必须提高控制步骤的速率。其中(1)、(5)同为外扩散步骤,方向相反,速率相等;(2)、(4)为内扩散步骤,同时发生,且方向相反,速率相等;(3)为化学交换反应步骤。因此,实际离子交换速率有三个关键速率:外扩散、内扩散和化学交换反应。化学交换反应速率一般较快,不是容易控制的步骤。

离子交换的控制步骤,一般要根据操作条件判断。外扩散步骤控制时,会出现液体流速较慢、浓度较稀、颗粒粒径较小、吸附力较强中的一种以上情况;内扩散步骤控制时,会出现搅拌剧烈、液相速率很快、浓度较浓、颗粒粒径较大、吸附力较小等情况。例如,离子交换树脂吸附抗生素等大分子时,由于大分子在离子交换树脂内扩散速率较慢,属于内扩散步骤控制。对于内扩散步骤控制,当离子交换树脂凝胶化密度高、离子体积大时,离子的扩散更为缓慢,一般可通过减小颗粒粒径和增大内部孔径改善。

影响离子交换反应速率的因素:离子交换树脂的类型、交联度、粒径等;吸附质的电荷、体积、结构等;操作 pH、浓度、搅拌速率、温度等。因此,在制药工艺设计中必须根据实际情况选择有利于交换的最佳条件。

四、离子交换的选择性

在制药生产工艺设计中,溶液中存在多种离子,分离时必须清楚不同离子与离子交换树脂的吸附交换能力。离子交换过程的选择性就是离子交换树脂在稀溶液中对不同离子吸附交换能力的差异。离子与离子交换树脂活性功能基团的亲和力越大,就越容易被离子交换树脂吸附。

离子交换的选择性可以用交换系数 K 来表示。假设溶液中有 M、N 两种离子,都可以被树脂 R 吸附交换,吸附交换在树脂上的离子 M、离子 N 浓度分别用 $[R_M]$、$[R_N]$ 表示,当交换达平衡时,用下式讨论树脂 R 对离子 M、N 的吸附选择性:

$$K_{NM} = \frac{[R_N]^m [c_M]^n}{[R_M]^n [c_N]^m} \tag{5-9}$$

式中,$[R_M]$、$[R_N]$ 分别为离子交换平衡时树脂上离子 M 和离子 N 的浓度;$[c_M]$、$[c_N]$ 分别为离子交换平衡时溶液中离子 M 和离子 N 的浓度;m、n 分别为离子 M 和离子 N 的离子价。

当 K_{NM} 越大时,离子交换树脂相对于离子 M 来说对离子 N 的选择性越高;当 $K_{NM} < 1$ 时,离子交换树脂对离子 M 的选择性高;K_{NM} 可以定性地表示离子交换剂的选择性,称为选择性系数或分配系数。树脂对离子亲和能力的差别表现为选择性系数的大小。影响离子交换系数 K 的因素很多,这些因素相互依赖,彼此又相互制约。

1. 离子的水化半径

离子的水化半径是指离子在水溶液中与水分子发生水合作用形成的水化离子的离子半径,水化半径表达的是离子在水溶液中的大小。一般认为离子的水化半径越小,离子与树脂活性功能基团的亲和力越强,越容易被树脂吸附。如果阳离子的价态相同,当原子序数增加时,离子半径增大,离子表面电荷密度相对减小,水化能力降低,吸附的水分子减少,水化半径也减小,离子对离子交换树脂的活性功能基团的亲和力增大,也容易被吸附。

下面将不同离子对离子交换树脂的亲和力,依据水化半径的大小,进行排序。

一价阳离子:$Ti^+ > Ag^+$、$Cs^+ > Rb^+ > Na^+$、$K^+ \approx NH_4^+ > Li^+$。

二价阳离子:$Ba^{2+} > Pb^{2+} > Sr^{2+} > Ca^{2+} > Co^{2+} > Cu^{2+} \approx Ni^{2+} > Mg^{2+} \approx Zn^{2+}$。

一价阴离子:$ClO_4^- > I^-$、$NO_3^- > Br^- > HSO_3^- > Cl^- > HCO_3^- > F^- > CH_3COO^-$。

同价离子中,水化半径小的离子能取代水化半径大的离子。H^+、OH^- 对树脂的亲和力取决于树脂的酸碱性强弱。强酸性树脂中 H^+ 与树脂的结合力很弱,吸附能力 $H^+ \approx Li^+$;相反,弱酸性树脂中 H^+ 的吸附能力很强。强碱性树脂中吸附能力 $OH^- < F^-$,弱碱性树脂中吸附能力 $OH^- > ClO_4^-$。

2. 离子的化合价和离子的浓度

常温稀溶液中,离子交换的规律性是化合价越高,电荷效应越强,越容易被离子交换树脂吸附。例如,吸附能力 $Tb^{4+} > Al^{3+} > Ca^{2+} > Ag^+$。而且当溶液浓度较低时,树脂吸附高价离子的倾向增大。例如,链霉素氯化钠溶液加水稀释时,链霉素的吸附量明显增加。溶液稀释对苯氧乙酸酚-甲醛树脂吸附链霉素的影响见表5-4。

表 5-4　溶液稀释对苯氧乙酸酚-甲醛树脂吸附链霉素的影响

浓度及吸附量	1	2	3	4
链霉素 Str^{3+} 浓度/(mmol/mL)	0.00172	0.00086	0.00034	0.00017
Na^+ 浓度/(mmol/mL)	1.500	0.750	0.300	0.150
链霉素的吸附量/(mmol/g)	0.085	0.267	0.643	0.920

NOTE

3. 溶液的 pH

溶液的 pH 对树脂交换活性功能基团的解离能力影响较大,从而影响树脂的交换容量和交换选择性。溶液的 pH 对强酸性和强碱性离子交换树脂的交换反应基本没有影响,但是会影响交换离子的解离程度、离子电性和电荷数。一般来说弱酸性和弱碱性离子交换树脂只能进行中和反应和复分解反应,不能进行中性盐分解反应,溶液的 pH 对树脂的解离度和吸附能力影响较大;而弱酸性离子交换树脂在碱性条件下才能起交换作用;同样,弱碱性离子交换树脂在酸性条件下才能起交换作用。

4. 离子强度

如果溶液中其他离子浓度高,肯定与被吸附离子进行吸附竞争,会降低有效吸附容量。同时,离子的存在会增加药物分子以及树脂活性基团的水合作用,从而降低吸附选择性和交换速率。所以一般在保证吸附离子的溶解度和溶液缓冲能力的前提下,尽可能采用低离子强度。

5. 交联度、膨胀度

一般情况下,树脂的交联度小、膨胀度大、结构蓬松时,交换速率快,但是交换的选择性较差。相反,交联度高,膨胀度小,结构紧密,又不利于有机大分子的进入。所以,选择合适交联度和膨胀度的离子交换树脂对吸附效果影响很大。

6. 有机溶剂

离子交换树脂在不同溶剂中的吸附能力差别是很大的。当溶液中加入有机溶剂时,离子交换树脂的膨胀度变小,结构紧密,对有机离子的选择性吸附会降低,吸附无机离子的能力会提高。造成以上结果的主要原因如下:一方面,有机溶剂使离子的溶剂化程度降低,容易水化的无机离子比有机离子降低程度更大;另一方面,有机溶剂会降低离子的电离度,并且电离度对有机离子的影响比无机离子更大。

利用以上溶液性质,可以在洗脱剂中加入适当的有机溶剂,洗脱离子交换树脂上已被吸附的有机物质。

五、离子交换设备与操作方式

离子交换法是制药生产中常用的一种典型分离方法,决定分离效果的因素包括分离设备的选择和分离条件的选择。分离过程一般包括待分离料液与离子交换树脂进行交换反应,离子交换树脂的再生,再生后离子交换树脂的清洗等步骤。在进行离子交换过程的设计和树脂的选择时,既要考虑交换反应过程,又要考虑再生、清洗等过程。

离子交换过程的本质与液相、固相间的吸附过程类似,所以它所采用的设备、操作方式及设计过程等均与吸附过程相似。离子交换设备按结构可分为罐式、塔式、槽式等;按操作方式可以分为间歇式、半连续式和连续式。根据两相间接触方式的不同,离子交换设备又可分为固定床、移动床、流化床等。

1. 搅拌槽

搅拌槽是带有多孔支撑板的容器,离子交换树脂置于支撑板上间歇操作。

搅拌槽的操作过程如下。

(1) 交换:将溶液置于槽中,通气搅拌,使溶液与树脂充分混合,进行交换,达到交换平衡后,停止搅拌,排出溶液。

(2) 再生:加入再生液,再次通气搅拌,再生完全后,将再生废液排出。

(3) 清洗:加入清水,继续搅拌,洗去树脂中残存的再生液,接着进入下一个循环操作。

搅拌槽结构简单,操作方便,但是分离效果较差,只适用于规模小、分离要求不高的场合。

2. 固定床离子交换设备

如图 5-4 所示,固定床是应用较为广泛的一类离子交换设备。在离子交换柱中,放置一定高度的离子交换树脂床层,床层的下部用多孔陶土板、石英砂等作为支撑体,床层的上部有便于液体均匀流下的液体分布板。离子交换柱通常用不锈钢、玻璃等材料制成,管道、阀门等用塑料制成。

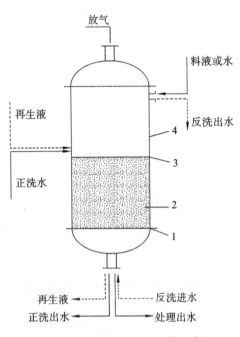

图 5-4　固定床离子交换设备示意图

注:1. 离子交换树脂支撑板;2. 离子交换树脂床层;
3. 液体分布板;4. 柱体。

通常被处理的料液从树脂的上方加入,经过液体分布板均匀分布在整个树脂的横截面上。如果采用压力加料,则要求设备密封。料液与再生液从树脂上方各自的管道和分布器分别进入交换器,树脂支撑板下方的分布管便于水的逆流冲洗。通常有顺流和逆流两种再生方式,逆流再生效果较好,再生液用量较少,但易造成树脂层的上浮。如果将阴、阳离子交换树脂混合起来,则可以制成混合离子交换设备。将混合床用于抗生素等产品的精制,可以避免采用单床时溶液变酸(通过阳离子柱时)及变碱(通过阴离子柱时)的问题,从而减少对目标产物的破坏。在一定量再生液的条件下逆流再生获得较好的分离效果,并具有设备结构简单、操作方便、树脂磨损少等优点。

固定床离子交换设备的主要缺点是树脂的利用率较低。因为固定床中有效的交换传质区域只占整个床高的一部分,在任一时刻床中饱和区与未用区中的树脂都处于闲置状态,导致再生剂与洗涤液用量较大。采用连续操作的移动床可以克服这些缺点,但是同时存在设备管线复杂、阀门多、树脂利用率相对较低等弊端,因此固定床日益面临新型设备的挑战。为适应现代化生产的需要,研究者在连续式设备的开发及应用研究上,研制出多种实用的离子交换设备,将离子交换技术发展不断向前推进。

3. 移动床离子交换设备

移动床离子交换过程属于半连续式离子交换过程。在此设备中,离子交换、再生、清洗等步骤是连续进行的。但是树脂需要在规定的时间内流动一部分,而在树脂的流动期间没有产物流出,所以从整个过程来看是半连续式的,既保留了固定床操作的高效率,简化了阀门与管线,又将吸附、冲洗与洗脱等步骤分开进行。

(1) 可切换式离子交换设备。

有些离子交换器既可用于固定床的操作,也可用于流化床的操作。如图 5-5 所示,该装置的主要系统是一个玻璃离子交换柱,柱内装有一定高度的树脂床层,上方装有一个计量泵。辅助系统包括三个储液槽,分别装有去离子水、HCl 溶液和 NaCl 溶液,用管道与离子交换柱连接。

设备工作时,离子交换柱上方的计量泵活塞调节柱体积,三个储液槽的三个阀门必须同时关闭或者只打开其中一个。连接在管道上的两个四通阀,决定了料液向上或向下及料液通过床层或留在储液槽中。管道上的两个 pH 电极,作用是在床进口或出口的位置测定料液的pH。当料液向下流过床层时,为固定床操作;而当料液由下向上流过床层时,则为流化床操作。

(2) 希金斯(Higgins)离子交换设备。

第二次世界大战以后,随着铀工业的迅速发展,人们迫切需求投资少、维修费用低的生产

 NOTE

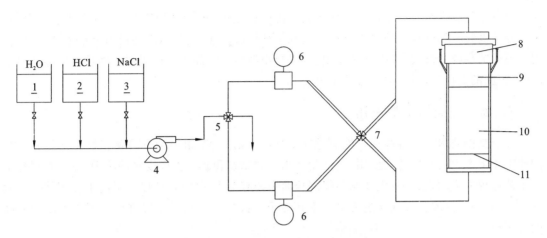

图 5-5 可切换式离子交换设备示意图

注：1. 储液槽；2. 储液槽；3. 储液槽；4. 泵；5. 方式选择四通阀；6. pH 电极；

7. 旁路四通阀；8. 活塞；9. 可移动阻滞塞；10. 树脂层；11. 阻滞塞。

工艺，以便降低生产成本。但是固定床离子交换设备在生产中遇到种种困难，例如，处理澄清不好的浸出液、悬浮液很容易堵塞树脂床层，导致生产工艺复杂、生产成本高，使生产不能正常进行。因此找到一种处理未经澄清的、含固量很高的浸出液的技术，成为亟待解决的问题。

连续逆流离子交换就是为解决上述问题而出现的重要化工单元过程。希金斯移动床技术是离子交换技术的一个重大突破。第一套希金斯离子交换柱是希金斯在美国橡树岭国家实验室发明的。如图 5-6 所示，整个设备由吸附段、淋洗段和脉冲段组成一个闭合回路，交换、再生和清洗几个步骤串联，树脂和溶液交替流动工作。

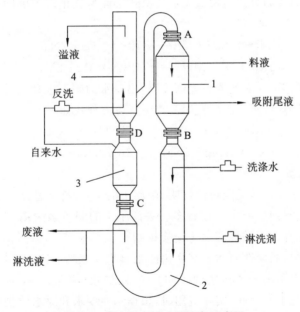

图 5-6 希金斯离子交换设备示意图

注：1. 吸附段；2. 淋洗段；3. 脉冲段；4. 树脂储存区。

该设备的运行过程如下：待处理料液进入吸附段后，树脂随待处理料液同时在柱内流动，同时进行交换反应。树脂悬浮液流到淋洗段，进行固-液分离，将处理后的废液外排。当再生信号发出时，水处理系统内部分树脂进入树脂储存柱，同时有再生好的树脂补充过来。然后，树脂储存柱内的树脂进入再生柱中再生。该装置可实现水处理、饱和树脂再生及再生后树脂返回等过程同时进行，从而达到连续生产的目的。

该设备的特点是相对于固定流化床其所需的树脂少,树脂利用率高,设备生产能力大,适用于低浓度料液的处理。但是由于处理过程中液体流动速率很大,床层压力降很大,树脂易破裂。为了减少树脂破裂,在生产过程中,可以减小液体流动速率。由于树脂磨损严重和动力学减慢,树脂的更换率较高,实践过程中可达 70% 以上。

六、离子交换技术的应用

离子交换技术是一种高选择性的重要的分离方法,具有很强的不可替代性。这种技术在制药工业生产中具有广泛的应用,包括制药用水的制备和制药生产废水的治理;在生物制药生产工艺过程中应用也较多:生物制药精制分离中约有 75% 的分离过程采用离子交换技术。此外,中药制药的提取分离纯化过程也离不开离子交换技术的应用。现重点介绍以下两个方面的应用。

(一)制药用水的制备

在药品生产过程中,水的用途很广,用量也很大,不同生产环节对水质的要求亦不同。离子交换技术具有生产成本低、制备水质好的突出优点,因此得到了广泛的应用。主要的制水工艺有以下几种。

1. 软水的制备

水的硬度单位用度($H°$)表示,$1\ H°$表示每升水中含有相当于 10 mg CaO 的硬度。水的纯度是指每吨水的总硬度。软水的硬度要求在 $1\ H°$ 以下。

一般直接开采的地下水和自来水中常含有一定量的无机盐,称为硬水,主要是含有 Ca^{2+}、Mg^{2+}。在制药生产过程中,直接应用硬水容易引起管道和设备结垢,因此必须软化后才能使用。采用离子交换树脂吸附处理以除去 Ca^{2+}、Mg^{2+},称为软化。国内制备软水一般采用 732 型树脂,其交换反应方程式如下:

$$2RSO_3Na + Ca^{2+} \longrightarrow (RSO_3)_2Ca + 2Na^+$$
$$2RSO_3Na + Mg^{2+} \longrightarrow (RSO_3)_2Mg + 2Na^+$$

树脂使用一段时间后,其交换能力逐渐下降,出口水的硬度也逐渐升高,因此需用 10% 的 NaCl 溶液再使之生成钠型,便于循环使用。再生反应方程式如下:

$$(RSO_3)_2Ca + 2Na^+ \longrightarrow 2RSO_3Na + Ca^{2+}$$
$$(RSO_3)_2Mg + 2Na^+ \longrightarrow 2RSO_3Na + Mg^{2+}$$

2. 去离子水的制备

去离子水是指不含任何盐类及可溶性阴、阳离子的水,又称无盐水。去离子水的纯度比软水要求高得多,在药品制剂生产中应用较多。去离子水的制备多采用 H^+ 型强酸性阳离子交换树脂和 OH^- 型强碱性或弱碱性阴离子交换树脂。

在实际生产过程中,弱碱性阴离子交换树脂虽具有交换容量高、再生液消耗量少等优点,但是它不能除去弱酸性阴离子,如硅酸根(SiO_3^{2-})、碳酸根(CO_3^{2-})等,所以水质劣于用强碱性阴离子交换树脂制得的水。因此,实际应用时,根据水质要求和原水质量可选用不同树脂或混合树脂,例如,两个单床串联成的复床组合,可以是强酸-强碱组合,亦可以是强酸-弱碱组合。当水质要求比较高时,可采用强酸-弱碱、强酸-强碱或强酸-强碱、强酸-弱碱的两次复床组合,然而效果最好的是采用复床、混合床组合。

(1)复床式:强酸性阳离子交换树脂柱和强(或弱)碱性阴离子交换树脂柱组成,其交换反应方程式如下:

$$RSO_3H + AB \longrightarrow RSO_3A + HB$$
$$R'OH + HB \longrightarrow R'B + H_2O$$

式中,A 为原水中金属阳离子;B 为原水中阴离子。

阴、阳离子交换树脂吸附饱和进行再生时,应用 1 mol/L 的 HCl 溶液或 NaOH 溶液进行处理,可再生成 H^+ 型或 OH^- 型离子交换树脂循环使用,再生反应的方程式如下:

$$RSO_3A + HCl \longrightarrow RSO_3H + ACl$$
$$R'B + NaOH \longrightarrow R'OH + NaB$$

如果原水中碳酸氢盐、碳酸盐含量较高,可在阳床和阴床之间装一个 CO_2 脱气塔,以延长阴离子交换树脂的使用期限,此法制得的无盐水的电阻率一般可达 6×10^5 Ω·cm 以上。

(2) 混合床式:如果水质要求更高,将强酸性阳离子交换树脂和强碱性阴离子交换树脂以一定比例混合,装入同一个交换柱中进行脱盐。混合床脱盐效果更好,但再生操作不便,故适于装在强酸、强碱性离子交换树脂组合的后面以除去残余的少量盐分,提高水质。交换反应方程式如下:

$$RSO_3H + R'OH + AB \longrightarrow RSO_3A + R'B + H_2O$$

由上述交换反应可以看出,混合床除盐的交换产物为水,故反应较完全,pH 变化很小,所得水质更好,其电阻率可达 $2 \times 10^7 \sim 2 \times 10^8$ Ω·cm,Cl^- 浓度可降至 0.1 μg/mL,硬度达 0.1 H° 以下。另外,也避免了复床中阳离子交换床层 pH 变化较大的问题。

当原水中中强酸盐,如碳酸盐含量高时,可在强酸床或弱酸床后加除气塔,排出 CO_2,以减少后面强碱床的负担。混合床除盐具有 pH 变化很小的优点。

(二) 中药制药

1. 生物碱

生物碱是自然界中广泛存在的一大类碱性含氮化合物,是许多中草药的有效成分,它们在中性和酸性条件下以阳离子形式存在,可用阳离子交换树脂从提取液中富集分离出来。另外,生物碱在醇溶液中能较好地被吸附树脂所吸附。离子交换树脂吸附总生物碱后,可根据各生物碱组分碱性的差异,采用分步洗脱的方法将生物碱组分一一分离,从而达到分离的效果。

2. 皂苷

皂苷是一类结构复杂的螺旋甾烷、相似生源的甾体混合物的低聚糖苷及三萜类化合物的低聚糖苷,可溶于水。皂苷由皂苷元和糖组成,按皂苷元的结构可分为两类:一类为甾体皂苷,结构中大多含有羟基,呈中性;另一类为三萜类皂苷,有羟基,呈酸性。这两类皂苷一般极性较大,离子交换树脂对其有较强的吸附作用。

3. 糖类

糖类化合物中含有许多醇羟基,具有极弱的酸性,在中性水溶液中可与强碱性阴离子交换树脂发生离子交换作用而被吸附,易被 10% 的 NaCl 溶液解吸,但是许多糖类物质在强碱性条件下发生异构化和分解反应,因而限制了强碱性阴离子交换树脂在糖类物质纯化中的应用。非极性吸附树脂不易吸附水中的单糖类物质,但能很好地吸附部分多糖类物质,可以用于中药水溶性多糖的分离纯化。

4. 黄酮

黄酮类化合物一般具有酚羟基,部分具有羧基,主要呈弱酸性,不能与阴离子交换树脂发生交换,但是能被吸附树脂很好地吸附。根据以上特点,在中药黄酮类有效成分的分离中,可以选择合适的树脂分离出不同的黄酮类化合物。

连续离子
交换系统

第三节 结 晶

结晶(cystallization)是获得高纯度产物的重要操作方法之一,结晶的过程对提高药物纯度及药物疗效具有非常重要的作用。药物生产工艺中很多中间品和产品都以晶体形式存在,随着现代分析检测技术和结晶技术的不断发展,结晶技术已成为制药工业生产过程中常见的操作。同时,结晶操作制备获得的晶体能够满足产品纯度的要求,外形美观,便于包装、运输、储存和应用。

结晶是指溶质从液态或气态混合物中析出晶体物质的过程,同时伴随有动量、热量和质量传递的单元操作。结晶操作有溶液结晶、熔融结晶、蒸发结晶和沉淀结晶,制药工业生产工艺过程多是从溶液中析出晶体,这也是其他结晶操作的重要基础。本节主要介绍从溶液中析出晶体的原理。

从微观上看,晶体具有规则的晶形,是化学性质均一的固体,组成晶体的分子、原子或离子按不同的表面化学键力形成三维有序的规则排列,具有规则的几何形状和固定的熔点,在物理性质方面往往具有各向异性的现象。一般只有同类分子或离子才能排列成晶体,因此,晶体的形成和生长过程具有高度选择性,晶体具有较高的纯度。结晶操作作为制药工艺过程的一种分离提纯方法具有非常重要的作用。

结晶与其他工业分离的单元操作相比,具有以下特点。

(1)能够从存在多种杂质的溶液或多组分熔融体系中分离出高纯晶体。

(2)对于存在共沸物、同分异构体等用其他分离方法不能分离的难分离体系,分离效果比较好。

(3)结晶操作相对能耗低,主要在低温条件下进行,对设备材质要求不高。

(4)结晶产品具有一定的晶体结构和形态,因此储存、包装、运输和使用都较方便。

(5)结晶操作涉及的三废处理较少,主要是晶体分离后母液的处理。

(6)结晶是一个复杂的分离操作,包括传质-传热理论、表面反应理论,以及晶体理论。

一、基本原理

结晶是从溶液中析出固体的过程,即通过不同手段蒸发浓缩或降温的方法使溶液浓度发生改变成为饱和及过饱和溶液,从而有晶体析出。溶质的溶解度和溶液饱和度对结晶过程影响很大,所以下面分析溶质的溶解度和溶液饱和度。

1. 溶质溶解度及其影响因素

根据相似相溶原理,极性分子溶质溶于极性分子溶剂、非极性分子溶质溶于非极性分子溶剂。在一定温度下,任何一种溶质溶解在某溶剂中,都存在一个最大溶解浓度,将这个最大溶解浓度称为溶解度。溶解度的大小一般采用单位质量溶剂中所能溶解的溶质质量来表示,单位为 kg(溶质)/kg(溶剂),一般写为 kg/kg。在药物生产中,温度、pH、离子强度和溶剂组成等是影响物质溶解度的重要参数,因此控制这些参数是药物结晶操作的重要手段。

(1)溶解度是一个相平衡参数。

在同一温度下,不同溶质在同一溶剂中的溶解度差异较大;而当温度变化时,即使同一溶质在同一溶剂中的溶解度也并不相同。任何溶质与溶剂直接接触时,溶质分子既会由固相向液相主体中扩散,发生溶质溶解,又会由液相主体向固相的表面不断析出并沉积。只有当溶解与析出的速率相等时,固液相溶体系才会达到动态平衡,此时溶液将达到饱和,溶质浓度将维持恒定,其值等于溶解度。因此,溶解度又称为饱和浓度或平衡浓度,对应状态下的溶液称为饱和溶液。通常规定在一定温度下,物质在 100 g 溶剂中所能溶解的最大浓度,称为饱和浓度。这种溶液的饱和状态是处于热力学稳定状态的溶液中溶质浓度达到最大时的状态。

(2)溶解度是一个状态函数,随着温度的改变而变化。

固液相平衡体系,根据相率分析,已知两个独立的参数即可确立体系的状态。分析结晶体系,其中一个独立参数压力对溶解度的影响很小,一般可以忽略;另一个独立参数既可以是温度,又可以是溶解度,两者确定其中的一个,另一个也将随之确定,两者之间存在一一对应的函数关系,这种函数关系即为溶解度曲线。溶解度曲线是指导相应结晶生产的重要依据。一般溶解度曲线由实验直接测定,图 5-7 所示即为实验测得的几种物质在水中的溶解度曲线。由图 5-7 可知,图中物质的溶解度均随温度的升高而增大。实践表明,除极少数物质外,绝大多数物质的溶解度随温度的升高而增大。

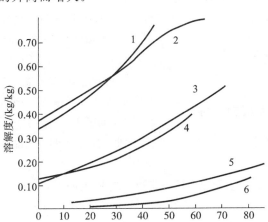

图 5-7 几种物质在水中的溶解度曲线

注:1. 三水乙酸钠;2. 葡萄糖;3. 碳酸氢铵;4. 乳糖;5. 硫酸肼;6. 磺胺。

(3) 溶液的 pH 和离子强度等因素也会对溶质的溶解度产生一定影响。例如,在氨基酸和抗生素类产品的结晶分离中,就经常通过改变体系 pH 和离子强度的方法,对操作过程实施调控。溶质的溶解度数据是结晶操作的重要基础数据,结合操作过程的具体控温区间,可计算晶体的产量。

2. 过饱和度

溶液温度恒定,溶液中溶质浓度等于同等条件下的溶解度时即为饱和溶液,继续向其中加入溶质时,得到溶质浓度超过溶解度的溶液,称为过饱和溶液。过饱和状态下的溶液是不稳定的,也可称为"介稳状态",这种状态遇到震动、搅拌、摩擦、加入晶种,都可能被破坏从而析出结晶,溶液达到饱和状态时结晶过程停止。过饱和溶液是实现结晶操作的必要条件,其过饱和程度对晶体的晶形及结晶操作起着至关重要的作用。

绝对过饱和度是指过饱和溶液中溶质浓度与同温度下的溶液中溶质的溶解度的差,溶液的过饱和度是结晶传质过程进行的主要推动力,又称为浓度推动力,表达式为

$$\Delta c = c - c^* \tag{5-10}$$

相对过饱和度表示溶液的过饱和程度,是指溶液的绝对过饱和度与同温度下溶质的溶解度的比值,表达式为

$$S = \Delta c / c^* \tag{5-11}$$

式中,Δc 为溶液的过饱和度,单位为 kg/kg;c 为过饱和溶液中溶质的浓度,单位为 kg/kg;c^* 为同温度下饱和溶液中溶质的浓度,即溶解度,单位为 kg/kg;S 为相对过饱和度,单位为 1。

描述过饱和溶液中溶质的浓度随温度变化的关系曲线称为过饱和度曲线。过饱和度曲线在工程上受到很多因素(如有无搅拌、搅拌强度、有无晶种、晶种的大小与多少,以及其他过程条件)的影响而变动。

3. 溶液状态图

图 5-8 所示为结晶过程的相平衡关系图,即溶液中溶质的浓度随温度变化的关系图,称为溶液状态图,图中溶解度曲线和过饱和曲线将溶液状态图分割为三个区域,即稳定区、介稳区

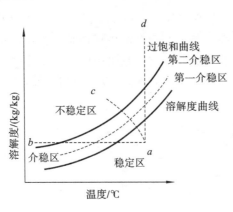

图 5-8 结晶过程的相平衡关系图

和不稳定区,各区特点如下。

(1) 稳定区(stable zone),又称不饱和区,是指溶解度曲线以下的区域,当溶液的状态点在这个区域时,溶液处于不饱和状态,肯定不会发生结晶现象。

(2) 介稳区(metastable zone),又称亚稳区,是指介于溶解度曲线和过饱和曲线之间的区域。在介稳区内,溶液的浓度大于溶解度,但是过饱和度不高,若不采取措施,溶液可以长时间保持稳定。介稳区中靠近溶解度曲线的区域存在一个极不易发生自发结晶的小区域,称为第一介稳区。溶液状态在第一介稳区内时,加入晶种,结晶会生长,但不会产生新的晶核。

溶液处于第一介稳区之外接近过饱和曲线的区域内时,极易受刺激而结晶,加入晶种,溶质不仅会在晶种的表面生长,而且还将诱导产生新的晶核,只是新核的产生过程要稍滞后一段时间,该区域习惯上称为第二介稳区。结晶生长过程和新结晶的形成过程同时存在,也称为养晶区。晶种可以是同种物质或相同晶型的物质,加入的惰性无定形物质也可以作为结晶中心,尘埃掉入也可能诱导结晶。总之,在介稳区内,结晶过程不会自发进行。溶解度曲线和过饱和曲线间的垂直或水平间距,是指导结晶生产的又一重要的基础数据。

(3) 不稳定区(liable zone),又称为自发成核区,是指过饱和曲线以上的区域,在此区域内任意一状态点的溶液都能够迅速发生大规模的自发结晶现象。该区域溶液不稳定,溶液可以结晶均相成核,瞬间形成大量细小晶体,晶体来不及长大,溶液浓度随即降至溶解度,不利于晶体的长大,在工业结晶中不会在此区域操作。实际操作中,需要加入晶种并将溶液浓度控制在介稳区的养晶区,让晶体缓慢长大,因为养晶区自发产生晶核的可能性很小。

工业上结晶操作在稳定区不会发生,在不稳定区内可能自发成核,但是会产生大量微小结晶,产品质量不合格。因此,实际结晶操作在介稳区进行,且只在第一介稳区。介稳区的宽度对结晶工艺设计有重要意义。介稳区宽度是指溶液的过饱和曲线与溶解度曲线之间的距离,其垂直距离代表最大过饱和度 Δc_m,水平距离代表最大过冷温度 ΔT_m,两者之间的关系为

$$\Delta c_m = \frac{dc}{dT} \Delta T_m \tag{5-12}$$

式中,c 为溶液的平衡浓度;dc/dT 为溶解度曲线的斜率。

如图 5-8 所示,分析结晶操作的基本原理,溶液状态点处于图中 a 处,将 a 处溶液冷却至不稳定区,而溶剂量保持不变即浓度不变,溶液的状态点沿 ab 线左移,当冷却至过饱和曲线上方 b 点时,结晶能自发进行,此过程称为冷却结晶。另一种操作方式是将 a 处溶液在等温下蒸发,温度不变,溶剂量减少,浓度升高,溶液状态点到达 d 点及以上,达到不稳定区时的结晶称为蒸发结晶。一般来说,溶解度随温度的变化较敏感的溶质,溶解度曲线及过饱和曲线曲率较大的溶液,适于冷却结晶;相反,溶解度曲线及过饱和曲线曲率较小的溶液适于蒸发结晶。制药工业生产中,为了同时提高溶液浓缩速率和降低蒸发温度,一般采用真空条件下蒸发、冷却联合操作,称为真空蒸发结晶,如图中 ac 曲线所示。在实际生产中尽量控制各种条件,使溶解度曲线和过饱和曲线之间的区域尽可能宽,便于结晶操作的控制。因为冷却结晶的推动力是冷却温度下溶质浓度与饱和浓度之差;蒸发结晶的推动力是蒸发浓度与溶解度之差。而结晶推动力越大,结晶速率越快。

NOTE

介稳区宽度可作为结晶器设计中操作界限的依据。介稳区宽度的确定对结晶操作有重要

影响。不同的结晶体系和操作条件下,介稳区宽度是不同的,例如,工业结晶实际过程中,溶液中总有晶体悬浮,且都带有温和的搅拌,其所产生的介稳区宽度与无晶种无搅拌的介稳区宽度相比要窄些,因此,在确定过饱和曲线较为确切的位置或介稳区宽度时,对各种影响其位置的因素要有明确的规定,只有这样,测得的数据在实际工业结晶过程中才具有实用意义。

二、结晶动力学

结晶过程一般包括过饱和溶液的形成和晶体的析出。晶体的析出要经过两个阶段:晶核的形成阶段和晶体的生长阶段。

1. 晶核的形成

从溶液动力学角度分析,一定过饱和度下的溶液存在临界晶体半径 R_c,半径大于临界半径 R_c 的晶体生长,而小于 R_c 的晶体会溶解消失。理论上将半径为 R_c 的晶体颗粒称为晶核,将半径小于 R_c 的颗粒称为晶胚。晶胚一般不稳定,可能继续长大,也可能溶解。当晶胚在不稳定区生长到足够大,能与溶液建立热力学平衡关系时称为晶核。晶核的形成是结晶的第一步,只有晶核出现,才能够有晶体的长大。晶核根据成核机理不同,通常要经历初级成核(primary nucleation)和二次成核(secondary nucleation)两个步骤。前者是指在溶液中生成一定数量的结晶微粒的过程,后者是指在结晶微粒的基础上成长为晶体的过程。

(1)初级成核:溶液中有其他晶体存在,自发产生新核的过程。根据临界半径理论,溶液的过饱和度越大,R_c 越小,越容易自发成核。初级成核一般在不稳定区进行,微观上是溶液中晶胚及溶质分子碰撞的结果。初级成核通常有两种起因:一是纯净溶液,因为过饱和度较高,故溶质分子、原子或离子间将发生彼此碰撞,从而成核,称为均相成核(homogeneous nucleation);二是过饱和溶液受到电磁场、超声波、紫外线、杂质颗粒、溶液界面粗糙等外界因素的干扰而成核,称为非均相成核(heterogeneous nucleation)。对于非均相成核,外来粒子对初级成核有诱导作用,能有效降低晶核形成的壁垒,所以成核所需的过饱和度要低于均相成核。

(2)二次成核:溶液中加入晶种,产生诱导作用而产生晶核的过程。二次成核是大多数工业结晶的成核机理,一般所需的过饱和度低于初级成核,是影响晶体产品粒度分布和粒度大小的关键因素之一。二次成核中主要的两种机理是流体剪应力成核和接触成核。

流体剪应力成核是指过饱和溶液以较大的流速流过正在生长的晶体表面时,由于流体边界层的剪应力作用,附着在晶体上的粒子被冲落,大的粒子成为晶核,小的粒子被溶解。上述情况产生的晶体成核过程称为流体剪应力成核过程。

接触成核是指在结晶器的搅拌作用下,产生撞击和摩擦作用从而产生很多晶体颗粒而形成晶核,也称为碰撞成核。实验表明,一般过饱和溶液与搅拌器做能量很低的接触,便会产生大量的粒子,接触过程对晶体产生的影响,经过数十秒后,会自动修复,称为再生。再生现象使晶体在接触过程中并未发生变化。接触成核过程可以在低过饱和度下进行,产生晶核所需能量低,易于稳定操作,而且晶体质量高。因此,工业结晶多采用接触成核方式,这是获得晶核最简单、最节省能量的方法。

影响二次成核的主要因素有过饱和度、碰撞能量、搅拌桨材质、搅拌速率和晶体粒度等。结晶操作中应尽量避免自发成核,一般控制在介稳区内结晶,也可以在结晶初期加入晶种。

2. 晶体的生长

过饱和溶液中已生成晶核或加入晶种后,在溶液过饱和度的推动下,溶质质点不断向晶体的表面迁移,有序地排列与沉积,从而使得晶体逐渐长大的过程,称为晶体生长。根据晶体扩散理论,晶体生长经历三个过程。

(1)转移扩散过程:结晶溶质依靠扩散作用由溶液主体穿过靠近晶体表面的静止液体层,

NOTE

从溶液中转移至晶体表面。转移扩散过程的推动力为液体主体浓度和晶体表面浓度差。

（2）表面反应过程：溶质分子在晶体表面嵌入和有序排列，使晶体长大，同时放出结晶热。表面反应过程的推动力为晶体表面浓度和饱和浓度差。

（3）传热过程：放出的结晶热传导至溶液主体中。传热过程的推动力是温度差。绝大多数物质的结晶热较小，常忽略不计。

影响晶体生长速率的因素较多，关键的两个因素是浓度差和温度差。一般情况下，当溶液的过饱和度较高时，晶体的生长多由转移扩散过程控制；反之，当溶液的过饱和度较低时，多由表面反应过程控制。当操作温度较高时，晶体的生长多由转移扩散过程控制；而当温度较低时，多由表面反应过程控制。

除上述过饱和度和操作温度外，晶体粒度、搅拌速率及杂质等也会对晶体生长速率产生重要影响。工业生产中，还需要考虑生产设备结构和产品纯度等要求。就绝大多数溶液而言，悬浮于过饱和溶液中几何相似的同类晶粒会以近似相同的速率生长，即生长速率与晶粒的粒度大小无关。但也有一些溶液，晶体的生长速率与其自身的粒度大小密切相关，通常粒度越大，生长速率越快。此外，溶液中所含杂质的特性及杂质含量也可能对晶体的生长速率产生较大影响，有的杂质可促进晶体生长，而有的却抑制晶体生长；有的可在极低的浓度下便产生显著影响，而有的却需在较高的浓度下才发挥作用。

一般情况下，过饱和度升高，搅拌速率加快，温度降低，都有利于晶体的生长。

三、常用结晶方法与控制

1. 结晶方法

制药工业中广泛应用的结晶方法是溶液结晶。与其他单元操作相比，溶液结晶的优点是能从杂质含量较多的混合液中分离出高纯度的晶体。溶液结晶适合存在高熔点化合物、相对挥发度小的物质、共沸物、热敏性物质等的混合物的分离。与蒸馏操作相比，溶液结晶过程的能耗相对较低，结晶热一般约为汽化热的1/4。按照产生过饱和溶液的方式不同，溶液结晶分为蒸发结晶、冷却结晶、真空蒸发结晶、溶析结晶、反应结晶及共沸结晶等，见表5-5。

表5-5　常用的结晶方法

结晶方法	适 用 物 系	过饱和溶液产生方式	操 作 特 点
蒸发结晶	受热不分解、不失去活性的药液；随温度降低溶解度无显著变化或随温度升高溶解度降低的药物	蒸发溶剂	能耗高，加热面易结垢，较少应用
冷却结晶	溶解度随温度降低而显著降低的药物	冷却溶液	能耗低，易于控制
真空蒸发结晶	热敏性药物	蒸发的同时冷却溶剂	设备简单，操作稳定，无晶垢，操作温度低
溶析结晶	热敏性药物	溶液中加入稀释剂或沉淀剂	能耗低，低温操作，但稀释剂需回收
反应结晶	特殊物系，抗生素类药物转变成盐	溶液中加入反应剂	能耗低，有利于反应的进行
共沸结晶	溶液容易形成共沸物	溶液中加入共沸剂	低温操作

在实际生产中,物质的结晶过程往往是多种分离操作方式的综合应用,不是靠一种操作单独进行的,如冷却盐析、蒸发冷却等。

2. 晶体粒度分布与结晶控制

影响结晶药物的粒度及粒度分布的结晶过程因素主要包括过饱和度、温度、搅拌速率、晶种的加入量等。主要影响如下。

(1)当溶液过饱和度增加时,晶体粒度逐渐变小。

(2)结晶操作温度的影响相对较复杂,当溶液快速冷却时,达到的过饱和度较高,所得晶体也比较细且常形成针状,缓慢冷却常得到较粗大的颗粒。

(3)搅拌能促使成核和加速扩散,提高晶核生长速率,但超过一定范围后,效果就不显著,搅拌越强烈,晶体反而越细。

需要生产比较粗大和均匀的晶体时,结晶操作温度不宜太低,搅拌速率不宜太快,同时需要控制晶核生成速率大于晶体成长速率,溶液应控制在较低的饱和度下即介稳区结晶,在较长的时间里可以只有定量的晶核生成,而使原有的晶核不断成长为晶体。加入晶种,能控制晶体的形状、大小和均匀度,前提是添加的晶种自身有一定的形状、大小且比较均匀,不仅如此,加入晶种还可以使晶核的生成提前,即所需的过饱和度可以比不加晶种时低很多。所以,在工业生产中如遇到结晶液浓度太低而结晶发生困难时,可适当加入晶种,使结晶顺利进行。

3. 药物晶型对其生物利用度及药效的影响

药物晶型按稳定性主要分为稳定型、亚稳型和不稳定型。稳定型熵值小,熔点高,化学稳定性好,但溶解度和溶出速率低,生物利用度一般较差;不稳定型则相反;亚稳型介于两者之间,储存过久会向稳定型转变。固体药物的晶型不同时,理化性质会有显著变化,如熔点、密度、硬度、晶体外形、制剂的稳定性等。而固体药物由于多晶型自由能之间差异和分子间的作用力不同,往往导致药物溶解度间存在差异,可造成药物溶出度和生物利用度的不同,从而影响药物在体内的吸收过程,继而使药物疗效产生差异。

四、结晶过程计算

结晶操作过程的物料衡算和热量衡算结果,为确定晶体的产量与热负荷等提供基础数据。

(一)物料衡算

以连续蒸发结晶过程为例,如图 5-9 所示,对原料液进行总物料衡算得

$$F = M_1 + M_2 + W \tag{5-13}$$

式中,F 为进入结晶器的原料液的质量流量,单位为 kg/s 或 kg/h;M_1 为晶体产品的质量流量,单位为 kg/s 或 kg/h;M_2 为母液的质量流量,单位为 kg/s 或 kg/h;W 为被汽化溶剂的质量流量,单位为 kg/s 或 kg/h。

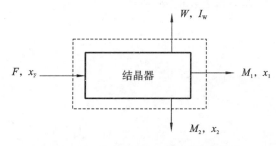

图 5-9 连续结晶器物料衡算流程示意图

对结晶过程中体系的溶质进行物料衡算得

$$Fx_F = M_1 x_1 + M_2 x_2 \tag{5-14}$$

式中,x_F 为原料液中溶质的质量分数;x_1 为晶体产品中溶质的质量分数;x_2 为母液中剩余溶质的质量分数。

晶体产品中溶质的质量分数采用下式计算:

$$x_1 = \frac{溶质的分子量}{晶体水合物的分子量}$$

对于不含结晶水的晶体,$x_1=1$。

联立式(5-13)和式(5-14)求解可得

$$M_1 = \frac{F(x_F - x_2) + W x_2}{x_1 - x_2} \tag{5-15a}$$

对于冷却结晶,$W=0$,则

$$M_1 = \frac{F(x_F - x_2)}{x_1 - x_2} \tag{5-15b}$$

上式是依据连续结晶过程推导而得到的,同样适用于间歇结晶过程的计算。间歇结晶计算过程中应注意,晶体的产品量、溶剂的汽化量及母液量等均随时间而改变。

原料液和母液中溶质的质量分数可以换算为用单位质量溶剂中溶质的质量来表示,即

$$x_F = \frac{c_F}{1 + c_F} \tag{5-16}$$

$$x_2 = \frac{c_2}{1 + c_2} \tag{5-17}$$

式中,c_F 为单位质量溶剂中的溶质质量表示的原料液浓度,单位为 kg/kg;c_2 为单位质量溶剂中的溶质质量表示的母液浓度,单位为 kg/kg。

实际工业计算中,结晶终了温度下的溶解度可作为母液浓度 c_2,即认为结晶结束时晶体与母液之间已达成固液平衡。工业估算产生的计算误差满足一般工程设计的需要。

【例题 5-2】 已知 Na_2CO_3 溶液总质量是 500 kg,将其冷却至 20 ℃,析出 $Na_2CO_3 \cdot 10H_2O$ 晶体。结晶前 1 kg 水中含有 0.482 kg 的 Na_2CO_3,结晶时蒸发的水分约为原料液的 5%。已知 Na_2CO_3 在 20 ℃的水中溶解度为 0.215 kg/kg,试计算晶体的析出量及母液量。

解:依题意知 $c_F = 0.482$ kg/kg,由式(5-42)得

$$x_F = \frac{c_F}{1 + c_F} = \frac{0.482}{1 + 0.482} = 0.325$$

结晶终了时母液的浓度可以用溶解度数据代替:

$$x_2 = \frac{c_2}{1 + c_2} = \frac{0.215}{1 + 0.215} = 0.177$$

$Na_2CO_3 \cdot 10H_2O$ 晶体的溶质含量是

$$x_1 = \frac{溶质的分子量}{晶体水合物的分子量} = \frac{106}{106 + 180} = 0.371$$

晶体析出量为

$$M_1 = \frac{F(x_F - x_2) + W x_2}{x_1 - x_2} = \frac{500 \times (0.325 - 0.177) + 500 \times 0.05 \times 0.177}{0.371 - 0.177} \text{ kg} = 404.3 \text{ kg}$$

母液量为

$$M_2 = F - M_1 - W = 500 - 404.3 - 500 \times 0.05 \text{ kg} = 70.7 \text{ kg}$$

（二）热量衡算

溶液结晶过程中存在相变热,而形成单位质量晶体所产生的相变热又称为结晶热。结晶热是结晶操作中工艺与设备设计的一个重要参数,直接影响操作的热负荷。如图 5-10 所示,对连续结晶器进行热量衡算得

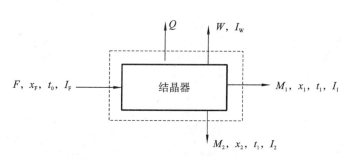

图 5-10 连续结晶器热量衡算流程示意图

$$FI_F = M_1I_1 + M_2I_2 + WI_w + Q \tag{5-18}$$

式中，I_F 为原料液的比焓值，单位为 kJ/kg；I_1 为晶体产品的比焓值，单位为 kJ/kg；I_w 为汽化溶剂的比焓值，单位为 kJ/kg；I_2 为剩余母液的比焓值，单位为 kJ/kg；Q 为结晶器与周围环境之间的热量交换值，单位为 kW。

由式(5-13)和式(5-18)可得

$$Q = F(I_F - I_2) - M_1(I_1 - I_2) - W(I_w - I_2) \tag{5-19}$$

假设溶剂及溶解于溶剂中的溶质在结晶操作结束后的焓值为零，式(5-19)则为

$$Q = Fc_p(t_0 - t_1) - M_1\Delta H_{t1} - Wr_{t1} \tag{5-20}$$

式中，c_p 为原料液的定压平均比热容，单位为 kJ/(kg·℃)；t_0 为原料液温度，单位为 ℃；t_1 为结晶结束时的温度，单位为 ℃；ΔH_{t1} 为晶体在结晶结束温度 t_1 时的结晶焓变，单位为 kJ/kg；r_{t1} 为溶剂在结晶结束温度 t_1 时的汽化潜热，单位为 kJ/kg。

根据热量衡算的结果分析，式(5-20)的计算结果 Q 为正值时，结晶操作过程需要冷却；Q 为负值时，结晶操作过程需要加热。绝热结晶过程的 $Q=0$。

五、常用结晶设备

结晶设备在制药工业生产中应用已久，第一代的结晶设备主要是间歇式，不容易控制溶液的过饱和度，操作过程中结垢严重，生产能力小，且劳动量大。随着结晶设备的广泛使用，人们开发了连续式的结晶设备，其特点是生产规模大，操作自动化，可精确控制溶液过饱和度。

(一)冷却式结晶器

冷却式结晶器是通过液体降温而促使溶质的溶解度减小，进而析出晶体的结晶设备。工业上，最简单的冷却式结晶器仅为一敞口结晶槽，称为空气冷却式结晶器。操作时，溶液通过液面或器壁向空气中散热，降低自身温度，从而析出晶体。该类结晶器的主要优点为产品质量好、粒度大，特别适于含多结晶水的物质的结晶处理；主要缺点为传热速率小，宜间歇操作，生产能力低。

搅拌冷却结晶釜也称为桶管式结晶釜，采用典型的夹套式换热器结构，换热面积不能满足生产要求时，也可在桶内加设冷凝管。根据结晶需要桶内装有带有毛刷的锚式或者框式搅拌器，低速转动，促进结晶的同时减少壁面结垢。根据操作条件的要求，可以采用间歇操作，也可采用连续操作。这种结晶釜结构非常简单，容易制造，但生产能力比较低，传热系数不高，过饱和度也无法控制，晶体容易在器壁上形成晶垢。

按溶液循环方式的不同，该类结晶釜又分为内循环式和外循环式两类，它们均采取间接换热方式。如图 5-11(a)、(b)所示，常见的内循环式结晶釜是在普通结晶釜的基础上，釜的外部加装传热夹套，以加速溶液的冷却。由于受传热面积的制约，内循环式结晶釜的传热量一般较小，故为了提高其传热速率和传热量，可改用图 5-11(c)所示的外循环式结晶釜。外循环式结晶釜是一种强制循环式结晶器，设有循环泵，故料液的循环速率较快，传热效果更好。此外，由

NOTE

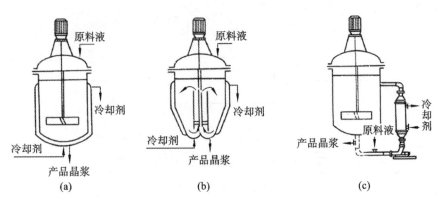

图 5-11 循环式结晶釜示意图

注：(a) 内循环型；(b) 内循环型；(c) 外循环型。

于外循环式结晶釜采用外部换热器降温，因而传热面积也易于调节。

（二）蒸发式结晶器

蒸发式结晶器是通过一定方式蒸发移除溶剂而使得溶液浓缩，并析出晶体的结晶设备，又称为移除部分溶剂式结晶器。在设备的结构与操作上，该类结晶器与用于溶液浓缩的普通蒸发器基本相似。

1. 奥斯陆(OSLO)蒸发结晶器

奥斯陆蒸发结晶器是由芬兰 OSLO 结晶公司的 F·Jeremiasson 于 1924 年发明设计的，是以原设计公司所在的城市挪威奥斯陆命名。这是一种母液循环式连续结晶器。如图 5-12 所示，典型的蒸发结晶器称为奥斯陆结晶器。它主要由结晶室、蒸发室和加热室三个部分构成。

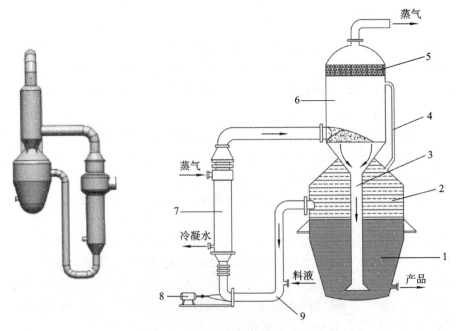

图 5-12 奥斯陆蒸发结晶器示意图

注：1. 晶体流化层；2. 分离层；3. 中央管；4. 通气管；5. 除沫器；6. 蒸发室；7. 加热室；8. 循环泵；9. 循环管。

操作时，料液由进料口加入，经循环泵输送至加热室加热后，进入蒸发室，此时部分溶剂被汽化蒸发，产生的蒸气由顶部排出，而浓缩后的料液则经中央循环管下行到结晶室的底部，下一步向上流动，且析出晶体。由于结晶室具有一定的锥度，即自下而上的横截面积逐渐增大，所以溶液与晶体在结晶室内自下而上流动时,流速将逐渐减小。由沉降理论可知,粒度较大的晶体将富集于结晶室的底部,并与新鲜的过饱和溶液相接触,故粒度进一步增大。相反,粒度较小的晶体则处于结晶室的上部,只能与过饱和度较低的溶液接触,故粒度增长缓慢。可见,晶体的粒度在该类结晶器中被自动分级,故易于得到粒度大而均匀的晶体产品,此乃奥斯陆蒸发结晶器的突出优点。虽然奥斯陆蒸发结晶器的操作性能十分优异,但其结构比较复杂,故投资与制造费用较高。

奥斯陆蒸发结晶器属于母液循环式结晶器,通常当溶液到达结晶室的顶部时,其过饱和度已消耗完毕,不再含有颗粒状的晶体,故一般可作为澄清的母液参与管路循环。

2. DTB 型蒸发结晶器

DTB(draft tube babbled)型蒸发结晶器(图 5-13),又称为导流筒-挡板蒸发结晶器,是一种晶浆循环式结晶器。结晶器内部设有筒形挡板,中央有导流筒,下部安装有螺旋桨搅拌器。结晶器底部有一淘析柱。

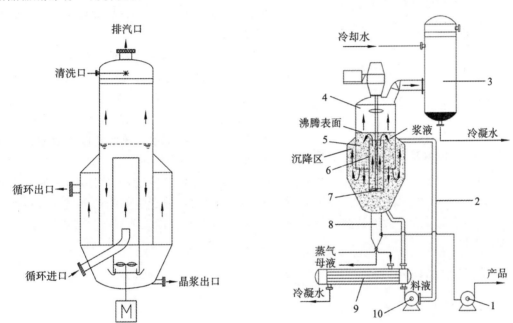

图 5-13　DTB 型蒸发结晶器示意图

注:1. 晶浆泵;2. 循环管;3. 冷凝器;4. 蒸发室;5. 筒形挡板;
6. 导流筒;7. 螺旋桨搅拌器;8. 淘析柱;9. 加热器;10. 循环泵。

操作时加热后的饱和料液连续加到循环管下部,与循环管内夹带有小晶体的母液混合后泵送至加热器。加热后的溶液在导流筒底部附近流入结晶器,并由缓慢转动的螺旋桨沿导流筒送至液面。溶液在液面蒸发冷却,达过饱和状态,其中部分溶质在悬浮的颗粒表面沉积,晶体长大。在环形挡板外围还有一个沉降区。在沉降区内大颗粒沉降,而小颗粒则随母液流入循环管并受热溶解。晶体于结晶器底部入淘析柱。为了使结晶产品的粒度更均匀,沉降区来的部分母液进入结晶室下面的淘析柱,利用水力分级的作用,小颗粒随液流返回结晶器,而结晶合格的产品从淘析柱下部经产品出口卸料。

DTB 型蒸发结晶器性能优良,生产强度高,能产生粒度在 $600\sim1200~\mu m$ 的大颗粒结晶产品;导流筒内外壁抛光,可减少物料在内壁的结垢现象;相对能耗低;下部安装出料阀可实现连续生产。目前其已经成为连续结晶的主要形式之一。

(三)真空式结晶器

真空结晶操作是将常压下未饱和的溶液,置入绝热、真空的结晶器中,经减压闪蒸过程使得部分溶剂汽化,从而使得溶液浓缩并冷却,得到晶体产品。真空结晶又称为蒸发冷却结晶,相应的工业设备习惯上称为蒸发冷却真空式结晶器,也可以简称为真空式结晶器。

真空式结晶器虽是一种相对新型的结晶生产设备,但它与普通的蒸发式结晶器之间并没有严格的界限,只是操作温度更低和真空度更高而已。例如,将上述奥斯陆蒸发结晶器与真空系统相连,便成为真空式结晶器。

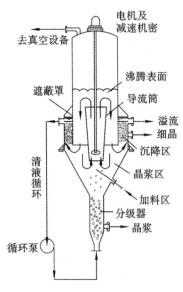

图 5-14 双循环真空式结晶器示意图

真空式结晶器既可进行间歇操作,又可进行连续操作。间歇操作真空式结晶器的真空状态由蒸气喷射泵产生并维持,或由其他类型的真空泵产生并维持,操作时,料液因自身的闪蒸作用而剧烈沸腾,如同搅拌一样迫使自身均匀混合,从而为晶体的均匀生长提供良好条件。间歇操作真空式结晶器的结构简单,且由于器内进行的为绝热蒸发操作,即无须安装传热面,故不会引起传热面的结垢现象。

如图 5-14 所示,这是一种可连续操作的真空式结晶器,其高真空状态由双级蒸气喷射泵产生并维持。操作时,料液经预热后,自底部的进料口被连续送至结晶室,并在循环泵的外力作用下,进行强制循环流动,进而较好地确保了溶液在结晶室内充分、均匀地混合与结晶。其间,被汽化的溶剂将由室顶部的真空系统抽出,并送至高位冷凝器与水进行混合冷凝,与此同时,晶浆则由底部的出口泵连续排出。由于该类结晶器的操作温度一般较低,故产生的溶剂蒸气不易被冷却水直接冷凝,为此需在冷凝器的前方装设一蒸气喷射泵,便于在冷凝前对蒸气进行压缩,以提高其冷凝温度。

六、新型结晶技术

(一)超临界流体结晶

超临界流体(SCF)结晶是超临界流体溶液通过快速膨胀过程(RESS)或气体抗溶剂过程(GAS)快速增加过饱和度实现结晶的技术。超临界流体结晶利用了超临界流体既有气体扩散性好的特点,又具有液体溶剂易于选择、操作压力低、应用范围广的优点,所以适合药物结晶。超临界流体作为结晶溶剂与其他溶剂相比有很大优势。

(1)物理性质,如密度、溶解度可根据操作条件有很大的调节范围,通过改变压力和温度来实现,适于选择性结晶杂质分离和晶型控制。

(2)具有快速的质量传递性(高扩散性和低黏度性质),有利于生产微细和均匀的晶体粉末。

(3)超临界流体与有机混合溶剂和固体产品易于分离,是一种清洁、可再循环、环境友好的溶剂。

(4)超临界流体结晶设备由不锈钢构造,各部件都是固定的,实现了全封闭操作。

(5)CO_2 是最重要的超临界流体,其临界温度低、临界压力小、毒性小、成本低。

由于超临界流体结晶设备昂贵、处理量小,这种结晶技术尚未应用于工业生产,但对高质量药物产品的需求已使其受到越来越多的重视,特别是在超细颗粒的制备中前景广阔。

NOTE

156

（二）准乳化结晶

乳化结晶是把熔融液分散成连续的小液滴使非均相成核孤立在这些小液滴内，在其余液体内发生均相成核，但这种结晶方法以往很少用于制药生产。Espilasic 以该结晶机理为依据，采用准乳化结晶生产消炎镇痛药苯酮苯丙酸（ketoprofen）颗粒。其结晶过程与乳化结晶很相似，分为三步。

（1）乳相的形成，形成的小液滴含有药物。

（2）通过质量和热量传递形成过饱和状态。

（3）在小液滴内药物成核、生长、积聚得到的苯酮苯丙酸球状颗粒可直接用于压片。

该方法不需要特殊的设备和溶剂，与精馏相比，其需要的能量低；与重结晶相比，其需要的溶剂少，可实现低成本、低操作费的纯化。它的应用也表明新的药物结晶方法可以从传统的方法中开辟新思路。目前苯酮苯丙酸已实现了实验室规模的操作，由于其设备结构简单，操作简便，只需改变操作参数和溶液的配比，所以有可能实现工业化生产。

（三）微重结晶法

随着航天事业的不断发展，在太空中获得的重大发现不断应用于各领域。美国国家航空航天局（NASA）对分子晶体生长的研究表明：在太空中形成的晶体比在地球上形成的晶体尺寸大、质量好。原因如下：

（1）太空潜在的有害浮力对流动晶体通过扩散传递增长，有利于高质量晶体的形成。

（2）太空环境安静，液体不受容器的限制，减少了潜在的成核位，有利于大晶体的形成。

（3）地球上由于浮力对流，晶体各面不均匀生长，而太空对流少，生长速率均匀，晶体沉积少，均质生长晶体缺陷少。

X 射线衍射检测的结果表明，在微重环境下的蛋白质晶体较常规晶体结构上有重大改善，充分说明了微重结晶的优势。但是由于该研究是在太空舱内进行的，在地球上还无法创造出这样的环境，所以尚不能实现工业化生产。该项研究的重大意义在于对结晶机理的深入理解，为药物结晶研究充实了理论。

常见治疗
高血压的
药物及其
晶型

第四节 膜 分 离

一、膜分离概述

膜分离现象在自然界广泛存在，但是研究人员对其认识、应用、模拟及人工制备的历史很漫长。1748 年，Nollet 发现水能通过猪膀胱渗透到酒精中；1854 年，Graham 发现动物来源的半透膜可以分离多糖和蛋白质中的无机盐；1864 年，Traube 成功制成第一片人造膜——亚铁氰化铜膜；1960 年，Loeb 和 Sourirajan 共同发明了一种具有高脱盐和高渗水性的醋酸纤维素反渗透膜。

膜分离自 20 世纪 60 年代工业化后，应用领域日益拓宽。膜分离技术兼有分离、浓缩、纯化和精制的功能，目前已广泛应用于食品、医药、生物、环保、化工、水处理等领域，产生了巨大的经济效益和社会效益，已成为当今分离科学中重要的手段之一。目前在制药生产领域，膜分离主要应用于纯水的制备、物料的浓缩、分级纯化等方面。

膜分离是在某种推动力（压力差、浓度差、电位差、温度差等）作用下，流体有选择地透过特殊制造的薄膜，因流体中各组分的渗透速率不同，从而实现组分分离的单元操作。

各种膜分离过程具有不同的机理，适用于不同的对象和要求。但是其共同点是操作较简

NOTE

157

单、经济性较好、无相变、分离系数较大、节能、高效、无二次污染,可在常温下连续操作、可直接放大、可专一配膜等。膜分离过程尤其适用于热敏性物质的处理,在食品加工、医药、生化技术领域有其独特的适用性。

膜分离过程的推动力主要有压力差、电位差、浓度差和浓度差结合化学反应等。采用膜分离技术对化学性质及物理性质相似的混合物,结构异构或取代基位置异构的混合物,含有受热不稳定组分混合物的体系进行分离,具有特殊的优越性。

当利用常规分离方法不能经济、合理地进行分离时,膜分离过程作为一种分离技术就特别适用。它也可以和其他的分离单元操作结合运用,例如,应用蒸馏塔无法分离恒沸混合物时,可用膜分离进行预处理。

与常规分离方法相比,膜分离过程具有能耗低、单级分离效率高、过程简单、不污染环境等优点,是解决当代的能源、资源和环境等问题的重要高新技术,并将对 21 世纪的工业技术改造产生深远的影响。

二、膜

膜是分离过程的核心,是两种流体之间具有选择性透过作用的屏蔽界面。膜分离过程可分为上、下游。原料为上游,渗透物为下游,原料混合物中某一组分可以比其他组分更快地通过膜而传递到下游,从而实现分离。

(一)膜的分类

1. 按膜材料分类

膜可以用许多不同的材料制备,按膜的材料分类,常见的有天然膜和合成膜。

天然膜有生物膜和天然物质改性或再生而制成的膜。生物膜对于地球上的生命是十分重要的,每一个细胞均由膜包围。

合成膜分为无机膜和高分子有机聚合物膜,最主要的膜材料是有机大分子聚合物。选择何种聚合物作为膜材料并不是随意的,而要根据其特定的结构和性质。

2. 按膜结构分类

按膜的结构分类,可以分为以下几种类型:多孔膜、非多孔膜、结晶型膜、无定形膜和液膜。

3. 按膜形态分类

按膜的形态分类,膜可以是固相、液相、气相或三种相态的任意组合。目前使用的分离膜绝大多数是固相膜。

4. 按膜作用机理分类

按膜的作用机理分类有吸附性膜、扩散性膜、离子交换性膜、选择渗透膜、非选择性膜。

5. 按电性分类

按电性分类有中性膜和荷电性膜。

6. 按膜组件的形状分类

按膜组件的形状可分为平板膜、管式膜和中空纤维膜。

7. 按膜断面的结构分类

按膜断面的结构可分为对称膜、不对称膜和复合膜。

对称膜两侧截面的结构及形态相同,且孔径与孔径分布也基本一致。对称膜有疏松的多孔膜和致密的无孔膜两大类,膜的厚度在 $10\sim200~\mu m$ 内。绝大多数多孔膜的孔是不规则的,呈柱状、海绵状等形状,且有一个孔径分布。根据孔径大小,多孔膜可用于微滤、超滤及纳滤;具有疏水或亲水功能的对称多孔膜还可用于膜蒸馏、膜基萃取、膜基吸收等过程。致密的无孔膜有玻璃态聚合物膜和橡胶态聚合物膜两类,可用于气体分离与蒸气渗透等过程。致密的无孔膜的传递阻力与膜的总厚度有关,降低膜的厚度能提高渗透率。

非对称膜由致密的表皮层及疏松的多孔支撑层组成,表皮层与支撑层材质相同。膜两侧截面的结构及形态不相同,致密层厚度为 $0.1\sim0.5~\mu m$,支撑层厚度为 $50\sim150~\mu m$。非对称膜支撑层结构具有一定的强度,在较高的压力下也不会引起很大的形变。在以压力为推动力的膜分离过程中,非对称膜的传递阻力主要或完全取决于致密表皮层厚度,渗透速率反比于起选择性渗透作用的膜的厚度。由于非对称膜表皮层比致密的均质膜的厚度薄得多,故其渗透速率比对称膜大得多。

复合膜是一种具有表皮层的非对称膜。通常,表皮层材料与支撑层材料不同,超薄的致密表皮层可以通过物理或化学方法在支撑层上直接复合或多层叠合制得。复合膜具有以下特点:可优选不同的材料制作超薄皮层和多孔支撑层,使分离性能最优化;可用不同方法制得厚度为 $0.01\sim0.1~\mu m$ 的高交联度或带离子基团的超薄皮层,使它们既具有良好的物理化学稳定性和耐压性,又具有较高的透水速率与优越的分离性能。目前用于反渗透、渗透汽化、气体分离等过程的大多为复合膜。

(二)膜材料

膜材料也是发展膜分离技术的一个核心课题。膜材料应具有良好的成膜性、热稳定性、化学稳定性,耐酸、碱、微生物侵蚀和耐氧化性能。为了更好地应用膜分离技术,必须了解膜材料的物理化学性质,这对选择膜材料、预测膜性能和膜的适用范围都有十分重要的意义。各种膜分离过程所需的常用膜材料大致可分为高分子材料和无机材料。

1. 高分子材料

天然高分子材料主要有醋酸纤维素和再生纤维素及其衍生物等。醋酸纤维素膜的使用温度低于 $45~℃$,pH 在 $3\sim8$ 内,常用于制备反渗透膜,也可制备微滤膜和超滤膜。

合成高分子材料主要有聚烯烃、聚砜、聚酰胺类等。这类材料成膜性能较好,常用于制备非对称膜。所制成的膜一般能承受 $70\sim80~℃$ 的温度,某些可高达 $125~℃$,适用 pH 范围较宽,抗氧化能力也强。其中,聚酰胺膜的耐压能力较强,对温度和 pH 都有很好的稳定性,使用寿命较长,常用于制备反渗透膜;而聚砜膜耐压性能稍差,承受的操作压力在 $0.5\sim1.0~MPa$ 内,常用于制备超滤膜。

用作膜材料的主要高分子化合物见表 5-6。

表 5-6 用作膜材料的主要高分子化合物

材料类别	主要高分子化合物
纤维素类	二醋酸纤维素(CA),三醋酸纤维素(CTA),醋酸丙酸纤维素(CAP),再生纤维素(RCE),硝酸纤维素(CN),醋酸纤维素、丁酸混合酯(CAB)
聚砜类	双酚 A 型聚砜(PSF),聚芳醚砜(PES),酚酞型聚醚砜(PESC),酚酞型聚醚酮(PEKC),聚醚醚酮(PEEK)
聚酰胺类	尼龙-6(NY-6),尼龙-66(NY-66),芳香聚酰胺(芳香尼龙)
聚酰亚胺类	脂肪族二酸聚酰亚胺(PEI),全芳香聚酰亚胺(kapton)
聚酯类	涤纶(PET),聚对苯二甲酸丁二醇酯(PBT),聚碳酸酯(PC)
聚烯烃类	低密度聚乙烯(LDPE),高密度聚乙烯(HDPE),聚丙烯(PP),聚-4-甲基-1-戊烯(PMP)
乙烯类聚合物	聚乙烯醇(PVA),聚氯乙烯(PVC),聚偏氯乙烯(PVDC),乙烯-乙酸乙烯酯聚合物(EVA)
含硅聚合物	聚二甲基硅氧烷(PDMS),聚三甲基硅烷丙炔(PTMSP)
含氟聚合物	聚偏氟乙烯(PVDF),聚四氟乙烯(PTFE)
其他	甲壳素类,聚碳酸酯,聚电解质络合物

NOTE

若高分子膜以对称膜、非对称膜和复合膜分类,则对称膜或非对称膜的主要制备方法为相转化和熔融拉伸等;而复合膜的制备方法有浸涂、喷涂、纺丝涂敷、界面聚合、原位聚合、等离子聚合、接枝聚合等方法,目前最常用的为界面聚合法。

2. 无机材料

无机材料以氧化铝、氧化锆为主。根据制膜材料、膜及载体结构、膜孔径大小、孔隙率和膜厚度不同,选择不同的制备方法,最常用的方法为固态粒子烧结法和溶胶-凝胶法两种,目前实用的陶瓷膜主要有截留相对分子质量在 1000 以上的超滤膜和孔径在 $0.1~\mu m$ 以上的微滤膜。无机膜的特点是有一定的机械强度,耐高温,耐有机溶剂,但缺点是不易加工,成品率低,造价较高。

(三)膜性能评价

膜的性能主要从选择透过性、稳定性、机械强度和耐腐蚀性等因素考察。膜的稳定性包括压力、温度、pH 及物料特性等因素。膜的选择透过性包括分离效率、渗透通量和通量衰减系数三个方面的参数。

1. 分离效率

对于不同的膜分离过程和分离对象,可以采用不同的表示方法。对溶液中盐、微粒和某些高分子的脱除等可以用脱盐率或截留率 R 表示:

$$R = 1 - \frac{c_1}{c_0} \tag{5-21}$$

式中,R 为截留率;c_1 为透过液浓度;c_0 为原液浓度。

2. 膜通量

单位时间内通过单位膜面积的液体量为膜通量,用 J_w 表示,单位为 $mL/(cm^2 \cdot h)$ 或 $L/(m^2 \cdot d)$。

$$J_w = \frac{V}{S \times t} \tag{5-22}$$

式中,J_w 为膜通量(测试纯水通量),单位为 $mL/(cm^2 \cdot h)$ 或 $L/(m^2 \cdot d)$;S 为膜的有效面积(外表面积,内压法为内表面积),单位为 m^2 或 cm^2;V 为透过液体的体积,单位为 mL 或 L;t 为透过时间,单位为 h。

3. 通量衰减系数

由于分离过程中的溶液浓差变化、膜的压力变化以及膜孔堵塞等原因,膜通量随时间而衰减,其过程可用以下公式表示:

$$J_1 = J_0 \times t^n \tag{5-23}$$

式中,J_1 为透过时间 t 时的膜通量;J_0 为透过时间 1 h 时的膜通量;n 为透过时的衰减系数。

将式(5-23)两边取对数,得到线性方程,在对数坐标系中绘制直线,得到的斜率即为衰减系数 n。

三、膜组件

膜组件是将膜按生产技术要求组装的一个单元装置,它是所有膜过滤装置的核心部件,其基本组成主要包括膜、支撑材料、流体通道、密封件、壳体及进出接口等。常见的膜组件有板框式、卷绕式、管式、中空纤维式和集装式五种类型。

1. 板框式膜组件

板框式膜组件是最早使用的膜组件,外观类似于板框压滤机,不同的是板框式膜组件的过

滤介质是膜而不是帆布。其结构主要有平板式、圆盘式和耐压容器式。典型平板式膜片的长和宽均为 1 m,厚度为 200 μm。支撑板的作用是支撑膜,挡板的作用是改变流体的流向,并分配流量,以避免沟流,即防止流体集中于某一特定的流道。板框式膜组件分离原理示意图如图5-15 所示。

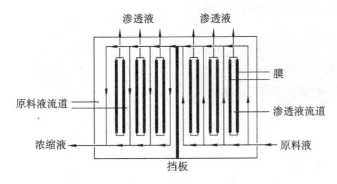

图 5-15 板框式膜组件分离原理示意图

对于板框式膜组件,每两片膜之间的渗透物都被单独引出来,因而可通过关闭个别膜组件来消除操作中的故障,而不必使整个膜组件停止运行,这是板框式膜组件的一个突出优点。但板框式膜组件中需个别密封的数量太多,且内部阻力损失较大。

2. 卷绕式膜组件

卷绕式膜组件是由中间为多孔支撑材料,两边是膜的"双层结构"装配组成的。其中三条边被密封而黏结成信封状的膜袋,开口与中心收集管密封连接,然后加上隔网,连同膜袋一起卷绕于中心收集管上,如图 5-16 所示。膜袋内填充多孔支撑材料以形成透过液流道,膜袋之间填充隔网以形成料液流道。工作时料液平行于中心管流动,进入膜袋内的透过液,旋转着流向中心收集管。为降低透过侧的阻力,膜袋不宜太长。若需增大膜组件的面积,可增加膜袋的数量。

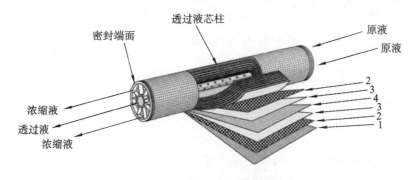

图 5-16 卷绕式膜组件示意图

注:1. 外壳;2. 筛网;3. 滤膜;4. 隔网。

3. 管式膜组件

管式膜组件是用玻璃纤维、多孔金属或其他多孔材料做成圆筒形支撑体,在其内侧或外侧覆上薄膜;再将一定数量的管式膜连成一体,安装于同一个多孔的不锈钢、陶瓷或塑料管内,外形与列管式换热器相似。

管式膜组件按工作原理分有内压式和外压式两种安装方式。对于内压式管式膜组件,膜位于支撑体的内侧,料液在管内流动,而渗透液穿过膜并从外套环隙中流出,浓缩液从管内流出。对于外压式管式膜组件,膜位于支撑体的外侧,原料液在管外侧流动,而渗透液则穿过膜进入管内,并从管内流出,浓缩液则从外套环隙中流出,如图 5-17 所示。

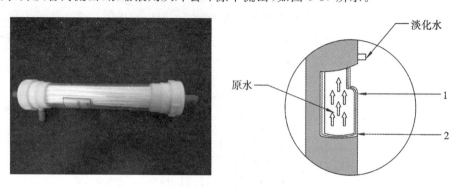

图 5-17　管式膜组件示意图

注:1. 膜;2.支撑体。

4. 中空纤维式膜组件

将一端封闭的中空纤维膜管束装入圆柱形耐压容器内,并将纤维管束的开口端用环氧树脂浇注成管板,即成为中空纤维式膜组件,如图 5-18 所示。工作时,加压原料液由膜组件的一端进入壳侧,当料液由一端向另一端流动时,渗透液经纤维管壁进入管内通道,并从开口端排出。中空纤维式膜组件的特点是单位膜面积大,高压下不发生形变,纤维管束直径较小,外径为 $50\sim200~\mu\mathrm{m}$,内径为 $25\sim42~\mu\mathrm{m}$。

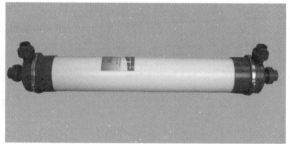

图 5-18　中空纤维式膜组件示意图

四、典型膜分离技术及其在制药工业中的应用

(一)微滤(microfiltration,MF)

1. 微滤分离原理

微滤又称微孔过滤,利用微孔滤膜的筛分作用,在 $0.1\sim0.3$ MPa 的静压力推动下,截留滤液中大于膜孔径的微粒、细菌和悬浮物质等,而大量溶剂、小分子及少量大分子溶质透过膜,从而达到过滤和澄清的目的。

2. 微滤膜

微滤膜是孔径为 $0.02\sim10~\mu\mathrm{m}$,具有筛分、过滤作用的多孔固体连续介质。孔径为 $0.6\sim0.8~\mu\mathrm{m}$ 的微滤膜可用于气体的除菌和过滤;孔径为 $0.45~\mu\mathrm{m}$ 的微滤膜的应用最为广泛,常用于料液和水的净化处理;孔径为 $0.2~\mu\mathrm{m}$ 的微滤膜可用于药液的除菌过滤。

根据微孔形态的不同,微滤膜可分为两类:弯曲孔膜和柱状孔膜。

弯曲孔膜是最为常见的类型,微孔结构为交错连接的曲线孔道的网络。通过相转换法、拉伸法(相分离)或烧结法制得,可用于大多数聚合物。弯曲孔膜因其微孔的网络结构而孔隙率较高,一般为 $35\%\sim90\%$。弯曲孔膜的孔径需要通过泡点法、压汞法等方法测得。

柱状孔膜的微孔结构为近似平行的贯穿膜壁的圆柱状毛细孔结构。通常由聚碳酸酯或聚酯等薄膜材料制得,孔径可通过扫描电镜测得。柱状孔膜的孔隙率较低,一般小于10%,但由于柱状孔膜的膜厚通常在15 μm以下,较通常的弯曲孔膜小,因此膜的通量较大。

微滤膜的另一个重要指标为孔径分布,膜的孔径可以用标称孔径或绝对孔径来表征。绝对孔径表示等于或大于该尺的粒子或大分子均会被截留,而标称孔径则表示该尺寸的粒子或大分子以一定的百分数(95%或98%)被截留。

3. 微滤的特点

与深层过滤介质如硅藻土、沙、无纺布相比,微滤膜有以下几个特点。

(1)属于绝对过滤介质。微滤膜可以使所有比膜孔绝对值大的粒子全部截留,而深层过滤介质过滤时不能达到绝对的要求,因此微滤膜属于绝对过滤材料。

(2)孔径均匀,过滤精度高。微滤膜的孔径比较均匀,其最大孔径与平均孔径之比一般为3~4,不同大小孔径数基本呈正态分布,过滤精度高,可靠性强。

(3)通量大。微滤膜的孔隙率高,在同等过滤精度下,流体的过滤速率比常规过滤介质高几十倍。

(4)厚度薄,吸附量小。微滤膜的厚度一般为10~200 μm,过滤时对过滤对象的吸附量小,因此贵重物料的损失较少。

(5)无介质脱落,不产生二次污染。微滤膜为连续的整体结构,不会产生卸载和滤材脱落。

(6)颗粒容纳量小,易堵塞。微滤膜内部的比表面积小,颗粒容纳量小,易被物料中与膜孔大小相近的微粒堵塞。

4. 微滤的应用

微滤是应用最早、最方便、最广泛的一种膜分离技术,常用于从液相或气相中截留微粒、细菌和其他污染物,以达到净化除菌的目的。

目前微滤技术已在制药生产中得到广泛应用。例如,葡萄糖大输液、维生素类注射液、右旋糖酐注射液等的生产工艺过程以及空气的无菌过滤等,均使用微滤技术来去除细菌和微粒,以达到提高产品质量的目的。

(二)超滤(ultrafiltration,UF)

1. 超滤分离原理

超滤是利用滤膜使溶液中大于膜孔的大分子物质截留,小分子物质和溶剂透过膜的分离过程。超滤对溶质的主要分离过程如下:在膜表面及微孔内的吸附(一次吸附);在孔中停留而被去除(阻塞);在膜面的机械截留(筛分)。超滤分离原理如图5-19所示。

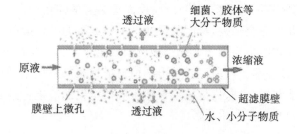

图5-19 超滤分离原理图

2. 超滤膜

超滤膜为不对称结构膜,可分为两层,一层是超薄活化层,对溶质的分离起主要作用;另一层是多孔层,具有很高的透水性,主要起支撑作用。超滤膜的分离特性有膜的透水质量和截留

NOTE

163

率。超滤膜的种类主要有醋酸纤维素超滤膜(CA 膜)、聚砜超滤膜(PS 膜)、聚砜酰胺超滤膜(PSA 膜)、芳香聚酰胺膜、聚丙烯腈膜、复合超滤膜、无机超滤膜等。

3. 超滤的影响因素

1) 超滤透过通量　在操作压力为 0.1～0.6 MPa、温度为 60 ℃ 以下时,超滤的透过通量应以 100～500 L/(m² · h)为宜,实际应用中要小得多,一般为 1～100 L/(m² · h)。要保证超滤组件的正常运行必须注意下列因素。

(1) 料液流速:增大料液流速对防止浓差极化、提高设备处理能力有利,但由于压力增大会使工艺过程耗能增加而增大生产成本。一般湍流流速为 1～3 m/s,层流流速为 1 m/s。

(2) 操作压力:超滤操作过程的透过通量,受到操作压力的控制。正常情况下,操作压力为 0.5～0.6 MPa。

(3) 操作温度:一般在膜设备和所处理物料能允许的最高温度下进行操作,高温可以降低料液的黏度,增大传质效率,提高透过通量。

(4) 操作时间:随着超滤过程的进行,由于浓度极化在膜表面形成凝聚层,透过通量逐渐下降。操作时间与膜组件的水力特性、料液的性质和膜的特性以及清洗情况有关。

(5) 进料浓度:随着超滤过程的进行,料液的浓度会逐渐增大,黏度升高,边界层厚度扩大,在技术上和经济上都是不利的。因此料液的浓度应有一个限定。

(6) 料液的预处理:为了提高膜的透过通量,保证超滤过程的正常和稳定运行,必须对料液进行预处理。通常采用的方法有过滤、化学絮凝、pH 调节、消毒和活性炭吸附等。

此外,经超滤回收的水,在使用前还需进行再处理,如脱除 CO_2、pH 调节、过滤、消毒等。

2) 超滤膜的使用寿命　超滤膜的使用寿命是指由生产厂家提供的膜在正常使用条件下可以保证的最短使用寿命。一般在规定的料液和压力下,在 pH 允许的范围内,温度不超过 60 ℃时,超滤膜可使用 12～18 个月。

4. 超滤的应用

超滤是一种分子水平的膜过滤技术,被广泛应用于某些含有小分子可溶性溶质和高分子物质(如蛋白质、酶、病毒等)的溶液的浓缩、分离、提纯和净化,以及注射用水的制备。在制药工业中,超滤常用作反渗透、电渗析、离子交换树脂等装置的前处理设备。

超滤所分离组分粒径为 0.005～10 μm,一般为相对分子质量大于 500 的大分子和胶体。采用的操作压力较小,一般为 0.1～0.5 MPa,通常使用非对称膜,膜的水透过率为 0.5～5.0 m³/(m² · d)。

制备制药用水所用的原水中常含有大量悬浮物、微粒、胶体物质以及细菌和海藻等杂质,其中的细菌和藻类物质很难用常规的预处理技术完全除去,这些物质可在管道及膜表面迅速繁衍生长,从而堵塞水路和污染反渗透膜,影响反渗透装置的使用寿命。通过超滤可将原水中的细菌和海藻等杂质几乎完全除去,从而既保证了后续装置的安全运行,又提高了水的质量。

超滤在生物合成药物中主要用于大分子物质的分级分离和脱盐浓缩以及小分子物质的纯化、生化制剂的去热原处理等。目前已开发出结构与板框压滤机相似,但体积比板框压滤机小得多的工业规模的超滤装置,可取代传统的板框压滤机对发酵液进行过滤,该装置已用于红霉素、青霉素、头孢菌素等抗生素的生产。

超滤过程由于无相变,不需要加热,不会引起产品变性或失活,因而在药品生产中常用于病毒及病毒蛋白的精制。目前狂犬疫苗、日本乙型脑炎疫苗等病毒疫苗均已采用超滤浓缩提纯工艺生产。

此外,超滤技术还可用于制备复方丹参、五味消毒饮等中药注射液以及中药口服液,提取中药有效成分和制备中药浸膏等。

（三）纳滤（nanofiltration，NF）

1. 纳滤分离原理

纳滤是一种介于超滤与反渗透之间的膜过滤技术，可截留能通过超滤膜的溶质，而让不能通过反渗透膜的溶质通过，从而填补了由超滤与反渗透留下的空白。纳滤膜在其分离应用中具有下列两个显著特征：一是其截留物质分子的相对分子质量介于反渗透膜和超滤膜之间，为200～2000；二是纳滤膜对无机盐有一定的截留率，因为它的表面分离层由聚电解质构成，对离子有静电相互作用。从结构上看纳滤膜大多是复合膜，即膜的表面分离层和它的支撑层的化学组成不同。根据其第一个特征推测，纳滤膜的表面分离层可能拥有1 nm左右的微孔结构，故称为"纳滤"。

纳滤能截留小分子有机物，同时透析出无机离子，是一种集浓缩与脱盐于一体的膜过滤技术。由于无机盐能透过纳滤膜，因而大大降低了渗透压，故在膜通量一定的前提下，所需的外压比反渗透所需的外压要低得多，从而可使动力消耗显著下降。

2. 影响纳滤膜分离的主要因素

（1）操作压力：操作压力越高，透过膜的水通量越大，但应注意压力升高会导致膜致密化，从而导致水通量降低。通常纳滤膜操作压力控制有恒压操作法和恒流量操作法。前者保持操作压力一定，膜的水通量随着膜面污染而减少，导致实际通量不断降低；后者为了保持膜的水通量恒定，伴随膜面污染升高，操作压力不断升高，操作压力升高可导致膜致密化，操作压力超过某数值时，就需对膜进行清洗。

（2）操作温度：温度对透过膜的水通量影响较大，研究表明，温度升高，流体黏度降低，据推测每升高1 ℃，水通量可增加2.5%。但是需注意的是温度升高也可能导致膜的致密化加重。

（3）操作流量：卷绕式膜分离系统需根据膜组件内膜与膜之间的距离，确定适宜的操作流量。例如，卷绕式膜内膜与膜间距为0.7 mm，膜面流速为8～12 cm/s。提高膜面流速有利于抑制膜面的浓差极化，但流速提高将会增大膜组件原料的进出口压力差，从而使膜的有效操作压力降低。

3. 纳滤的应用

20世纪80年代末期，随着新的制膜方法（如界面聚合法）的出现和制膜工艺的不断改进，一批新型复合膜（如疏松型反渗透膜和致密型超滤膜）得以问世，并受到人们的极大关注，现在人们习惯上将该类膜称为纳滤膜。纳滤膜分离过程无任何化学反应，无须加热，无相转变，不会破坏生物活性，因而被越来越广泛地应用于食品、医药等行业中的各种分离和浓缩过程。

在制药工业中，纳滤技术可用于抗生素、维生素、氨基酸、酶等发酵液的澄清、除菌过滤、剔除蛋白以及分离与纯化等。此外，其还用于中成药、保健品口服液的澄清、除菌过滤以及从母液中回收有效成分等。

（四）反渗透（reverse osmosis，RO）

1. 反渗透原理

反渗透过程必须具备两个条件：具有高选择性和高渗透性的选择性半透膜，操作压力必须高于溶液的渗透压。反渗透又称逆渗透，是一种以压力差为推动力，从溶液中分离出溶剂的膜分离操作。对膜一侧的料液施加压力，当压力超过它的渗透压时，溶剂会逆着自然渗透的方向进行反向渗透，从而在膜的低压侧得到透过的溶剂，即渗透液；高压侧得到浓缩的溶液，即浓缩液。若用反渗透处理纯化水，在膜的低压侧得到淡水，在高压侧得到浓水。

反渗透应用的半透膜为只能透过水而不能透过溶质的膜。反渗透原理如图5-20所示。将纯水和一定浓度的盐水分别置于半透膜的两侧，开始时两边液面等高。图5-20(a)出现的现象称为渗透,主要是由于膜两侧水的化学位不等,水将穿过半透膜由纯水侧向盐水侧流动。由于水的不断渗透,盐水侧的液位上升,使膜两侧的压力差增大。当压力差足以阻止水向盐水侧流动时,渗透过程达到平衡,此时的压力差称为该溶液的渗透压。图 5-20(b)所示在盐水的液面上方加压并使压力大于渗透压,此时水将由盐水侧透过膜向纯水侧流动,这种现象称为反渗透。

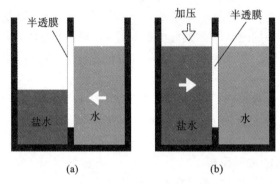

图 5-20 反渗透原理示意图

注:(a)渗透;(b)反渗透。

同理,半透膜的两侧放置浓度不同的两种溶液,开始时,水将自发地从低浓度侧向高浓度侧渗透。如果在高浓度侧的液面上方施加大于渗透压的压力,此时水将从高浓度侧向低浓度侧渗透,能够使高浓度侧溶液进一步被浓缩。

2. 反渗透的应用

反渗透广泛地应用于溶液中组分的分离纯化。通常用于海水和苦咸水的淡化处理,废水处理,纯水和超纯水的制备,饮用水的净化,化工、食品和医药等工业料液的纯化和浓缩、分离等方面。反渗透技术在医药工业中的一个重要应用就是用来制备注射用水。此外,其还常用于抗生素、维生素、激素等溶液的浓缩过程。反渗透技术在制药生产工艺中,可用于预除盐处理,能够使离子交换树脂的负荷减轻 90% 以上,树脂的再生剂用量也可减少 90%。因此,不仅节约费用,而且还有利于环境保护。反渗透技术还可用于除去水中的微粒、有机物质、胶体物,对减轻离子交换树脂的污染、延长其使用寿命都有良好的作用。

(五)电渗析(electrodialysis)

电渗析是在外加直流电场的作用下,以电位差为推动力,使溶液中的离子定向迁移,利用离子交换膜的选择透过性,从溶液中脱除或富集电解质的膜分离操作。

电渗析所用的离子交换膜可分为阳离子交换膜(简称阳膜)和阴离子交换膜(简称阴膜),其中阳膜只允许水中的阳离子通过而阻挡阴离子,阴膜只允许水中的阴离子通过而阻挡阳离子。电渗析系统由一系列平行交错排列于两极之间的阴、阳离子交换膜组成,这些阴、阳离子交换膜将电渗析系统分隔成若干个彼此独立的小室,其中与阳极相接触的隔离室称为阳极室,与阴极相接触的隔离室称为阴极室。操作中离子减少的隔离室称为淡水室,离子增多的隔离室称为浓水室。如图 5-21 所示,在直流电场的作用下,带负电荷的阴离子向正极移动,但它只能通过阴膜进入浓水室,而不能透过阳膜,因而被截留于浓水室中。同理,带正电荷的阳离子向负极移动,通过阳膜进入浓水室,并在阴膜的阻挡下被截留于浓水室中。

由于阳极室中有初生态氯产生而对阴膜有毒害作用,故贴近电极的第一张膜宜用阳膜,而且阳膜价格较低且耐用。而在阴极室及阴膜的浓水室侧易有沉淀,故电渗析每运行 4 h,需倒换电极,此时原浓水室变为淡水室,倒换电极后,需将电压逐渐升高至工作电压,以防离子迅速转移而使膜生垢。

 NOTE

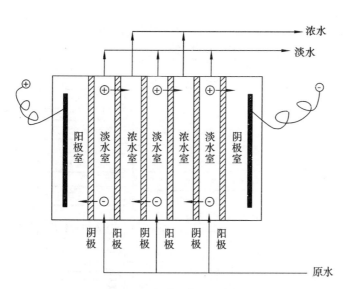

图 5-21 电渗析原理示意图

电渗析技术在制药工业中的一个重要应用是水的脱盐,如锅炉给水的脱盐以及制备注射用水过程中水的脱盐等。此外,电渗析技术还可用于葡萄糖液、氨基酸、溶菌酶、淀粉酶、维生素 C、甘油等药物的脱盐精制。

近半个世纪以来,膜分离技术飞速发展,特别是 20 世纪 60 年代工业化应用后,其应用领域日趋拓宽。上述工业化应用的膜分离技术及其基本特征见表 5-7。电渗析是利用荷电膜,在电力场的推动下,从溶液中脱除离子。微滤、超滤、纳滤和反渗透都是以压力为驱动力的膜分离过程,即压力驱动膜过程。这些膜分离过程都相对比较成熟,在医药领域有大规模的应用和市场。

表 5-7 工业化应用的膜分离过程和基本特征

分离过程	推动力	传递机理	膜类型	分离的物质	透过组分
微滤	压力差 (约 100 kPa)	筛分	多孔膜	粒径大于 0.1 μm 的粒子	溶液、气体
超滤	压力差 (0.1～100 kPa)	筛分	非对称膜	相对分子质量大于 500 的 大分子和细小胶体微粒	小分子溶液
反渗透	压力差 (0.1～100 kPa)	优先吸附、 毛细管流动 (溶解-扩散)	非对称膜 或复合膜	相对分子质量小于 500 的小分子物质	溶剂
渗析	浓度差	筛分微孔、 膜内的扩散	非对称膜或 离子交换膜	溶液中的大分子物质 和小分子物质的分离	小分子组分
电渗析	电化学势差	反离子经离子 交换膜的迁移	离子交 换膜	溶液去除小分子物质 或小分子物质分级	小分子组分

渗透汽化
膜分离

NOTE

本章小结

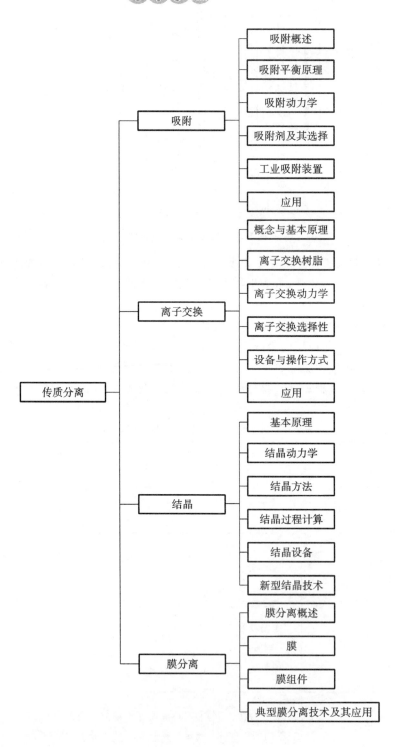

```
                                        ┌─ 吸附概述
                                        ├─ 吸附平衡原理
                                        ├─ 吸附动力学
                              吸附 ──────┤
                                        ├─ 吸附剂及其选择
                                        ├─ 工业吸附装置
                                        └─ 应用

                                        ┌─ 概念与基本原理
                                        ├─ 离子交换树脂
                                        ├─ 离子交换动力学
                           离子交换 ─────┤
                                        ├─ 离子交换选择性
                                        ├─ 设备与操作方式
             传质分离 ──────             └─ 应用

                                        ┌─ 基本原理
                                        ├─ 结晶动力学
                                        ├─ 结晶方法
                              结晶 ──────┤
                                        ├─ 结晶过程计算
                                        ├─ 结晶设备
                                        └─ 新型结晶技术

                                        ┌─ 膜分离概述
                                        ├─ 膜
                            膜分离 ──────┤
                                        ├─ 膜组件
                                        └─ 典型膜分离技术及其应用
```

思考与练习

1. 吸附剂的哪些特征会影响吸附过程?

2. 根据活性基团的不同,离子交换剂可分为几大类?

3. 工业上结晶操作的优点有哪些?

4. 结晶过程影响晶体的粒度及粒度分布的因素主要包括哪些?

5. 简述反渗透分离的原理。

(张丽华)

参考答案

 NOTE

·第三篇·
药物制剂与包装

药物制剂是将药物制成适合临床应用并符合一定质量标准的剂型。任何一个药品用于临床时，均要制成一定的剂型。制剂生产过程是在药品生产质量管理规范（GMP）指导下，各操作单元协同作业的过程。不同剂型制剂的生产操作单元不同，同一剂型的制剂也会因工艺路线不同而使操作单元不同。为了叙述方便并突出重点，本篇对固体制剂和液体制剂进行详述，将药物制剂生产过程中常见操作单元的工程原理和设备进行讲解。

包装是药品生产的组成部分。药品包装的作用和地位已引起生产厂家、商家和消费者的高度重视。药品包装越精致，包装的质量越高，消费者越能感知药品具有较高质量。本篇第八章首先介绍了药品包装的作用、分类与常见包装材料，然后详述固体制剂和注射剂的包装过程原理与设备。

第六章　固体制剂

固体制剂（solid preparations）是以固体状态存在的剂型总称。本章先简要介绍固体制剂特点、固体制剂的体内吸收过程，以及固体制剂制备流程等内容，然后详细讲述固体制剂生产过程中常见的单元操作（粉碎与筛分、混合与制粒、干燥），以及压片、包衣和胶囊填充等过程的原理与设备。

案例导入

2012 年，有消费者向媒体反映，部分市售阿莫西林胶囊在保质期内出现漏药情况，在密封的包装里出现很多白色粉末，致使患者服用药物剂量不足，病情加重。患者联系厂家询问胶囊出现白色粉末的原因及产品是否合格，厂家初次回复说是药品出厂后在运输过程中受到震动导致，第二次回复说主要是胶囊的中间接口连接不够紧密而导致漏药。在消费者与媒体的不断追责中，企业品牌及产品声誉受到极坏影响。

问题：
1. 阿莫西林生产过程经过哪几道工序？
2. 阿莫西林在保质期内出现漏药的原因是什么？
3. 如何避免阿莫西林在保质期内出现漏药情况？

第一节　概　　述

一、固体制剂特点

临床常用的固体制剂主要有散剂、颗粒剂、片剂、胶囊剂等，在药物制剂中约占 70%。一般来讲，固体制剂主要供口服给药使用。

固体制剂的共同特点：①与液体制剂相比，物理、化学稳定性好，生产成本较低，服用、携带方便；②多种固体制剂制备过程中有类似的操作单元和操作过程，剂型之间有密切的联系；③药物在体内溶解后，才能透过生理膜，被吸收入血液循环，具有相似的体内吸收路径。

扫码看课件

案例导入
解析

 NOTE

二、口服固体制剂的体内吸收

口服固体制剂共同的吸收路径:固体制剂口服给药后,须经过药物的溶解过程,才能经胃肠道上皮细胞吸收进入血液循环从而发挥其治疗作用,其溶解过程的快慢影响后续的吸收过程。特别是对于一些难溶性药物,药物的溶出过程为药物吸收的限速过程。若溶出速率小,吸收慢,则血药浓度难以达到治疗的有效浓度。

片剂和胶囊剂口服后首先崩解成细颗粒状,然后药物分子从颗粒中溶出,药物通过胃肠道黏膜吸收进入血液循环。颗粒剂或散剂口服后没有崩解过程,迅速分散后具有较大的比表面积,因此药物的溶出、吸收和起效较快。因此,口服固体制剂吸收的快慢顺序一般是散剂>颗粒剂>胶囊剂>片剂>丸剂。

可以看出,固体制剂在体内分散成细颗粒是重要环节,这与原料药的理化性质、药物的控制释放设计、固体剂型的选取、粉体性质、颗粒制备、干燥、压片、包衣等具有重要关系。

三、药物溶出速率及影响因素

对于多数固体制剂来说,药物的溶出速率直接影响药物的吸收速率。假设固体表面药物的浓度为饱和浓度 C_s,溶液主体中药物的浓度为 C,药物从固体表面通过边界层扩散进入溶液主体,此时药物的溶出速率(dC/dt)可用 Noyes-Whitney 方程描述:

$$dC/dt = KS(C_s - C) \tag{6-1}$$

$$K = D/(V\delta) \tag{6-2}$$

式中,K 为溶出速率常数;D 为药物的扩散系数;δ 为扩散边界层厚度;V 为溶出介质的体积;S 为溶出界面面积。

在体内环境中,药物的浓度通常较低,$C \to 0$,式(6-1)可简化为

$$dC/dt = KSC_s \tag{6-3}$$

可以看出,Noyes-Whitney 方程解释了影响药物溶出速率的因素,表明药物从固体溶剂中溶出的速率与溶出速率常数、药物粒子的表面积、药物的溶解度成正比。因此,可以通过以下措施来改善药物的溶出速率。

(1)增大药物的溶出面积。通过粉碎以减小粒径,增大比表面积,提高亲水性,改善崩解等措施,是提高溶解速率、加快吸收速率的常用的有效措施之一。

(2)增大溶出速率常数:加强搅拌,以减小药物扩散边界层厚度或提高药物的扩散系数。

(3)提高药物的溶解度:升高温度,改变晶型,制成固体分散物等。

另外,在考察溶出过程中,还需要综合考虑产品的硬度、脆碎度、辅料和助剂的理化性质等因素。

四、固体制剂的制备流程

在固体制剂的制备过程中,需要先将药物进行粉碎、筛分,然后才能加工成各种适宜剂型。例如,药物与其他组分混合均匀后直接分装,可获得散剂;将混合均匀的药物和其他组分进行造粒、干燥后分装,即可得到颗粒剂;将上述制备的颗粒压缩成形,可制备成片剂;将混合后的粉末或颗粒分装入胶囊中,可制备成胶囊剂等。固体制剂制备流程见图6-1。

下面,我们将详细讲述粉碎、筛分、混合、制粒、干燥等固体制剂生产过程中常见的单元操作,以及压片、包衣和胶囊填充等过程的原理与设备。

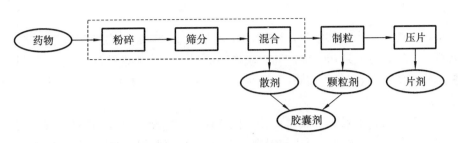

图 6-1 固体制剂制备流程简图

第二节 粉碎与筛分

一、粉碎

粉碎是工业生产中的一种单元操作,是一种纯机械过程的操作,是借助机械力将大块固体物质碎成适当细度的操作过程,对于体积过大而不适宜使用的固体原料或不符合要求的半成品,要进行加工使其变小,这个过程就叫粉碎。

在制剂前常需要将固体原药材、原药材提取物(或辅料)适度地粉碎,经过筛分分级使粒径分布较为均匀,再通过混合操作得到可供进一步制备各种剂型使用的原料(制粒)。因此,依据制备工艺,粉碎的作用和目的如下所示。

(1)增大药物的表面积,促进药物溶解。

(2)使药物体积缩小,有利于制备各种药物剂型。

(3)有利于药物及辅料的均匀混合。

(4)加速中药有效成分的浸出或溶出。

(5)便于干燥和储存。

粉碎操作是药物制备过程中的一个环节,对后续工艺的设计和完成有重要影响,如原料(辅料)的粒径分布、可压性、流动性,压制颗粒的粒度分布、耐压性,片剂的崩解性等,因此,在粉碎过程中还要考虑如下因素。

(1)药物不宜过度粉碎,需要考虑后续的分离工艺,达到所需要的粉碎度即可。

(2)在粉碎过程中,应尽量保持药物的组分和药理作用不变。

(3)粉碎毒性药物或刺激性较强的药物时,应注意劳动保护,以免中毒。粉碎易燃易爆药物时,要注意防火防爆。

固体经粉碎操作后,会变为大小不一的颗粒,而颗粒的粉体性质与产品质量有很大关系。如在提取过程中,要考虑提取原料颗粒的比表面积、动力学因素和后续工艺处理;在制剂过程中,药物颗粒需要经过粉碎、筛分、混合、浸出、吸收、分散、团聚、制粒、干燥等操作,其组成粉体的每个粒子的大小及粒度分布、粒子形状、比表面积、粉体密度与空隙率决定了粉体的流动性与充填性、吸湿性与润湿性、黏附性与凝聚性、压缩性等,从而影响制剂过程中各操作单元的效率与产品质量。

(一)粉碎方式

粉碎物料的方式很多,依据粉碎机刀具(锤头、齿板、刀片、瓷球)、物料与粉碎机刀具之间的作用力方向,主要分为以下几种。

NOTE

1. 挤压

将物料置于两个工作构件之间,逐渐加压,达到它的压碎强度,使之由弹性变形、塑性变形而至破裂粉碎。这种方式适用于硬质和大块物料的粗、中碎,如果被处理的是带有韧性、塑性和含有黏性物质的物料,不仅不能粉碎,还会造成片料的产生,食品工业中常使用这个特性。

2. 剪切

这是一种能耗较低的粉碎方式,特别适用于粉碎韧性、塑性物料,粉碎过程中需要对物料进行固定和牵引,因此形成的表面比较规则。中药材前处理过程中常使用此类机械。

3. 撞击

物料与粉碎机刀具以相对高速运动撞击时,受到短时间的集中外力作用,物料被破碎。撞击粉碎的应用范围和粉碎程度很大,可以用于不同脆性物质,较大块破碎到微细粉碎,适用于多种物料。该类机械最典型的是锤式粉碎机。

4. 研磨

使物料与粉碎机刀具在一定压力下相对运动而挤压、摩擦,物料受到破坏,从而达到粉碎的目的。这个过程中既有挤压又有剪切,还有撞击,是一个复杂的粉碎过程,粉碎精度高。研磨过程中可以加入研磨助剂,根据研磨助剂的不同,可以分为湿法研磨、干法研磨和半干法研磨。

(二)粉碎方法

根据药料的性质、使用要求及粉碎机械的性能,粉碎方法主要分为以下几种。

1. 开路粉碎和循环(闭路)粉碎

(1)开路粉碎:物料只通过粉碎设备一次即达到要求粒度的粉碎。其特点是卸出物料全部作为产品,该过程不带分级设备。开路粉碎流程简单、设备简单,缺点是粉碎效率低、部分物料粒度不合格。

(2)循环粉碎:物料经粉碎机粉碎后,通过分级设备将其中符合粒度要求的细粒物料分出作为产品,把其中的粗粒部分重新送回粉碎机与后加物料一起再进行粉碎。其特点是物料粉碎带有筛分设备,物料经过的路线复杂,使用较多的附属设备,常用于最后一级粉碎流程。

2. 干法粉碎和湿法粉碎

(1)干法粉碎:直接将含水量在4%以下的干燥药物进行粉碎的过程。实际生产中,常将全部药料混合在一起进行粉碎,在粉碎过程中达到均匀混合的目的,适用于软硬适中的药物,药品生产中大多采用干法粉碎。其特点是工艺简单,现场粉尘飞扬,需要注意除尘和劳动保护,物料流动性差,当物料含水量高时,细粉会黏结。

(2)湿法粉碎:在固体药物中加入适量的液体后再进行研磨粉碎,适用于硬度较高,有毒性、有刺激性的药物。其特点是工艺较复杂,筛分较简单,现场无粉尘。

3. 单独粉碎与混合粉碎

(1)单独粉碎:将处方中的一味药材单独进行粉碎的方法。其特点是可按照粉碎药物的性质选取较合适的机械,可以避免粉碎时因不同药料损耗不同而引起含量不准确的现象出现。贵细药物、刺激性药物,以及氧化性与还原性药物必须单独粉碎,特殊处理药料也要单独粉碎。

(2)混合粉碎:将两种及两种以上的物料同时粉碎的操作。其特点是粉碎与混合同时进行,可防止黏性或热塑性物料单独粉碎时容易发生的黏壁现象,一般中药复方制剂多采用混合粉碎,粉碎效果更好。

4. 低温粉碎与超微粉碎

(1)低温粉碎:在粉碎之前或粉碎过程中将药物进行冷却的粉碎方法,在低温状态时利用药料的低温脆性进行粉碎。其特点是粉碎得到的粉体粒径更小,粒度均匀,能耗较低,同时可有效保持药物活性,保留挥发性成分。适用于具有热塑性、强韧性、热敏性、挥发性的物料及熔点低的物料。

(2)超微粉碎:利用机器或流体动力将 0.5~5 mm 的物料颗粒粉碎至微米级甚至纳米级的过程。其特点是可使物料粉碎成粒径达 5 μm 的粉末,使得植物细胞破壁率达 95% 以上,能最大限度地保留粉体的生物活性及各种营养成分,减少有效成分的损失,使药物起效更加迅速。

(三)常用粉碎设备

1. 按粉碎程度分类

(1)破碎设备:分粗碎、中碎、细碎。碎后颗粒粒径为 1~100 mm。

(2)磨碎设备:分粗磨、细磨。碎后颗粒粒径为 10~500 μm。

(3)超微粉碎机:粉碎后颗粒粒径在 10 μm 以下。

2. 按机械结构和工作原理分类

粉碎机的种类很多,不同粉碎机具有不同的机械结构和工作原理,为达到良好的粉碎效果,应了解被粉碎物料的基本物性和粉碎程度及要求,熟悉粉碎机械的原理和特点,按照粉碎形式、工艺及环境要求、物料特性来选择适宜的粉碎机械。

(1)切药机。

切药机(图 6-2)主要用于切制根、茎、叶、草等类中药材,将中药材切制成片、段、细条或碎块等。刀架通过连杆、曲轴或曲柄滑块机构使切刀做上下直线往复运动,采用动力传递装置使传送带做间歇运动,传送带上方配置(活口)压料进给装置,也可配置间歇进料装置,使物料间歇进给,达到对药材的切割。

(2)锤击式粉碎机。

锤击式粉碎机(图 6-3)是一种利用旋转中的重锤对物料进行猛烈而迅速的冲击而使之粉碎的粉碎机,也称锤磨,主要用于中碎处理。在设备主轴上装有几个钢质圆盘,盘上又装着一些固定的硬钢锤头(破碎锤),主轴在封闭的机壳内高速旋转时,带动锤头在不同位置上以很大的离心锤击力将物料破碎。缺点是如果物料太硬,锤头容易损坏,在此基础上可进行调整,将固定锤换成可摆动的锤头,进行更多次的冲击和撞击,以达到破碎要求,已经破碎的物料通过机壳底部的格栅缝隙排出。

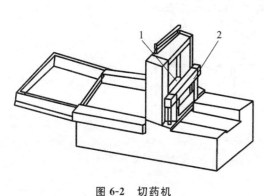

图 6-2 切药机

注:1. 压辊;2. 刀架。

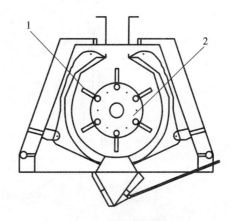

图 6-3 锤击式粉碎机

注:1. 破碎锤;2. 圆盘。

(3)气流式粉碎机。

气流式粉碎机(图 6-4)是使用空气、过热蒸汽或其他气体通过喷嘴喷射作用成为高速(能)气流(300~500 m/s 或 300~400 ℃),高速(能)气流使物料在粉碎腔中发生剧烈的冲击、碰撞

 NOTE

和摩擦等作用,同时高速(能)气流对颗粒具有剪切冲击作用,使物料成为超微粒子。气流式粉碎机与旋风分离器、除尘器、引风机组成一整套粉碎系统,粉碎后的物料在风机抽力作用下随气流运动上升至分级区,在高速旋转的分级涡轮产生的强大离心力作用下,粗、细颗粒分离,符合粒度要求的细颗粒通过分级涡轮进入旋风收集器和除尘器中收集,粗颗粒下降至粉碎区进行二次粉碎。其特点是粗、细颗粒可自动分级,产品粒度分布较窄,多用于低熔点和热敏性物料的粉碎,产品不易受金属或其他粉碎介质的污染。

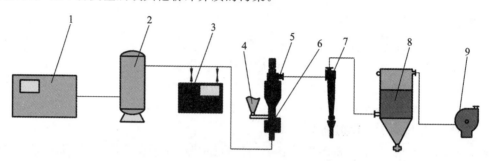

图 6-4　气流式粉碎机

注:1. 空气压缩机;2. 储气罐;3. 冷干机;4. 进料系统;5. 分级机;
6. 粉碎机;7. 旋风收集机;8. 脉冲除尘器;9. 引风机。

(4)(转)辊式粉碎机。

(转)辊式粉碎机(图 6-5)是一种老式粉碎机,结构简单,主要用于中细碎作业,基本类型有双辊式和单辊式。双辊式粉碎机由两个圆柱状辊筒作为主要的工作机构,工作时两个圆辊相向旋转,将进入双辊间的物料压碎,破碎产品从双辊间间隙排出,间隙的大小决定了破碎产品的最大粒度。对于含水量较高的物料,该设备不易使之破碎,相反可利用该特性将物料压制成片状、条状。

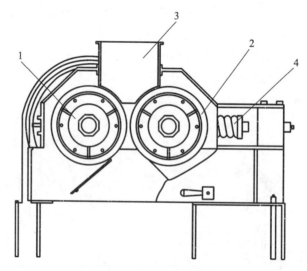

图 6-5　(转)辊式粉碎机

注:1. 固定辊;2. 浮动辊;3. 进料装置;4. 弹簧。

(5)球磨机。

球磨机(图 6-6)是历史悠久的老式粉碎设备,是物料破碎后再进行粉碎的关键设备,是工业生产中广泛使用的高细磨机械之一。球磨机的工作部分是装有研磨介质的圆柱状罐体,在其不锈钢或陶瓷圆柱状罐体内装有一定数量的钢球或瓷球,当罐体转动时,研磨介质随罐体上升至一定高度后,呈抛物线抛落或呈泻落下滑。在物料左右、上下的运动过程中,物料受到钢球的冲击、研磨而逐渐粉碎,最终达到粉碎要求。其粉碎效率与滚筒转速、研磨介质填充系数、研磨介质尺寸和物料含水量等有关。其特点是结构简单,通用性好,干湿法均可行,粉碎周期长,能耗大,生产能力低。

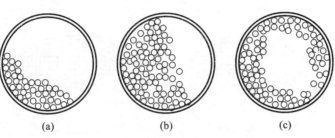

图 6-6 球磨机中球的三种运动状态

注:(a) 过慢;(b) 合适;(c) 过快。

二、筛分

筛分是用筛网按所要求的颗粒粒径范围将物料分成不同粒度的单元操作。颗粒粒径的分级对药物的混合、配料、制剂等制备工艺和保证药物的质量具有重要作用。筛分可以筛出细粒部分,提高粉碎效率和避免过度粉碎,也可以筛分分级,分别处理,满足配料和混合需求。

1. 筛分种类

依据筛分的目的不同,筛分可以分为 5 类。

(1) 独立筛分:目的是得到满足用户要求的最终产品。

(2) 辅助筛分:主要用在破碎作业中,对破碎作业起辅助作用,又可分为预先筛分和检查筛分两种情况。预先筛分是对破碎前的物料进行筛分,预先筛出小于破碎机排出粒度的部分,以便减少设备负荷,提高破碎机处理能力;检查筛分是对破碎后的产品进行筛分,筛出粒度合格的筛下产物,为下一道工序提供原料,对不合格产品进行再次破碎。

(3) 准备筛分:目的是为下一作业做准备,即对物料进行筛分分级,将其分成粗、中、细产品进行分级淘汰备用。

(4) 选择筛分:如果物料中有用成分在各个粒级的分布差别很大,则可以通过筛分得到质量不同的粒级,把低质量的粒级筛除,即筛选物料。

(5) 脱水筛分:目的是脱除物料的水分,一般在选矿过程中常见。

2. 常用筛网

根据材质,振动筛网主要有不锈钢筛网(抗冲击)、锰钢筛网(常见)、聚氨酯筛网(耐磨)。根据加工方式,筛网可分为编织(平纹编织、斜纹编织)筛网、冲孔筛网。根据筛孔形状,筛网可分为方形(常见)、长方形、圆形、多角形筛孔筛网等。

筛网的目数是指物料的粒度或粗细度,一般定义是在 1 英寸×1 英寸的面积内有多少个网孔,即筛网的网孔数,如 200 目,就是 1 英寸×1 英寸面积内有 200 个网孔的筛网。由此可知,目数越大,通过的物料粒度越小;目数越小,通过的物料粒度越大。筛网目数与孔径之间的关系,经验的换算方法为目数×孔径(μm)=15000。由于编制筛网时用的丝的粗细不同,不同国家的标准也不一样。

3. 常用筛分设备

依据筛分机械动力提供方式和筛面物料运动轨迹,常用的筛分设备主要类型有手摇筛、回转筛、振动筛等。

(1) 手摇筛(图 6-7)。手摇筛的筛网用不锈钢、铜丝、尼龙丝等编制而成,固定在圆形或长方形的金属边框上,通常按筛号大小依次套叠,亦称套筛,其动力一般由人工提供,物料运动轨迹为水平往复直线。手摇筛一般适用于实验室筛分,最粗筛在顶部,上面加盖,最细筛在底部,套在接收器上。筛分时,依据筛分要求和粒度分布,选用所需级别药筛组合,达到分级需求。优点是可控制粉尘,缺点是处理量小,适用于实验室筛分或对分级要求更加精细的筛分操作。在手摇筛的基础上,通过改变动力提供方式,发展起来由连杆连接动力装置的摇动筛。

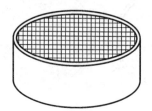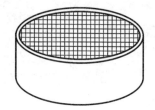

图 6-7　手摇筛筛网

　　(2) 回转筛(图 6-8)。回转筛属于往复筛的一种,回转筛的回转筒体由筛板或筛网制成,水平或倾斜安装在机架上,由电机带动筒体回转,一般回转筛为双层筛或多层筛。其工作原理是靠筛面的转动,物料在筛面上产生相对滑动而被筛分,一端给料一端出料。回转筛的特点是工作转速低,工作平稳,可以将筛分物料直接送到运输机械。由于筛板振动力小,物料运动较缓,筛孔容易堵塞,筛分效率低,筛面利用率不高,而且机器庞大,金属用量大。圆筒筛是回转筛的一种基础形式。

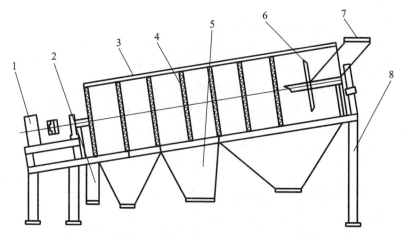

图 6-8　回转筛

注:1. 驱动装置;2. 粗料出料口;3. 密封罩;4. 筒体;
5. 筛下物出料口;6. 挡料板;7. 进料口;8. 支架。

　　(3) 振动筛(图 6-9)。筛面做上下振动,加剧物料颗粒间、颗粒与筛面间的相对运动,提高颗粒通过筛孔的机会,原理是利用振子激振所产生的往复型振动而工作,由振子的上旋和下旋使筛面产生复旋型振动,振动轨迹是一复杂的空间曲线。通过调节上、下旋重锤的激振力,可以改变振动的振幅;通过调节上、下旋重锤工作角度,可以改变筛面运动轨迹的曲线形状,从而改变筛面上物料的运动轨迹,提高筛分效率。振动筛效率高,质量轻,有很高的生产能力和筛分效率,适用范围广,操作与调整比较方便,适用于干物料的筛分,对含水量高、有黏附性的物料不适用,其能耗高,工作噪声和粉尘较重。按照振动筛筛面上物料运行轨迹,振动筛可以分为直线振动筛(水平直线运动)、圆振动筛(水平圆形往复运动)、精细筛分机(水平运动、垂直运动、往复运动)。振动筛是由振子激振提供动力,在此基础上由衔铁、电磁铁和电路提供动力,发展出了电磁振动筛。

NOTE

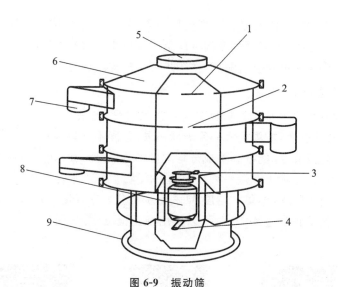

图 6-9　振动筛

注:1. 筛网;2. 网架;3. 上部重锤;4. 下部重锤;5. 进料口;6. 防尘盖;7. 出料口;8. 振动电机;9. 机座。

4. 影响筛分效率的因素

影响筛分效率的因素有很多,如粉末吸潮、筛内药粉厚、筛分时物料处于静态等。依据筛分操作导致的物料在筛分机械中的动态过程特性,可以将其归纳为三大影响因素:物料性质,筛分机械,操作条件。

(1)物料性质。①物料的粒度分布;②物料的含水量;③物料的颗粒形状;④物料密度。

(2)筛分机械。①有效筛面面积;②筛孔大小;③筛孔形状;④筛面长度和宽度;⑤筛面的倾角;⑥筛子的运动状况。

(3)操作条件。①加料均匀性,即单位时间内的加料量应相等,入筛物料沿筛面宽度分布要均匀;②料层厚度(装载量),料层厚度控制得越薄,筛分效率越高,但生产率越低。

第三节　混合与制粒

一、混合

混合通常指用机械方法使两种或两种以上物料相互分散而达到均匀状态的单元操作,参与混合的各物料没有本质变化,且能保持各自原有的化学性质。混合操作是制剂过程中重要的单元操作,混合效果的好坏直接关系到制剂的质量及外观,如在散剂、片剂等的生产中,混合不好会出现含量不均匀、剂量不准确、色斑、崩解时限不合格等问题。因此,在制药过程中,混合的目的是改善药品原料、辅料体系的可加工性,改进药品的使用性能、安全性能或降低成本。

(一)混合机理

按照 Brodkey 混合理论,混合过程涉及扩散的三种基本运动形式:分子扩散、涡旋扩散和体积扩散。

(1)分子扩散:在浓度梯度作用下,各物料组分自发地由浓度高的区域迁移到浓度低的区域,从而达到各处组分均化的一种扩散形式。分子扩散在气体和低黏度液体中占支配地位,在固体与固体间作用很小。

(2)涡旋扩散:由系统内产生的紊流而实现流体混合的一种扩散形式。对于气体和低黏度液体体系,涡旋扩散是常见的混合类型。

（3）体积扩散：也称为"对流混合"，指流体质点、液滴或固体粒子由系统的一个空间位置到另一个空间位置的运动，或指两种或两种以上组分在相互占有的空间内发生运动，来达到各组分的均匀分布。在制剂的混合过程中，体积扩散占据支配地位。

（二）混合程度与表征

混合操作是将两种或两种以上物料进行分散的过程，与液-液混合一样，存在连续相和分散相，组分物料带电属性不同、颗粒大小和形状不同、密度不同等因素，对混合的程度和效果影响较大。对于制药过程来说，药物活性成分均匀度和分散度都要求很高，可以用均一性和分散程度来描述混合状态。工业上常用平均粒径和总体均匀度 M 来定量描述混合程度。其中，平均粒径描述分散相分散程度，总体均匀度 M 表明少组分分布程度，$M=1$，完美混合，$M=0$，完全分离。在实际检测和评估过程中，也可以使用视觉检测法、聚团计数法等。图 6-10 所示为物料混合状态。

(a)　　　　　　　　(b)　　　　　　　　(c)

图 6-10　物料混合状态

注：(a) 完全分离；(b) 完全混合；(c) 随机混合。

（三）混合机械

混合机械种类很多。按照混合物料，混合设备可分为固体物料、液体物料、半固体物料混合设备。按照混合容器固定或转动，可分为固定型混合机和回转型混合机。按照混合运动方式可分为 V 形混合机、二维混合机、三维混合机、双锥（单锥）混合机。

1. V 形混合机

V 形混合机（图 6-11）的混料桶结构独特，物料经历分散—混合—分散过程，混合均匀，效率高，不积料，操作容易，维护、清洗方便，电机带动 V 形混料桶连续旋转，带动桶内物料在桶内上、下、左、右进行混合。

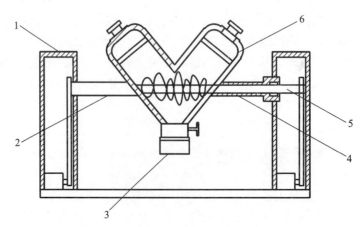

图 6-11　V 形混合机

注：1. 混合机主体；2. 连接轴；3. 防尘机构；4. 中空转轴；5. 搅拌机；6. 混料桶。

NOTE

2. 槽式混合机

槽式混合机(图 6-12)用以混合粉状或糊状物料,使不同物料混合均匀。搅拌桨为通轴式,便于清洗。与物体接触处全采用不锈钢制成,有良好的耐腐蚀性,可自动翻转倒料。槽式混合机搅拌效率较低,存在搅拌死角。

3. 双锥混合机

双锥混合机(图 6-13)的混料桶为双锥形结构,物料在桶内来回翻转,可以顺转和倒转,加速了物料的扩散、流动和剪切,减少了积聚现象。其用于各种粉状、粒状物料的混合,对混合物料适用性广,对热敏性物料不会产生过热,对颗粒物料的压溃小,对添加量很少的物料同样能达到较好的混合度。缺点是物料流动性差,混合不完全,混合度低。

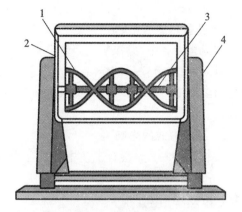

图 6-12 槽式混合机

注:1.螺带;2.混合槽;3.固定架;4.机架。

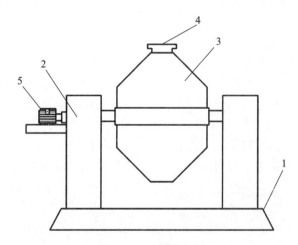

图 6-13 双锥混合机

注:1.底座;2.机架;3.混料桶;4.进料口;5.电机。

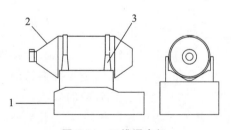

图 6-14 二维混合机

注:1.机架;2.转筒;3.摆动架。

4. 二维混合机

二维混合机(图 6-14)主要由转筒、摆动架、机架三大部分构成,转筒装在摆动架上,摆动架由一组曲柄摆杆机构来驱动,曲柄摆杆机构装在机架上。二维混合机的转筒可同时进行两个运动:一个为转筒的自转,另一个为转筒随摆动架摆动。被混合物料在转筒内随转筒转动、翻转、混合的同时,又随转筒的摆动而发生左右来回的掺混运动,在这两个运动的共同作用下,物料能得到充分的混合。二维混合机适合所有粉状、粒状物料的混合。

(四) 影响混合的因素

固体物料进行混合时往往会伴随着离析现象,离析是与粒子混合相反的过程,妨碍良好的混合,也可以使已经混合好的物料重新分层,降低混合程度。实际混合操作中影响混合的因素很多,总的来说可分为物料因素、设备因素、操作因素,物料因素如物料粉体性质的粒径分布、形态、密度等,设备因素如混合机的形状及工作原理、内部插入物(挡板,强制搅拌等)等,操作因素如物料的充填量、装料方式、设备转速和混合比等。

1. 设备转速的影响

在混合设备中,搅拌桨或回转设备都具有一定的转速,转速过低时,粒子在粒子层的表面向下滑动,剪切力较弱,物料总体流动弱,会造成明显的分离现象。转速过高时,粒子随离心力的作用随转筒一起旋转,形成物料之间的相对静止状态,剪切作用弱,混合效果差,甚至不起混合作用。

2. 装料方式的影响

装料方式一直是混合工艺中的研究热点和重点,需要考虑物料是先加、后加还是分批次加入,是等量加入还是按比例加入,分层加料还是上层加料、左右加料等。对于少量物质的混合,常使用等量递加法混合。

3. 充填量的影响

设备充填量小时,混合效果好,但产量不够;充填量大时,回转设备中物料流动空间小,混合效果不佳。一般情况下,充填量需要与设备类型和工作原理相符合,回转圆筒形混合机的充填量小于固定容器型混合机的充填量,如 V 形混合机是物料经历分散—混合—分散的往复循环过程,充填量不宜过大,在 30%(体积分数)左右时,混合效果最好。

4. 粒径的影响

混合操作中,各物料组分的粒径大小相近时,粒子间的重力分离作用相互抵消,物料容易混合均匀。相反,物料粒径不同或相差较大时,由于物料的分散度不同,粒子间的重力分离作用变得明显,混合程度较低。因此粒径相差较大时,应在混合之前进行粉碎处理。

5. 形态的影响

粒径相同时,形态不同的粒子间的混合过程大致相同,最后达到相近的混合状态。粒径不同时,形态不同的粒子间的混合过程不同,圆柱状粒子混合度最高,球状粒子和粒状粒子的混合度较低。

6. 密度的影响

密度不同的粒子向下流动速率的差异造成混合时的离析作用,使得其混合效果下降。因此,在密度有差异时,可将密度小的粒子先放于混合机内,然后加入密度大的粒子,快速混合。

二、制粒

为改善粉末流动性、飞散性等而使较细颗粒(粉末)团聚成粉团粒的过程,为制粒单元操作。制粒由于其复杂性被认为是一种艺术,制粒操作使颗粒满足对应的产品设计需求,以保证产品质量和生产顺利进行。在颗粒剂、胶囊剂中颗粒是产品,制粒的目的是改善物料的流动性、飞散性、黏附性及有利于计量准确、保护生产环境等,而且还要保证颗粒的形状和大小均匀、外形美观等。在片剂生产中,颗粒是中间体,制粒后还要经历压片过程,制粒不仅要改善流动性以减少片剂的质量差异,更要保证颗粒的压缩成型性,须考虑颗粒的粒径分布、含水量、脆碎度、可压缩性和压实性等,以及由此产生的不同产品性质,如硬度、崩解时限、药物的溶出速率或保质期等。

能否制粒及颗粒特性是制药过程中剂型确定和设计的依据,目前大多数药品还是以固体制剂为主,而颗粒是常规固体制剂(片、胶囊、颗粒)的基础形态。制粒过程中,需要把粉末、熔融液、水溶液等状态的物料加工制成具有一定形状与大小的粒状物,制备的颗粒可以是产品,如颗粒剂和胶囊剂,也可以是中间产品,如片剂。

(一)制粒方法

在医药生产中,广泛应用的制粒方法主要有湿法制粒和干法制粒,其中湿法制粒应用最为广泛。

干法制粒是利用物料本身的结晶水,通过机械挤压直接对原料粉末进行压缩、成型、破碎、造粒的一种制粒工艺。特点是原料粉末连续地直接成型、造粒,省略了加湿和干燥工序,节约了能耗,且无须添加黏合剂,投入少,效率高。但是,由于干法制粒过程中不加黏合剂,在剂型改善、原料可压缩性、辅料选取、颗粒均匀度、流动性、溶出度等方面不易控制,很多原料药不适合干法制粒。对有些药物(如热敏性强的药物),可选取干法制粒工艺。

湿法制粒是把药物粉末、熔融液或水溶液等物料加工成具有一定形状和大小的粒状物的操作过程。主要工艺包括制软材、制湿颗粒、干燥及整粒等步骤。

(1)制软材:将细粉置于混合机中,加适量润湿剂或黏合剂,搅拌混匀。在制软材过程中,需要注意原辅料的粒径分布、原辅料配比、黏合剂用量等。

(2)制湿颗粒:将软材压过适宜的筛网即成颗粒。制湿颗粒过程中,需要注意软材由筛孔落下时的形状,如不呈粒状而呈长条状,表明软材过湿;若软材过筛孔后呈粉状,则表明软材过干。

(3)干燥:将制备的湿颗粒在60~70 ℃下干燥3~4 h,干燥后颗粒含水量以控制在2%~5%为宜。干燥过程中注意逐渐升温,避免颗粒表面干燥过快,形成硬壳,从而影响内部水分的蒸发。

(4)整粒:将湿颗粒干燥后过筛整粒,以将干燥过程中结块、粘连的颗粒分散开,以达到颗粒剂的粒度要求或片剂的压片要求。整粒过程中注意筛网目数的选取,对应颗粒剂或片剂需求。

(二)制粒设备

这里主要介绍湿法制粒设备。

1. 挤压制粒原理与设备

挤压制粒是将药物和辅料混合均匀后,加入黏合剂制软材,利用滚轮、圆筒等将软材用强制挤压的方式通过具有一定大小的筛孔而制粒的方法。这类制粒设备有螺旋挤压式、旋转挤压式、摇摆挤压式(图6-15)等。挤压式制粒设备对软材有要求,太松不能成颗粒,太黏挤出颗粒成条状,要黏松适当,软材质量往往靠熟练技术人员的经验来控制,一般以"轻握成团,轻压即散"为准。这种制粒方法度量性较差、可靠性与重现性较差,但其简单,使用历史悠久;制备颗粒的大小可通过筛网的孔径大小调节,粒度分布较窄,粒子形状多为圆柱状、棱柱状等。

2. 转动制粒原理与设备

转动制粒是在药物粉末中加入一定量的黏合剂,在设备转动、摇动、搅拌等作用下,使粉末聚结成颗粒并不断长大,最后得到具有一定强度的球状粒子的方法。这类制粒设备有经典的容器转动制粒机,即圆筒旋转制粒机、倾斜转动锅等,如图6-16所示。转动制粒过程分为母核形成、母核成长、压实三个阶段。①母核形成阶段:先在粉末中喷入少量液体,使粉末表面润湿,在滚动和搓动的作用下粉末聚集在一起形成大量母核,在中药生产中为"起模"。②母核成长阶段:母核在滚动过程中得到进一步压实,同时,在转动过程中向母核表面均匀喷洒一定量的液体和药粉,使药粉层积于母核表面,使其不断长大,可得一定大小的丸状颗粒,在中药生产中为"泛制"。③压实阶段:丸状颗粒成形后,停止喷洒液体和药粉,在继续转动过程中丸状颗粒表面或吸附的多余液体被挤出表面或未被充分润湿的层积层中,逐渐形成具有一定机械强度的颗粒。

近年来出现的离心转动制粒机,亦称离心制粒机,其原理是在固定容器内,物料在高速旋转的圆盘作用下受到离心作用而向器壁靠拢并旋转,黏合剂从物料层斜面上部喷入,与物料结合,靠物料的转动使物料表面润湿,并使散布的物料均匀附着在湿润物料表面,层层包裹,形成

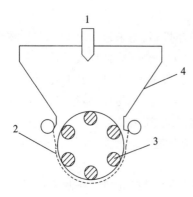

图 6-15 摇摆挤压式制粒机

注:1. 投料口;2. 筛网;3. 柱状辊;4. 料斗。

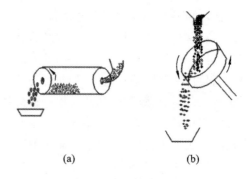

图 6-16 容器转动制粒机

注:(a) 圆筒旋转制粒机;(b) 倾斜转动锅。

颗粒。颗粒被从圆盘周边吹出的空气流带动,在向上运动的同时在重力的作用下往下滑动落入圆盘中心,落下的粒子重新受到圆盘的离心旋转作用,从而使物料不停地做旋转运动,有利于形成球状颗粒。颗粒形成后,调整在圆盘周边上升的气流流量和温度可对颗粒进行干燥,亦可对颗粒进行包衣操作,如图 6-17 所示。

3. 高速搅拌制粒原理与设备

高速搅拌制粒机是先将药物粉末和辅料加入高速搅拌制粒机的容器内,通过搅拌器搅拌混匀后加入黏合剂高速搅拌制粒,是一种集混合与造粒功能于一体的高效制粒设备,其结构如图 6-18 所示。搅拌器的形状多种多样,其结构主要由容器、搅拌桨、切割刀所组成。其工作原理是在搅拌桨的作用下物料和黏合剂混合、翻动、分散甩向器壁后向上运动,过程中形成大块颗粒;在切割刀的作用下将大块颗粒搅碎、切割,并和搅拌桨的搅拌作用相呼应,使颗粒得到强大的剪切、挤压、碰撞、滚动而形成致密且均匀的颗粒。颗粒的大小由外部破坏力与颗粒内部团聚力所平衡的结果而定,如物料特性、切割刀转速、制粒时间、搅拌桨结构、黏结剂类型及用量等,这些因素亦会影响制备颗粒的密度和强度,影响压片和崩解过程。

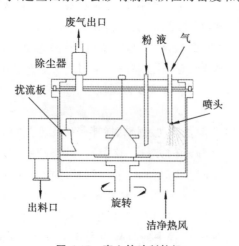

图 6-17 离心转动制粒机

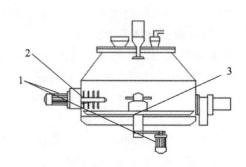

图 6-18 高速搅拌制粒机示意图

注:1. 电机;2. 切割机;3. 搅拌桨。

高速搅拌制粒的特点:①在一个容器内同时进行混合、捏合、制粒过程;②由于制粒过程经历搅拌和剪切等外力操作,可制备致密、高强度的适于胶囊剂的颗粒,也可制备松软的适合压片的颗粒,在制药工业中应用非常广泛;③与传统的挤压制粒相比,工序少,操作简单。

4. 流化床制粒原理与设备

流化床制粒是药物粉末在容器内受到自下而上的加热空气预热和混合,在气流作用下保

 NOTE

持悬浮的流化状态时,向流化层喷入液体黏合剂使粉末聚结成颗粒的方法。由于在一台设备内可完成混合、制粒、干燥等过程,所以也称为一步制粒法。其主要由容器、气体分布装置(筛板等)、喷嘴、气固分离装置(袋滤器等)、空气进口和出口、物料排出口等组成。操作时,把药物粉末与各种辅料装入容器中,从床层下部通过筛板吹入适宜温度的气流,使物料在流化状态下混合均匀,然后开始均匀喷入液体黏合剂,粉末开始聚结成粒,经过反复的喷雾和干燥,当颗粒的大小符合要求时停止喷雾,形成的颗粒继续在床层内送热风干燥,出料送至下一步工序。流化床制粒机如图 6-19 所示。

视频:沸腾
制粒机

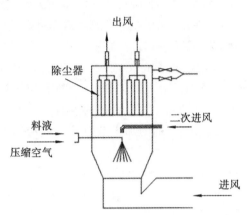

图 6-19 流化床制粒机

流化床制粒特点:①在一台设备内进行混合、制粒、干燥,甚至是包衣等操作,简化工艺、节约时间、劳动强度低;②与搅拌制粒比较,制得的颗粒为多孔性柔软颗粒,密度小、强度小,且颗粒的粒度分布均匀,流动性、压缩成型性好。目前,基于流化床中流化工艺原理,以流化床为母体,出现了很多复合型制粒技术和设备,使混合、捏合、制粒、干燥、包衣等多个单元操作在一台机器内进行,如搅拌流化制粒机、转动流化制粒机、搅拌转动流化制粒机等。

5. 喷雾制粒原理与设备

喷雾制粒是一种将喷雾干燥技术与流化床制粒技术相结合的新型制粒技术。其原理是将药物溶液或混悬液用喷雾器分散于干燥室内,在热气流作用下使雾滴中的水分迅速蒸发以直接获得球状干燥颗粒的方法。该法在数秒内即完成药液的喷洒、浓缩与干燥,原料液含水量可达 70%~80%甚至更高。溶液、乳浊液或悬浮液,均可作为喷雾干燥制粒的原料液。根据需要,以干燥为目的的操作叫喷雾干燥,以制粒为目的的操作叫喷雾制粒。喷雾干燥制粒机如图6-20 所示。

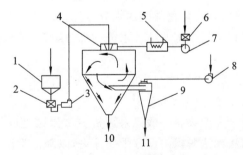

图 6-20 喷雾干燥制粒机

注:1. 原料罐;2. 过滤器;3. 原料泵;4. 空气分布器;5. 空气加热器;6. 空气过滤器;
7. 鼓风机;8. 引风机;9. 旋风分离器;10. 粗颗粒;11. 细颗粒。

操作时,原料液由储料槽进入雾化器喷成液滴分散于热气流中,热空气沿切线方向进入干燥室,与液滴充分接触,液滴中的水分迅速蒸发,液滴经干燥后形成固体粉末落于雾化器底,干

NOTE

品可连续或间歇出料,废气由干燥室下方的出口流入旋风分离器进一步分离固体粉末,经风机和袋滤器后放空。喷雾液滴的大小直接影响干燥速率和颗粒特性,因此雾化器是喷雾干燥制粒机的关键零件。

喷雾干燥制粒技术在制药工业中得到了广泛的应用与发展,如抗生素粉针的生产、微型胶囊的制备、固体分散体的研究以及中药提取液的干燥等都利用了喷雾干燥制粒技术。

(三)影响湿法制粒的因素

(1)原辅料性质:粉末细、质地疏松,干燥及黏性较差,在水中溶解度小,选用黏性较强的黏合剂,且黏合剂的用量要多些;在水中溶解度大,原辅料本身黏性较强,选用润湿剂或黏性较小的黏合剂,且黏合剂的用量相对要少些;对湿敏感,易水解,不能选用水作为黏合剂的溶剂,选用无水乙醇或其他有机溶剂作为黏合剂的溶剂;对热敏感,易分解,尽量不选用水作为黏合剂的溶剂,选用一定浓度的乙醇作为黏合剂的溶剂,以缩短颗粒干燥的时间和降低干燥温度;对湿、热稳定的物料,选用成本较低的水作为黏合剂的溶剂。

(2)黏合剂、润湿剂的加入量:黏合剂的加入量对颗粒的粉体性质及收率影响较大,其影响比操作条件更大。

(3)制粒时间:根据对颗粒的要求不同而不同,一般 10～20 min 即可得到球形度较高且致密的颗粒。在制软材时,时间应适度掌握,一般凭经验掌握,用手捏紧能成团块而不黏手,手指轻压又能散裂,即"手握成团,轻压即散"。

(4)搅拌速率:在物料中加入黏合剂后,开始以中、高速搅拌,制粒后期可用低速搅拌。根据情况也可用同一速率进行到底。搅拌速率大,粒度分布均匀,但平均粒径有增大的趋势。速率过大,容易使物料黏壁。

(5)搅拌器的形状(角度、切割刀的位置等):这些因素在制粒过程中影响对颗粒的外加作用力,对颗粒的粒径、密度影响较大。

第四节 干 燥

目前,工业上常用的除湿方法有机械去湿法、加热干燥法、化学除湿法三种。

机械去湿法是通过对物料加压的方式,将其中一部分水分挤出。常用的有压榨、沉降、过滤、抽吸和离心分离等方法。机械去湿法可除去大量的湿分,能量消耗较少,但去湿程度不高。

加热干燥法也就是我们工艺上常说的干燥,通常是利用空气来干燥物料,空气预先被加热送入干燥器,将热量传递给物料,汽化物料中的水分,形成水蒸气,并随空气带出干燥器。物料经过加热干燥,能够除去物料中的全部非结合水分和部分结合水分,达到产品或原料所要求的含水量。

化学除湿法是利用吸湿剂除去湿物料中的少量水分,由于吸湿剂的除湿能力有限,仅用于除去物料中的微量水分,工业生产中应用较少。

在实际生产过程中,对于高湿物料一般先采用机械去湿法把固体所含的绝大部分湿分除去,然后通过加热把机械方法无法脱除的湿分干燥除去,以降低除湿的成本。按照热能传给湿物料的方式,可分为传导干燥、对流干燥、辐射干燥和介电加热干燥,工业上常用的干燥方式为对流干燥。对流干燥工艺流程见图 6-21。

干燥就是利用热能使各种湿物料中的湿分汽化,并利用气流或真空带走汽化的湿分,从而获得干燥产品的过程。在制剂生产中需要干燥的物料多数为湿法制粒物、中药浸膏等。干燥的温度应根据药物的性质而定,一般为 40～60 ℃,对热稳定的药物可提高到 70～80 ℃,甚至

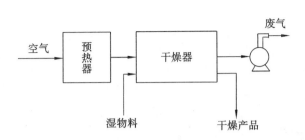

图 6-21 对流干燥工艺流程示意图

可以达到 100 ℃。干燥程度依据药物的稳定性有不同要求,一般为 3% 左右。本书以脱除物料中水分为例,说明干燥过程。

一、干燥过程

物料干燥过程中,存在传热和传质两个相互的过程,当热空气从湿物料表面稳定地流过时,由于空气温度高,物料温度低,因此空气与物料之间存在传热推动力,空气以对流的方式把热量传递给物料,物料接受这些热量,用来汽化其中的水分,并不断地被气流带走,而物料的湿含量不断下降。当物料的湿含量下降到平衡水分时,干燥过程结束。

在干燥过程中,热气流与物料颗粒之间和物料颗粒内部的传热传质机理是不同的,因此,将传热传质过程分为热气流与物料表面的传热传质过程和物料内部的传热传质过程。这两种过程中传质速率会决定和影响物料的干燥过程和速率,一般湿物料干燥时,前一阶段总是以较快且稳定的速率进行,而后一阶段则是以越来越慢的速率进行,所以一般将干燥过程分为等速干燥阶段和降速干燥阶段。

二、干燥设备及其选择

在药品生产过程中,由于被干燥的物料的形状和性质各不相同,生产规模或生产能力差别悬殊,对干燥程度的要求也不尽相同,因此,所选用的干燥方法和干燥设备也多种多样。

（一）工业上常用的干燥器

1. 箱式干燥器

箱式干燥是一种常用的对流干燥,多采用强制气流的方法,为常压间歇操作的典型设备,可用于干燥多种不同形态的物料,一般小型的称为烘箱,大型的称为烘房。新鲜空气过滤后,经加热器预热进入箱体内,与物料接触而使其干燥,废气由排气口排出,并补充新鲜空气。空气与物料的接触方向有水平流动、穿流等。

箱式干燥的优点是构造简单,设备投资少,适用性广,物料破损及粉尘少,适用于大多数物料的干燥。缺点是装卸物料的劳动强度大、设备的利用率低、热利用率低及产品质量不易均匀,它适用于小规模、多品种、要求干燥条件变动大及干燥时间长等干燥操作。平行流式箱式干燥器如图 6-22 所示。

2. 气流干燥器

气流干燥法是将泥状或块状的混合物料送入热气流中与之并流,一边随热气流输送,一边干燥,从而得以分散成粉状或粒状的干燥产品。

气流干燥器的优点是气相、固相接触面积大,传热系数、传质系数高,干燥速率快;干燥时间短,适用于热敏性物料的干燥;设备紧凑、结构简单、造价低、活动部件少,易于制造和维修,操作稳定且便于控制。缺点是干燥管太长,整个系统的流体阻力很大,因此动力消耗大。气流干燥器对晶体有一定要求、对管壁黏附性很强、需干燥至临界湿含量以下的物料均不适用,此外其对除尘系统要求较高。气流干燥器如图 6-23 所示。

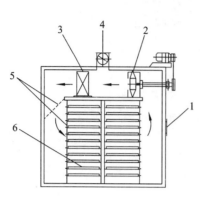

图 6-22 平行流式箱式干燥器

注:1. 进气口;2. 风机;3. 空气加热器;
4. 排气口;5. 分流板;6. 托盘。

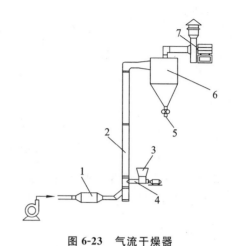

图 6-23 气流干燥器

注:1. 加热器;2. 干燥管;3. 湿料入口;4. 加料器;
5. 干燥产品出口;6. 旋风分离器;7. 除尘装置。

3. 流化床干燥器

流化床干燥器是固体流化技术在干燥中的应用。一个柱状容器内均匀放入一定量的固体颗粒,气体穿过颗粒,工业上称为床。若气体从下部进入,通过气体分布器进入床层,当气体流量较低时,作用类似穿流式箱式干燥器,固体颗粒不发生运动,这时的床层高度为静止高度(固定床);当气体流量增大时,颗粒开始松动,床层略有膨胀,且颗粒也会在一定区域变换位置;当气体流量继续增大时,床层压力降保持不变,颗粒悬浮在上升的气流中,此时形成的床层称为流化床,也称沸腾床,颗粒在悬浮状态下与热空气充分接触,达到快速干燥。

流化床干燥器的主要优点是干燥速率很大,床层内物料温度均一且易于调节,物料在床层中的停留时间可通过调节气体流量来满足需求,故对难干燥产品或要求干燥产品含湿量低的过程特别适用;其结构简单,造价低廉,可动部件少,操作维修方便。缺点是对物料的形状和粒度有限制。卧式多室流化床干燥器如图 6-24 所示。

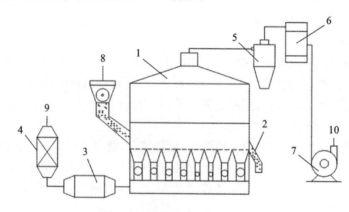

图 6-24 卧式多室流化床干燥器

注:1. 干燥器;2. 卸料管;3. 加热器;4. 空气过滤器;5. 旋风分离器;
6. 袋滤器;7. 抽风器;8. 湿料进口;9. 空气进口;10. 废气出口。

4. 喷雾干燥器

喷雾干燥器(图 6-25)是将流化床技术应用于液态物料干燥的一种高效设备,其原理是利用雾化器使稀料液形成雾滴分散在 120～300 ℃热气流中,由于雾滴具有很大的比表面积,热空气和雾滴充分接触,使水分迅速汽化而达到干燥的目的,干燥产品可以制成粉状、颗粒状等。热气流与物料的接触方式有逆流、并流及混合流。

视频:喷雾
干燥器

NOTE

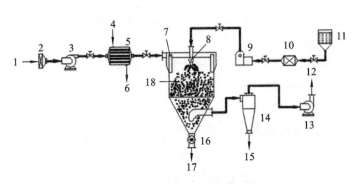

图 6-25　喷雾干燥器

注：1. 空气入口；2. 空气过滤器；3. 送风机；4. 加热蒸汽；5. 加热器；6. 冷凝水；
7. 热空气分布器；8. 压力喷嘴；9. 高压液泵；10. 无菌过滤器；11. 储液罐；12. 尾气出口；
13. 抽风机；14. 旋风分离器；15. 粉尘回收；16. 星形卸料器；17. 干燥产品出口；18. 喷雾干燥室。

喷雾干燥的主要优点是由料液可直接得到粉状颗粒产品，干燥面积极大，干燥过程进行得极快，特别适用于热敏性物料的干燥；过程易于连续化、自动化。缺点是干燥过程的能量消耗大，热效率低；设备占地面积大，设备一次性投资成本高；粉尘回收麻烦，回收设备投资大。

5. 真空干燥器

真空干燥器是一种负压下进行干燥的设备，真空状态下物料的沸点降低，所以适用于干燥不稳定或热敏性物料；真空干燥器有良好的密封性，所以又适用于干燥需回收溶剂和含强烈刺激性、有毒气体的物料。

6. 冷冻干燥器

冷冻干燥器适用于热敏性或易氧化药品的干燥，俗称冻干机，主要包括冻干箱、真空系统、加热系统、制冷系统等结构。真空冷冻干燥是先将物料冷冻到"三相点"以下，使物料中的水分变成固态，然后在真空环境下加热，使冰直接升华为水蒸气溢出，并通过不断移走水蒸气，使物料脱水而干燥。

7. 辐射干燥器

辐射干燥器是以红外线、微波等电磁波为热源，通过辐射的方法将热量传递到被干燥物料的表面，使水分或其他湿分汽化，从而达到干燥的目的。辐射干燥器生产强度大，设备紧凑，使用灵活，但能量消耗较大。适用于干燥表面大而薄的物料。

（二）干燥设备的选用

干燥操作是比较复杂的过程，干燥器的选择也受诸多因素的影响。一般干燥器的选型是以湿物料的特性以及对产品质量的要求为依据，应基本做到所选设备在技术上可行、经济上合理、产品质量上得到保证。在干燥器设计和选型时，通常考虑以下因素。

（1）湿物料的特性，包括湿物料的基本性质、物料的形状、物料与水分的结合方式及热敏性等。

（2）产品的质量要求，如粒度分布、最终含水量及均匀性。

（3）设备使用的基础条件：设备安装地的气候条件、场地大小、热源类型等。

（4）回收问题，包括固体粉尘和溶剂的回收。

（5）能源价格、操作安全和环境因素。

实际选择干燥器时，首先应根据湿物料的形态、处理量的大小及处理方式初选出几种可用的干燥器类型。然后根据物料的干燥特性，估算出设备的体积、干燥时间等，从而对设备费及操作费进行经济核算、比较。再结合选址条件、热源问题等，选出适宜的干燥器。

对干燥器的选择应用通常还有下列要求。

（1）必须满足干燥产品的质量要求，如达到指定干燥程度的含水量，保证产品的强度和不影响外观性状及使用价值等。

（2）设备的生产能力高，要求干燥速率快，干燥时间短。

（3）热效率高，能量消耗少。

（4）经济性好，辅助设备费用低。

（5）操作方便，制造、维修容易，操作条件好。

第五节 压 片

片剂（tablet）是指药物与适宜的药用辅料均匀混合后压制而成的片状制剂。片剂是现代药物制剂中应用广泛的剂型之一。

一、片剂制备方法

片剂的制备需要根据药物的性质、临床用药的要求和设备条件等来选择辅料及具体的制备方法。片剂的制备方法包括制粒压片法和直接压片法。制粒压片法根据主药性质及制备颗粒的工艺不同，又可分为湿法制粒压片法和干法制粒压片法。而直接压片法则由于主药性质不同分为粉末直接压片法和结晶直接压片法。片剂成型是由于药物和辅料的颗粒（粉末）在压力作用下产生足够的内聚力及辅料的黏结作用而紧密结合的结果，因此颗粒或结晶的压制、固结是片剂成型的主要过程。

（1）湿法制粒压片法：将湿法制粒得到的颗粒经干燥、整粒、总混后进行压片的方法。

（2）干法制粒压片法：将干法制粒得到的颗粒进行压片的方法。干法制粒压片法常用于热敏性物料、遇水易分解药物的片剂制备。但采用干法制粒压片时，应注意由于高压引起的晶型转变及活性降低等问题。

（3）粉末直接压片法：不经过制粒过程直接把药物和辅料的混合物进行压片的方法。该方法不需制粒过程，因而具有节能、工艺简单、工序少等优点，适用于对湿、热不稳定药物的片剂制备。但是该方法的应用也受到粉末流动性差、片重差异大、易裂片等缺点的限制。

（4）结晶直接压片法：将药物结晶粉末和预先制备好的辅料颗粒混合进行压片的方法。该方法适合于对湿、热敏感，不易制粒，且压缩成型性差的药物，也可用于含药较少的物料，这些药物可借助辅料的优良压缩特性顺利制备片剂。

二、压片过程

通过加料器将物料填充到模孔中，冲头在一定压力下将物料压制成片剂的机器称为压片机。压片机的工作过程主要分为以下步骤：①下冲由模孔下端上升到模孔中，封住模孔底；②加料器向膜孔中填充药物；③上冲的冲头自中模孔上端落入中模孔，并在一定压力下下行一定行程，将药物颗粒或者粉末压制成片状；④上冲提升出孔，下冲上升将药片顶出中模孔，完成一次压片过程；⑤下冲降到原位，准备下一次压片。压片机的工作过程如图6-26所示。

三、压片设备

压片机按照结构不同可以分为单冲压片机和多冲压片机，按照工作原理不同可以分为撞击式压片机和旋转式压片机。目前我国常用的压片机有单冲撞击式和多冲旋转式两种。

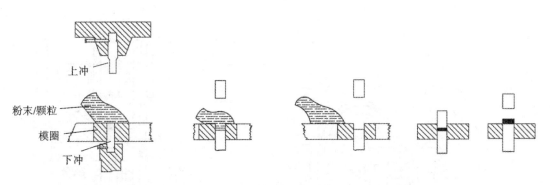

图 6-26　压片机压片过程

（一）单冲压片机

1. 工作原理

单冲压片机主要由加料机构、上冲、下冲、中模、填充调节机构、压力调节机构及出片控制机构等组成，如图 6-27 所示。在单冲压片机上部装有主轴，主轴右侧装有飞轮，飞轮上附有活动的手柄，可用于调整压片机各个部件工作状态和手摇压片。当加料机构中的靴形加料器水平运动并扫过模孔上部时，上一工作循环中已经压好的一颗片剂被推至出料槽，而中模下冲下移一定距离，从而将加料器内的颗粒或者粉末充填入中模。当加料器回移时，下冲杆不动而上冲杆下落，进入中模后将颗粒或者粉末在一定压力下压制成片状。随后，上、下冲杆带着压好的片剂同时上移，上冲杆移动较大距离，为加料器再次扫过中模留出空间，而下冲杆上平面刚好与中模上表面相平，接着片剂被推至出料槽。此后是重复上述循环过程，主轴旋转一圈即为一个工作循环。图中出片调节器可调节下冲上升的高度，使其上平面刚好与中模上表面相平。在选好中模尺寸之后，微小片重调节是通过图中片重调节器来调节下冲深入中模的深度，从而改变封底后中模的实际长度，调节模孔中药物的填充体积来实现的。大剂量片重的调节是通过选择不同直径冲头的冲模来实现的。而片剂的形状是通过选择不同形状的冲模来实现的。

2. 加料机构

单冲压片机的加料机构由料斗和加料器组成，二者由挠性导管连接，料斗中的颗粒药物通过导管进入加料器。由于单冲压片机的冲模在机器上的位置不动，只有沿其轴线的往复冲压动作，而加料器由相对中模孔的位置移动，因此需采用挠性导管。常用的加料器有摆动式靴形加料器及往复式靴形加料器。

（1）摆动式靴形加料器。加料器外形如一只靴子（图 6-28），由凸轮带动做左右摆动。加料器底面与中模上表面保持微小（约 0.1 mm）间隙，当摆动中出料口对准中模孔时，药物借加料器的抖动自出料口填入中模孔，当加料器摆动幅度加大后，加料口离开中模孔，其底面将中模上表面的颗粒刮平。此后，中模孔露出，上冲开始下降进行压片，待片剂于中模内压制成型后，上冲上升离开中模孔，同时下冲也上升，并将片剂顶出中模孔；在加料器向回摆动时，将压制好的片剂拨到盛器中，并再次向中模孔中填充药粉。这种加料器中的药粉随加料器不停摆动，由于药粉的颗粒不均匀及不同原料的密度差异等，易造成药粉分层。

（2）往复式靴形加料器。这种加料器的外形也如靴子，其加料和刮平、推片等动作原理和摆动式靴形加料器一样，如图 6-29 所示。所不同的是加料器于往复运动中，完成向中模孔中填充药物的过程。加料器前进时，加料器前端将前一个往复过程中由下冲顶出中模孔的药片推到盛器之中；同时，加料器覆盖了中模孔，出料口对准中模孔，颗粒药物填满中模孔；当加料器后退时，加料器的底面将中模上表面的颗粒刮平；其后，模孔部位露出，上、下冲相对运动，将模孔中颗粒压成药片，此后上冲快速提升，下冲上升将药片顶出模孔，完成一次压片过程。

NOTE

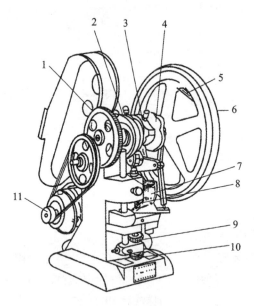

图 6-27　单冲压片机结构示意图

注：1. 齿轮；2. 左偏心轮；3. 中偏心轮；4. 右偏心轮；

　　5. 手柄；6. 飞轮；7. 加料器；8. 上冲；

　　9. 出片调节器；10. 片重调节器；11. 电机。

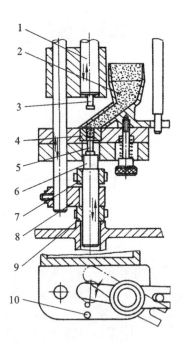

图 6-28　摆动式靴形加料器

注：1. 上冲套；2. 加料器；3. 上冲；4. 中模；

　　5. 下冲；6. 下冲套；7. 出片调节螺母；

　　8. 拨叉；9. 填充调节螺母；10. 药片。

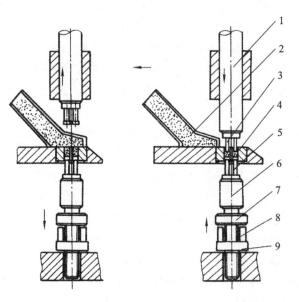

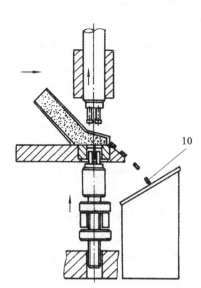

图 6-29　往复式靴形加料器

注：1. 上冲套；2. 加料器；3. 上冲；4. 中模；5. 下冲；

　　6. 下冲套；7. 出片调节螺母；8. 拨叉；9. 填充调节螺母；10. 药片。

（二）多冲旋转式压片机

1. 工作原理

多冲旋转式压片机是片剂生产中最常用的压片设备（图 6-30），其核心部件是一个可绕轴旋转的圆盘，在其旋转时连续完成充填、压片、推片等动作，因此该设备也是一种连续操作设备，其原理如图 6-31 所示。圆盘分为上、中、下三层，上层装有上冲，中层装有模盘，下层装有下冲，具有三层环形凸边的转盘在动力转动装置的带动下等速旋转，中模以等距离固定在模盘

 NOTE

上,上冲转盘和下冲转盘以与中模相同的圆周等距布置相同数目的孔,孔内有上冲和下冲,冲杆可在上、下冲转盘内沿垂直方向移动。还有绕自身轴线旋转的上、下压轮,上冲及下冲可以靠固定在转盘上方及下方的导轨及压轮等作用上升或下降,其升降的规律应满足压片循环的要求。此外,还有片重调节器、出片调节器、刮料器、加料器等装置。

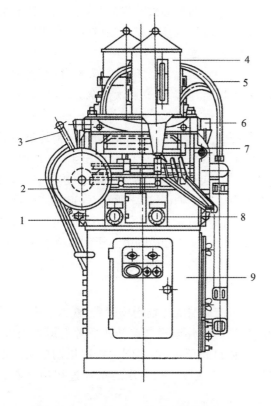

图 6-30　多冲旋转式压片机结构示意图

注:1. 后片重调节器;2. 转轮;3. 离合器手柄;
4. 加料斗;5. 吸尘管;6. 上压轮安全调节装置;
7. 中盘;8. 前片重调节器;9. 机座。

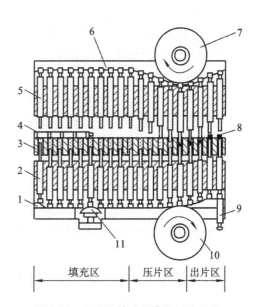

图 6-31　多冲旋转式压片机工作原理

注:1. 下冲圆形凸轮轨道;2. 下冲;3. 中模圆盘;
4. 加料器;5. 上冲;6. 上冲圆形凸轮轨道;7. 上压轮;
8. 药片;9. 出片调节器;10. 下压轮;11. 片重调节器。

视频:多冲旋转
式压片机
压片过程

工作时,圆盘绕轴旋转,带动上冲和下冲分别沿上冲圆形凸轮轨道和下冲圆形凸轮轨道运动,同时模圈做同步转动。按冲模所处工作状态的不同,可将工作区沿圆周方向分别划分为填充区、压片区和出片区。

在填充区,加料器将颗粒填充于中模孔中,当下冲运行至片重调节器上方时,调节器的上部凸轮使下冲上升至适当位置而将过量的颗粒推出。推出的颗粒则被刮料板刮离模孔,并在下一个填充区被利用。通过片重调节器调节下冲的高度,可调节模孔容积,从而达到调节片重的目的。

在压片区,上冲在上压轮的作用下下降并进入模孔,下冲在下压轮的作用下上升。借助上、下冲的相向运动,膜孔内的颗粒被挤压成片。

在出片区,上、下冲同时上升,压成的片由下冲顶出模孔,上冲上升的位移比下冲上升的位移大,随后被刮片板刮离圆盘并滑入接收器。此后下冲下降,冲模在转盘的带动下进入下一填充区,开始下一次工作循环。下冲的最大上升高度由出片调节器来控制,使其上平面与中模圆盘上表面相平。

2. 加料结构

多冲旋转式压片机由多副冲模组成,生产量较大,工作时随着模盘的转动逐个向下冲封底的中模孔中填充颗粒。主要是加料器上的刮板将颗粒推入模孔,同时将孔中的颗粒刮平来完

NOTE

成加料过程。常用的加料器有月形栅式加料器和强迫式加料器。

（1）月形栅式加料器。此加料器整体形状像一个月牙，并且中间有栅栏，故名月形栅式加料器，如图6-32所示。月形栅式加料器固定在机架上，工作时它相对机架不动。下底面与固定在工作转盘上的中模上表面保持一定间隙（0.05～0.1 mm），当旋转中的中模从加料器下方通过时，栅格中的药物颗粒落入模孔中，弯曲的栅格板造成药物多次填充的形式。加料器的最末一个栅格上装有刮料板，它紧贴于转盘的工作平面，可将转盘及中模上表面的多余药物颗粒刮平和带走。月形栅式加料器多用无毒塑料或铜材铸造而成。

从图6-32中可以看出，固定在机架上的料斗随时向加料器布撒和补充药粉，填充轨的作用是控制剂量，当下冲升至最高点，使模孔对着刮料板以后，下冲再有一次下降，以便在刮料板刮料后，再次使模孔中的药粉震实。

（2）强迫式加料器。近些年开发的一种加料器，为密封型加料器，可使物料在密封条件下完成填充过程，能最大程度确保物料的洁净。相对于自然加料，其可以避免粉尘，节省物料。强迫式加料器是利用齿轮的啮合把减速电机的单向转动转换为两个刮料叶轮的逆向转动，利用刮料叶轮强制性地把物料从料斗中填充到中模的模孔中。如图6-33所示，强迫式加料器于出料口处装有两组旋转刮料叶，当中模随转盘进入加料器的覆盖区域内时，刮料叶迫使药物颗粒多次填入中模孔中，这种加料器适用于高速旋转式压片机。尤其适用于压制流动性较差的颗粒物料，可提高剂量的精确性。

（三）多层片压片机

把组分不同的片剂物料按两层或三层堆积起来压缩成型的片剂叫作多层片（二层片、三层片），这种压片机则叫作多层片压片机。多层片压片机的压片原理与旋转式压片机原理相似，不同之处在于该压片机在一个循环周期内完成多次加料和压制，将不同的物料压制成两层或者三层的片剂（如图6-34）。常见的多层片有二层片和三层片，三层片的制片过程如图6-35所示。

彩图：
多层片压片
机压片过程

四、影响压片的因素

影响片剂成型的因素较多，压片工艺和压片设备确定以后，除设备结构对压片有影响外，影响片剂成型的因素主要有以下几个方面。

1. 药物的可压性

若药物可塑性大则可压性好，若药物弹性较强则可压性差。

2. 药物的熔点及结晶形态

药物的熔点低，片剂的硬度大，但熔点过低容易黏冲。立方晶系易于成型；鳞片状或针状结晶容易分层裂片；树枝状结晶可压性好但流动性极差。

3. 黏合剂和润滑剂

黏合剂用量越大，越易成型，但太大会造成片剂硬度过大。润滑剂在常用量对成型影响不大，但使用量增大会造成片剂硬度降低。

4. 水分

颗粒中含有适量的水分，在压缩时起到一定的润滑作用，易于片剂成型，但水分含量太大会造成黏冲。

5. 压力

一般情况下，压力越大，片剂越易成型，硬度增大，但压力超过一定范围对硬度影响不大。加压时间延长有利于成型，并使硬度增大。

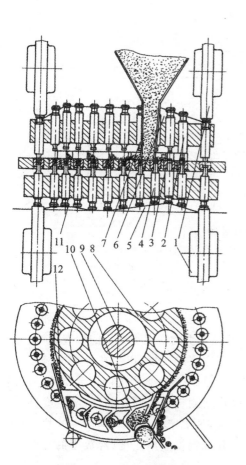

图 6-32 月形栅式加料器

注:1. 上、下压轮;2. 上冲;3. 中模;
4. 下冲;5. 下冲导轨;6. 上冲导轨;
7. 料斗;8. 转盘;9. 中心竖轴;
10. 加料器;11. 填充轨;12. 刮料板。

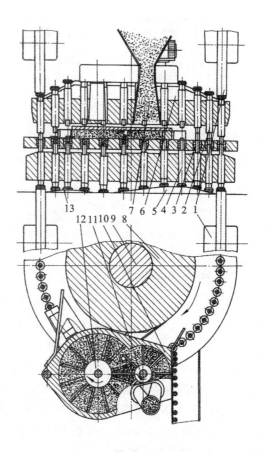

图 6-33 强迫式加料器

注:1. 上、下压轮;2. 上冲;3. 中模;4. 下冲;
5. 下冲导轨;6. 上冲导轨;7. 料斗;8. 转盘;
9. 中心竖轴;10. 加料器;11. 第一道刮料叶;
12. 第二道刮料叶;13. 填充轨。

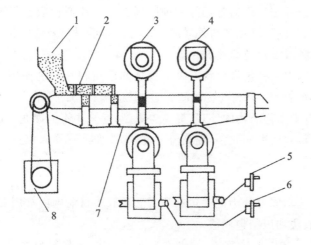

图 6-34 二次压制压片机示意图

注:1. 加料器;2. 刮粉器;3. 一次压轮;4. 二次压轮;
5. 二次压轮调节器;6. 一次压轮调节器;7. 下冲导轨;8. 电机。

NOTE

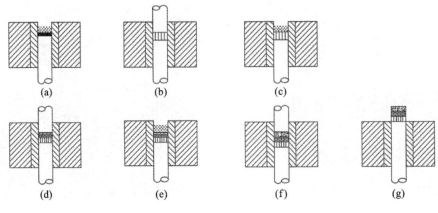

图 6-35　三层片的制片过程

注:(a)—层填料;(b)—次预压;(c)二层填料;(d)二次预压;(e)三层填料;(f)主压;(g)三层片出片。

五、片剂质量检查

《中国药典》规定的片剂质量标准包括片剂的外观、色泽、重量差异、脆碎度、崩解时限、溶出度、释放度、含量均匀度、融变时限、发泡量、分散均匀性、微生物限度等指标的检查。

《中国药典》规定片剂外观应完整光洁,色泽均匀且有适宜的硬度,以免在包装、运输过程中发生磨损或破碎。非包衣片应进行片剂脆碎度检查。片剂的微生物限度应符合要求。根据原料药和制剂的特性,除来源于动、植物多组分且难以建立测定方法的片剂外,溶出度、释放度、含量均匀度等应符合要求。片剂应进行重量差异检查,凡规定检查含量均匀度的片剂,一般不再进行重量差异检查。片剂应进行崩解时限检查,凡规定检查溶出度、释放度的片剂,一般不再进行崩解时限检查。

第六节　包　衣

包衣(coating)是压片工序之后常用的一种制剂工艺。片剂包衣是指在片剂(片芯、素片)表面包裹上适宜材料的衣层,使片剂与外界隔离。根据衣层材料及溶解特性不同,包衣片常分为糖衣片、薄膜衣片、肠溶衣片及膜控释片等。

包衣的种类以及选用何种包衣材料取决于药物的性质和片剂的使用目的,包衣的目的一般分以下几种:①避光、防潮,提高药物的稳定性;②遮盖药物的不良气味,提升患者顺应性;③隔离配伍禁忌成分;④改善药物的外观,提高美观度;⑤采用不同颜色,提高对药物的识别能力,提高用药安全;⑥包衣后表面光洁,提高流动性;⑦改变药物释放位置和速率。

一、包衣方法

包衣方法根据工艺不同可分为湿法包衣和干法包衣。目前国内常用的包衣方法主要有滚转包衣法、流化床包衣法和压制包衣法。

(1)滚转包衣法:在包衣锅内完成,故也称为锅包衣法,是最经典而又最常用的包衣方法,其包括普通锅包衣法(普通滚转包衣法)和改进的埋管喷雾包衣法及高效锅包衣法。

(2)流化床包衣法:将包衣液喷在悬浮于一定流速空气中的片剂表面。同时,加热的空气使片剂表面溶剂挥发而成膜。流化床包衣工作原理与流化喷雾制粒相近。流化床包衣法目前只限于包薄膜衣,除片剂外,微丸剂、颗粒剂等也可用它来包衣。由于包衣时片剂由空气悬浮

NOTE

198

并翻动,包衣料在片剂表面包覆均匀,对包衣片剂的硬度要求也低于普通锅包衣片剂。

（3）压制包衣法:亦称干法包衣,是一种较新的包衣工艺,是用颗粒状包衣材料将片芯包裹后在压片机上直接压制成型。该法可包糖衣、肠溶衣或药物衣,适用于对湿、热敏感药物的包衣,也适用于长效多层片的制备或有配伍禁忌药物的包衣。

二、包衣设备

（一）普通包衣锅

普通锅包衣法使用的包衣设备是普通包衣锅,也称为荸荠形包衣锅,是最基本、最常用的滚转包衣设备,如图 6-36 所示。整个设备由四个部分组成:包衣锅、动力系统、加热系统和排风系统。

包衣锅一般用不锈钢或紫铜衬锡等性质稳定并有良好导热性的材料制成,常见形状有荸荠形和莲蓬形。片剂包衣时采用荸荠形包衣锅较为合适,微丸剂包衣时则采用莲蓬形包衣锅较为合适。包衣锅的大小和形状可根据厂家生产的规模设计。片剂在锅内不断翻滚的情况下,多次添加包衣液,并使之干燥,这样就使包衣料在片剂表面不断沉积而成膜层。

包衣锅安装在轴上,由动力系统带动轴一起转动。为了使片剂在包衣锅中既能随锅的转动方向滚动,又能沿轴方向运动,该轴常与水平面成 30°～40°角倾斜;轴的转速可根据包衣锅的体积、片剂性质和不同包衣阶段加以调节。

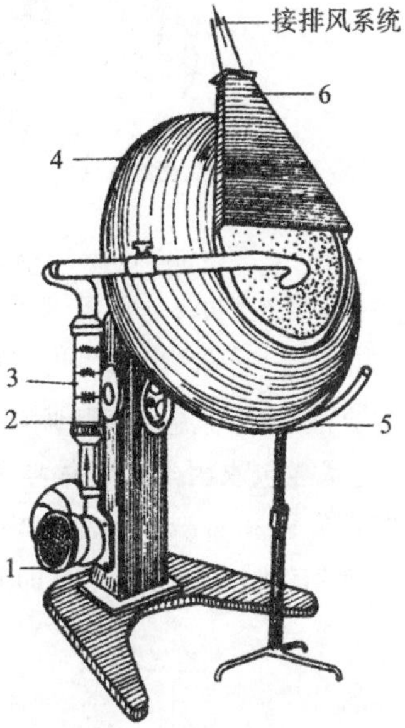

加热系统主要对包衣锅表面进行加热,加速包衣液中溶剂的挥发。常用的方法为电热丝加热和热空气加热。目前,国外已基本采用热空气加热。根据包衣过程调节通入的热空气的温度和流量,干燥过程迅速,同时采用排风系统帮助吸除湿气和粉尘。

包衣时将片剂置于转动的包衣锅内,加入包衣材料溶液,使之均匀分散到各个片剂的表面,必要时加入固体粉末以加快包衣过程。有时加入包衣材料的混悬液,加热、通风使之干燥。按上法包若干次,直到达到规定要求。

接排风系统

图 6-36 普通包衣锅

注:1. 鼓风机;2. 衣锅角度调节器;
3. 电加热器;4. 包衣锅;
5. 辅助加热器;6. 吸粉罩。

（二）喷雾包衣设备

普通包衣锅包衣存在劳动强度大、生产周期长、劳动效率低、个人技术要求高等缺点。采用喷雾包衣设备进行包衣能够克服这些缺点。荸荠形包衣锅可经改造得到喷雾包衣设备。

1. 喷雾包衣

喷雾包衣分为无气喷雾包衣和有气喷雾包衣。

包衣液或具有一定黏性的溶液、悬浮液在受到压力的情况下从喷嘴喷出,液体喷出时不带气体,这种喷雾包衣称为无气喷雾包衣。无气喷雾包衣是利用柱塞泵使包衣液达到一定压力后再通过喷嘴小孔雾化喷出。这种包衣设备及管路的安装如图 6-37 所示。该法借助压缩空气推动的高压无气泵对包衣液加压后使其在喷嘴内雾化,故包衣液的挥发不受雾化过程的影响。无气喷雾由于压力较大,所以除可用于溶液包衣外,也可用于有一定黏度的液体包衣和含有一定比例固态物质的液体包衣。无气喷雾包衣适用于包薄膜衣和糖衣。由于压缩空气只用

NOTE

于对液体加压并使其循环,因此对空气要求相对较低。但包衣时液体喷出量较大,只适用于大规模生产,且生产中还需要严格调整包衣液喷出速率、包衣液雾化程度,以及片床温度、干燥空气湿度和流量三者之间的平衡。

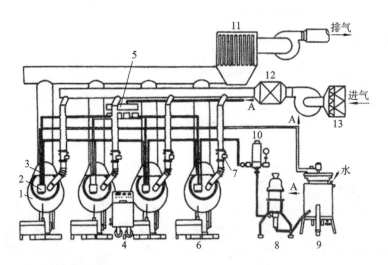

图 6-37　无气喷雾包衣设备及管路安装

注:1. 包衣锅;2. 喷头;3. 湿空气收集罩;4. 程序控制箱;5. 储气罐;6. 煤气加热装置;7. 自动风门;
8. 高压无气泵;9. 带夹套的储液箱;10. 稳压过滤器;11. 热交换器;12. 加热器;13. 空气过滤器。

包衣液跟随气流一起从喷嘴喷出进行包衣的过程称为有气喷雾包衣。与无气喷雾包衣不同,有气喷雾包衣因通过压缩空气雾化包衣液,故小量包衣液就能达到较理想的雾化程度,包衣液的损失也相对减少。小规模生产中采用空气喷雾包衣。但有气喷雾包衣对压缩空气要求较高,一些有机溶剂在雾化时即开始挥发,因此有气喷雾包衣更适用于水性薄膜包衣操作。

2. 埋管喷雾包衣

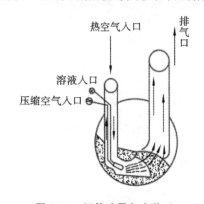

图 6-38　埋管喷雾包衣体系

当用水为分散介质包薄膜衣时,可用埋管喷雾包衣法,以加速水分挥发。喷雾系统为内装喷头的埋管,在包衣时插入包衣锅翻动的床层内,直接将包衣材料喷在片芯上,加热后的压缩空气也伴随雾化过程同时从埋管中吹出,穿透整个床层,并从上方排气口排出。埋管喷雾包衣体系如图 6-38 所示。包衣液从储液罐中由泵打出,进入气流式喷头连续雾化喷出,而控制箱则能够调节和控制加热温度、包衣液流量、排气温度等,能够连续进行包衣操作。埋管喷雾包衣法设备简单,能耗低,在普通包衣锅内装上埋管和喷雾系统也能进行生产。埋管喷雾包衣法也可用于包糖衣,但喷雾雾粒相对粗一些,同时必须达到片面润湿,否则未被吸收的雾粒干燥后会析出晶体,使片面粗糙。

(三)高效包衣机

高效包衣法用高效包衣机进行包衣。高效包衣机的结构、原理与传统的敞口包衣锅完全不同。敞口包衣锅工作时,热风仅吹在片芯表面,并被反面吸出。热交换仅限于表面层,且部分热量由吸风口直接吸出而没有被利用,浪费了部分热源。而高效包衣机干燥时热风穿过片芯间隙,并与表面的水分或有机溶剂进行热交换。这样热源得到充分利用,片芯表面的湿分被充分挥发,因而干燥效率很高。

高效包衣机的包衣锅大致可分为网孔式、间隔网孔式和无孔式三类。

彩图:高效包衣机包衣过程

 NOTE

1. 网孔式高效包衣机

网孔式高效包衣机如图 6-39 所示,图中包衣锅的整个圆周都带有 1.8~2.5 mm 的孔。经过滤并被加热的净化空气从锅的右上部通过网孔进入锅内,热空气穿过运动状态的片芯间隙,由锅底下部的网孔穿过再经排风管排出。由于整个锅体被包在一个封闭的金属外壳内,因而热气流不能从其他孔中排出。热空气流动的途径可以是逆向的,即也可以从锅底左下部网孔中穿入,再经右上方进风管排出。前一种称为直流式,后一种称为反流式。这两种方式使片芯分别处于"紧密"和"疏松"的状态,可根据品种的不同进行选择。

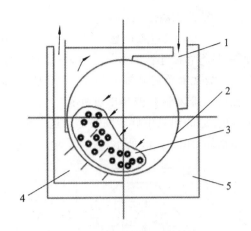

图 6-39　网孔式高效包衣机
注:1. 进气管;2. 包衣锅;3. 片芯;
4. 排风管;5. 外壳。

2. 间隔网孔式高效包衣机

如图 6-40 所示,间隔网孔式高效包衣机的开孔部分不是整个圆周,而是圆周的几个等份的部分。图 6-40 中是 4 个等份,也即沿着每隔 90°开孔一个区域(网孔区),并与四个风管连结。工作时四个风管与锅体一起转动。由于四个风管分别与四个风门连通,风门旋转时分别间隔地被出风口接通每一管路而达到排湿的效果。

图 6-41 中旋转风门的四个圆孔与锅体四个管路相连,管路的圆口正好与固定风门的圆口对准,处于通风状态。这种间隔的排湿结构使锅体减少了打孔的范围,减轻了加工量,同时热量也得到充分的利用,节约了能源,不足之处是风机负载不均匀,有一定的影响。

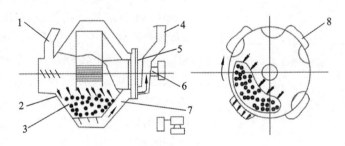

图 6-40　间隔网孔式高效包衣机
注:1. 进风管;2. 锅体;3. 片芯;4. 排风管;5. 风门;6. 旋转主轴;7. 风管;8. 网孔区。

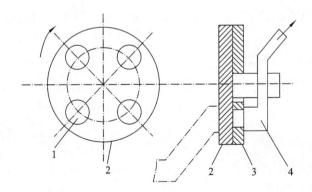

图 6-41　间隔网孔式高效包衣机风门结构
注:1. 锅体管路;2. 旋转风门;3. 固定风门;4. 排风管。

3. 无孔式高效包衣机

无孔式高效包衣机是指锅的圆周没有圆孔,其热交换是通过其他形式进行的。目前有两种:一是将布满小孔的2~3个吸气浆叶浸没在片芯中,使加热空气穿过片芯层,再穿过浆叶小孔进入吸气管路内被排出,如图6-42所示,进风管引入干净热空气,通过片芯层再穿过浆叶的网孔进入排风管并被排出机外;二是采用了一种较新颖的锅形结构,目前已在国际上得到应用,其流通的热风由旋转轴的部位进入锅内,然后穿过运动的片芯层,通过锅的下部两侧而被排出锅外,如图6-43所示。

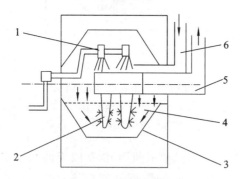

图 6-42 无孔式高效包衣机

注:1. 喷枪;2. 浆叶;3. 锅体;
4. 片芯层;5. 排风管;6. 进风管。

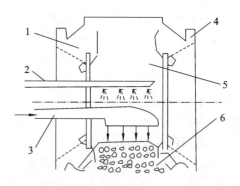

图 6-43 新颖无孔式高效包衣机

注:1. 后盖;2. 液管;3. 进风管;
4. 前盖;5. 锅体;6. 片芯层。

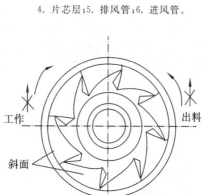

图 6-44 新颖无孔式高效包衣机工作原理

这种新颖的无孔式高效包衣机之所以能实现一种独特的通风路线,是因为锅体前后两面的圆盖具有特殊的形状。在锅的内侧绕圆周方向设计了多层斜面结构。锅体旋转时带动圆盖一起转动,按照旋转的正、反方向而产生两种不同的效果(图6-44)。当正转(顺时针方向)时,锅体处于工作状态,其斜面不断阻挡片芯流入外部,而热风却能从斜面处的空当中流出。当反转(逆时针方向)时,机器处于出料状态,这时由于斜面反向运动,包好的药片沿切线方向排出。

无孔式高效包衣机在设计上具有新的构思,机器除了能达到与有孔式包衣机同样的效果外,由于锅体表面平整、光洁、对运动的物料没有任何损伤,在加工时也省却了钻孔这一工序,而且机器除适用于片剂包衣外,也适用于微丸剂等小型药物的包衣。

(四)流化床包衣机

流化床包衣机的核心是包衣液的雾化喷入方法,一般有顶部、侧面切向和底部3种安装位置,如图6-45所示。喷头通常是压力式喷嘴。因喷头安装位置的不同,流化床结构也有较大差异。

1. 顶部喷头

多数用于锥形流化床,颗粒在机器中央向上流动,接受顶喷雾化液沫后向四周落下,被流化气体冷却固化或蒸发干燥。

2. 侧面切向喷头

底部平放旋转圆盘,中部有锥体凸出,底盘与器壁的环隙中引入流化气体,颗粒从切向喷头接受雾化雾滴,沿器壁旋转向上,到浓相面附近向心且向下,下降碰到底盘锥体时,又被迫向

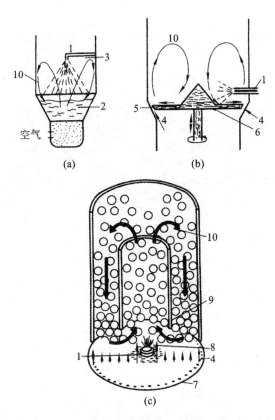

图 6-45 流化床包衣机结构

注：(a) 顶部喷头；(b) 侧面切向喷头；(c) 底部喷头(有导流筒)。

1. 喷头(气流式或压力式)；2. 流化床浓相；3. 流化床稀相；4. 空气流；5. 环隙；

6. 旋转盘(可调节高度)；7. 空气分布板；8. 雾化包衣液；9. 包衣区；10. 颗粒流向。

外,如此循环流动,当其沿器壁旋转向上时,被环隙中引入的流化气体冷却固化或蒸发干燥。

3. 底部喷头

底部喷头多数用于导流筒式流化床。颗粒在导流筒底部接受底喷雾化液沫,随流化气体在导流筒内向上,到筒顶上方时向外,并从导流筒与器壁之间环形空间中落下,在筒内向上和筒外向下的过程中,均被流化气体并流或逆流冷却固化或蒸发干燥。导流筒式流化床的分布板是特殊设计的,导流筒投影区域内开孔率较大,区域外开孔率较小,使导流筒内气体流量大,保证筒内颗粒向上流动,使颗粒稳定循环流动。

流化床包衣机的应用范围很广。只要被包衣颗粒粒径不是太大,包衣物质可以在不太高的温度熔融或配制成溶液,均可应用流化床薄膜包衣机。

(五)压制包衣机

现常用的压制包衣机是将两台旋转式压片机用单传动轴配成套,以特制的传动器将压成的片芯送至另一台压片机上进行包衣,如图 6-46 所示。

传动器由传递杯和柱塞以及传递杯和杆相连接的转台组成。片芯用一般方式压制,当片芯从模孔推出时,即由传递杯捡起,通过桥道输送到包衣转台上。桥道上有许多小孔眼与吸气泵相连接,吸除片面上的粉尘,可防止在传递时片芯颗粒对包衣颗粒的混杂。在包衣转台上,一部分包衣料填入模孔中,作为底层,然后置片芯于其上。加上包衣料填满模孔,压成最后的包衣片。在机器运转中,不需要中断操作即可抽取片芯样品进行检查。

该设备还采用了一种自动控制装置,可以检查出不含片芯的空白片并自动将其抛出,如果片芯在传递过程中被黏住而不能置于模孔中,装置也将其抛出。另外,还附有一种分路装置,

视频：
**流化床包衣
机包衣过程**

制片芯部分　　　转递部分　　　包衣部分

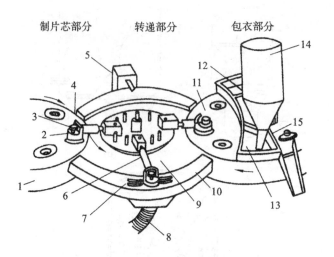

图 6-46　压制包衣机结构

注：1. 片模；2. 传递杯；3. 负荷柱塞；4. 传感器；5. 检出装置；6. 弹性传递导臂；7. 除粉尘小孔眼；
8. 吸气管；9. 计数器轴环；10. 桥道；11. 沉入片芯；12. 填充片面及周围用的包衣颗粒；
13. 填充片底用的包衣颗粒；14. 包衣颗粒漏斗；15. 饲料枢。

能将不符合要求的片与大量合格的片分开。

三、包衣影响因素及常见问题

包衣过程的影响因素较多，片芯硬度、片床温度、锅温、喷量、转速、包衣液的雾化程度等众多因素都可影响包衣的质量。

包衣过程中常出现的问题有以下几种。

1. 黏片

主要是喷量太快，使锅内湿度过高。应适当降低包衣液喷量，提高热风温度，加大转速等。

2. "橘皮"膜

主要是干燥不当，包衣液喷雾压力低而喷出的液滴受热浓缩程度不均造成衣膜出现波纹。应控制蒸发速率，提高喷雾压力。

3. "架桥"

"架桥"是指刻字片上的衣膜导致标志模糊。应放慢包衣喷雾速率，降低干燥温度，控制好热风温度。

4. 花斑

花斑是由配制包衣液时搅拌不匀或者固体状物质细度不够引起的。

5. 药片表面或边缘衣膜出现裂纹、破裂、剥落或者磨损

包衣液固液含量不当、包衣速率过快、喷量太小、片芯硬度太差等均可引起。

6. 衣膜表面出现"喷霜"

由热风湿度过高、喷程过长、雾化效果差引起。

7. 色差

包衣片之间存在色差是由喷液时喷射扇面不均、包衣液固体含量过多或者包衣机转速小引起。

8. 衣膜表面有针孔

衣膜表面有针孔是由配制包衣液时卷入过多空气引起。

NOTE

第七节 胶 囊 填 充

一、胶囊剂概述

胶囊剂(capsule)是指将药物填充于空心硬胶囊壳或密封于弹性软胶囊壳中的固体制剂。胶囊剂不仅外形美观,服用方便,而且具有遮盖不良气味,提高药物稳定性,控制药物释放速率等作用,是目前应用广泛的药物剂型之一。

构成空心硬胶囊壳或弹性软胶囊壳的材料(简称囊材)是明胶、甘油、水以及其他的药用材料,各成分的比例不同,制备方法也不同。由于胶囊壳的主要囊材是水溶性明胶,所以填充的药物不能是水溶液或者稀乙醇溶液,因其可使囊壁融化。若填充易风干的药物,可使囊壁软化;若填充易潮解的药物,可使囊壁脆裂,因此具有这些性质的药物一般不宜制成胶囊剂。另外,胶囊壳在体内溶化后,局部药量很大,因此易溶性的刺激性药物也不宜制成胶囊剂。

根据胶囊的硬度和封装方法不同,胶囊剂可分为硬胶囊剂和软胶囊剂两种。其中硬胶囊剂是将药物直接装填于胶囊壳中而制成的制剂。软胶囊剂是用滴制法或压制法将加热熔融的胶液制成囊皮或胶囊,并在囊皮未干之前包裹或装入药物而制成的制剂。本节重点介绍硬胶囊填充。

硬胶囊一般呈圆筒形,由胶囊体和胶囊帽套合而成。胶囊体的外径略小于胶囊帽的内径,两者套合后可通过局部凹槽锁紧,也可用胶液将套口处黏合,以免二者脱开而使药物散落。硬胶囊填充由硬胶囊填充设备完成。

二、硬胶囊填充设备

硬胶囊填充机可分为半自动型和全自动型。全自动型胶囊填充机的填充方式可分为冲程法、插管式定量法、填塞式(夯实及杯式)定量法等多种。不同填充方式的填充机适用于不同药物的分装,需按照药物的流动性、吸湿性、物料状态(粉末或颗粒、固态或液态)选择填充方式和机型。按照主工作盘运动方式的不同,全自动型胶囊填充机可分为间歇回转式和连续回转式两种类型。虽然二者在执行机构的动作方面存在差异,但其生产的工艺过程几乎相同。现以间歇回转式全自动型胶囊填充机为例,介绍硬胶囊填充机的结构与工作原理。

间歇回转式全自动型胶囊填充机的工作台面上设有可绕轴旋转的主工作盘,其可带动胶囊板做周向旋转。围绕主工作盘设有空胶囊排序与定向装置、拔囊装置、剔除装置、闭合装置、出囊装置和清洁装置等,如图 6-47 所示。工作台下的机壳内设有传动系统,其作用是将运动传递给各装置或机构,以完成相应的工序操作。

工作时,自储囊斗落下的杂乱无序的空胶囊经排序与定向装置后,均被排列成胶囊帽在上的状态,并逐个落入主工作盘的上囊板孔中。在拔

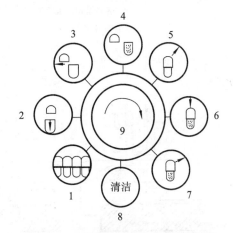

图 6-47　间歇回转式全自动型胶囊填充机主工作盘及各功能区示意图

注:1. 排序与定向;2. 拔囊区;3. 体帽错位区;
4. 药物填充区;5. 废囊剔除区;6. 胶囊闭合区;
7. 出囊区;8. 清洁区;9. 主工作盘。

NOTE

囊区,拔囊装置利用真空吸力使胶囊体落入下囊板孔中,而胶囊帽则留在上囊板孔中。在体帽错位区,上囊板连同胶囊帽一起移开,使胶囊体的上口置于定量填充装置的下方。在药物填充区,定量填充装置将药物填充进胶囊体。在废囊剔除区,剔除装置将未拔开的空胶囊从上囊板孔中剔除。在胶囊闭合区,上、下囊板孔的轴线对正,并通过外加压力使胶囊帽与胶囊体闭合。在出囊区,闭合胶囊被出囊装置顶出囊板孔,并经出囊滑道进入包装工序。在清洁区,清洁装置将上、下囊板孔中的药粉、胶囊皮屑等污染物清除,随后进入下一个操作循环。由于每一个区域的操作工序均要占用一定的时间,因此主工作盘是间歇转动的。

下面分述主工作盘上各装置的工作原理。

（一）空胶囊的排序与定向装置

为防止胶囊变形,出厂的空心硬胶囊均为体帽合一的空心套合胶囊。使用前,首先要对空胶囊进行定向排列,并将排列好的胶囊落入囊座模板的孔中,保证囊帽在上、囊体在下,为后续填充做好准备。

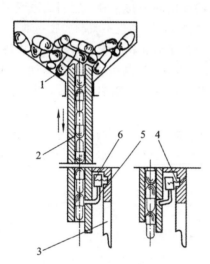

空胶囊排序装置如图 6-48 所示。落料器的上部与储囊斗相通,内部设有多个圆形孔道,每一孔道下部均设有卡囊簧片。工作时,落料器做上下往复滑动,使空胶囊进入落料器的孔中,并在重力作用下下落。当落料器上行时,卡囊簧片将一个胶囊卡住。落料器下行时,簧片架产生旋转,卡囊簧片松开胶囊,胶囊在重力作用下由下部出口排出。当落料器再次上行并使簧片架复位时,卡囊簧片又将下一个胶囊卡住。可见,落料器上下往复滑动一次,每一孔道均输出一粒胶囊。

图 6-48 空胶囊排序装置
注:1. 储囊斗;2. 落料器;3. 压囊爪;4. 弹簧;5. 卡囊簧片;6. 簧片架。

由排序装置排出的空胶囊有的帽在上,有的帽在下。为便于空胶囊的体帽分离,需进一步将空胶囊按帽在上、体在下的方式进行排列。空胶囊的定向排列可由定向装置完成,该装置设有定向滑槽和顺向推爪,推爪可在槽内做水平往复运动,如图 6-49 所示。

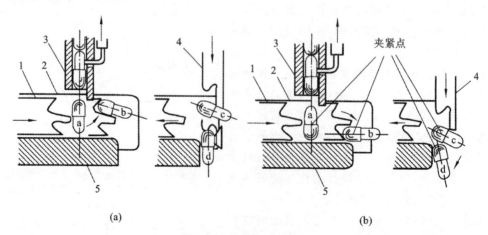

(a)　　　　(b)

图 6-49 空胶囊定向装置
注:(a) 帽在上;(b) 帽在下;1. 顺向推爪;2. 定向滑槽;3. 落料器;4. 压囊爪;5. 定向器座。

工作时,胶囊依靠自身重力落入定向滑槽中。由于定向滑槽的宽度略大于胶囊体的直径而略小于胶囊帽的直径,因此滑槽对胶囊帽有一个夹紧力,但并不接触胶囊体。由于结构上的特殊设计,顺向推爪只能作用于直径较小的胶囊体中部。因此,当顺向推爪推动胶囊体运动时,胶囊体将围绕滑槽与胶囊帽的夹紧点转动,使胶囊体朝前,并被推向定向器座边缘。此时,垂直运动的压囊爪使胶囊体翻转 90°,并将其垂直推入囊板孔中。

（二）空胶囊的体帽分离装置

经定向排列后的空胶囊还需将囊体与囊帽分离开来,以便药物填充。空胶囊的体帽分离操作可由拔囊装置完成。该装置由上、下囊板及真空系统组成,如图 6-50 所示。

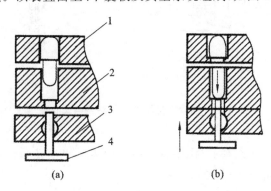

图 6-50　拔囊装置结构与工作原理

注:(a) 接通真空前;(b) 接通真空后;1. 上囊板;2. 下囊板;3. 气体分配板;4. 顶杆。

彩图:拔囊装置
工作原理
示意图

当空胶囊被压囊爪推入囊板孔后,气体分配板上升,其上表面与下囊板的下表面贴严。此时,真空接通,顶杆随气体分配板同步上升并伸入下囊板的孔中,使顶杆与气孔之间形成一个环隙,以减少真空空间。上、下囊板孔的直径相同,且都为台阶孔,上、下囊板台阶孔的直径分别小于胶囊帽和胶囊体的直径。当胶囊体被真空吸至下囊板孔中时,上囊板孔中的台阶可挡住胶囊帽下行,下囊板孔中的台阶可使胶囊体下行至一定位置时停止,以免胶囊体被顶杆顶破,从而达到体帽分离的目的。

（三）药物定量填充装置

当空胶囊体、帽分离后,上、下囊板孔的轴线随即错开,接着药物定量填充装置将定量的药物填入下方的胶囊体中,完成药物填充过程。

药物定量填充装置的类型很多,如插管定量填充装置、模板定量填充装置、活塞-滑块定量填充装置和真空定量填充装置等。

1. 插管定量填充装置

插管定量填充装置分为间歇式和连续式两种,如图 6-51 所示。

间歇式插管定量填充装置是将空心定量管插入药粉斗中,利用管内的活塞将药粉压紧,然后定量管升离粉面,并旋转 180° 至胶囊体的上方。随后,活塞下降,将药粉柱压入胶囊体中,完成药粉填充过程。连续式插管定量填充装置也是采用定量管来定量的,但其插管、压紧、填充操作是随机器本身在回转过程中连续完成的。由于填充速率较快,插管在药粉中的停留时间很短,故对药粉的要求更高,如药粉不仅要有良好的流动性和一定的可压缩性,而且各组分的密度应相近,且不易分层。为避免定量管从药粉中抽出后留下的空洞影响填充精度,药粉斗中常设有刮板、耙料器等装置,以控制药粉的高度,并使药粉保持均匀和流动。

2. 模板定量填充装置

模板定量填充装置的结构与工作原理如图 6-52 所示,其中左图将圆柱状定量装量及其工作过程展开成了平面形式。药粉盒由定量盘和粉盒圈组成,工作时可带着药粉做间歇回转运

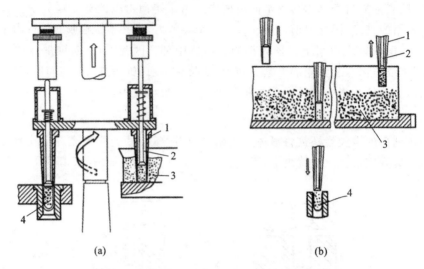

(a)   (b)

图 6-51　插管定量填充装置结构与工作原理

注：(a) 间歇式；(b) 连续式；1. 定量管；2. 活塞；3. 药粉斗；4. 胶囊体。

动。定量盘沿圆周设有若干组模孔（图中每一单孔代表一组模孔），剂量冲头的组数和数量与模孔的组数和数量相对应。

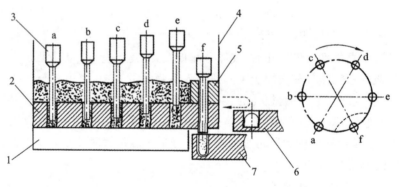

图 6-52　模板定量填充装置结构与工作原理

注：1. 底盘；2. 定量盘；3. 剂量冲头；4. 粉盒圈；5. 刮粉器；6. 上囊板；7. 下囊板。

3. 活塞-滑块定量填充装置

常见的活塞-滑块定量填充装置如图 6-53 所示。在料斗的下方有多个平行的定量管，每一个定量管内均有一个可上下移动的定量活塞。料斗与定量管之间设有可移动的滑块，滑块上开有圆孔。当滑块移动并使圆孔位于料斗与定量管之间时，料斗中的药物微粒或微丸经圆孔流入定量管。随后滑块移动，将料斗与定量管隔开。此时，定量活塞下移至适当位置，使药物经支管和专用通道填入胶囊体。调节定量活塞的上升位置即可控制药物的填充量。

4. 真空定量填充装置

真空定量填充装置是一种连续式药物填充装置，其工作原理是先利用真空将药物吸入定量管，然后利用压缩空气将药物吹入胶囊体，图 6-54 为其工作原理示意图。定量管内设有定量活塞，活塞的下部安装有尼龙过滤器。在取料或填充过程中，定量管可分别与真空系统或压缩空气系统相连。取料时，定量管插入料槽，在真空的作用下，药物被吸入定量管。填充时，定量管位于胶囊体的上部，在压缩空气的作用下，将定量管中的药物吹入胶囊体。调节定量活塞的位置即可控制药物的填充量。

NOTE

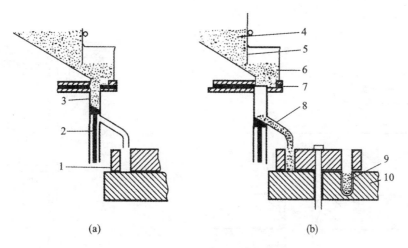

图 6-53　活塞-滑块定量填充装置

注:(a) 药物定量;(b) 药物填充;1. 填料器;2. 定量活塞;3. 定量管;4. 料斗;
5. 物料高度调节板;6. 药物颗粒或微丸;7. 滑块;8. 支管;9. 胶囊体;10. 下囊板。

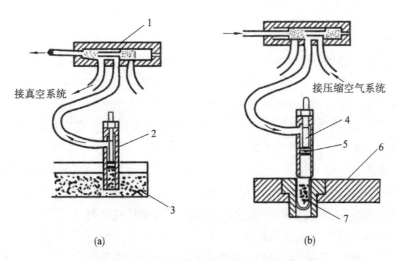

图 6-54　真空定量填充装置工作原理示意图

注:(a) 取料过程;(b) 填充过程;1. 切换装置;2. 定量管;
3. 料槽;4. 定量活塞;5. 尼龙过滤器;6. 下囊板;7. 胶囊体。

(四)剔除装置

运行时个别空胶囊可能会因某种原因而导致体帽未能分开,这些空胶囊一直滞留于上囊板孔中,但并未填充药物。为防止这些空胶囊混入成品中,应在胶囊闭合前将其剔除。

剔除装置的结构与工作原理如图 6-55 所示,其核心构件是一个可上下往复运动的顶杆架,上面设有与囊板孔相对应的顶杆。当上、下囊板转动时,顶杆架停留在下限位置。当上、下囊板转动至剔除装置并停止时,顶杆架上升,使顶杆伸入上囊板孔中。若囊板孔中仅有胶囊帽,则上行的顶杆对囊帽不产生影响。若囊板孔中存有未拔开的空胶囊,则上行的顶杆将其顶出囊板孔,并被压缩空气吹入集囊袋中。

(五)闭合装置

闭合装置由弹性压板和顶杆组成,其结构与工作原理如图 6-56 所示。当上、下囊板孔的轴线对准后,弹性压板下行,将胶囊帽压住。同时,顶杆上行伸入下囊板孔中顶住胶囊体下部。随着顶杆的上升,胶囊体、帽闭合并锁紧。调节弹性压板和顶杆的运动幅度,可使不同型号的胶囊闭合。

NOTE

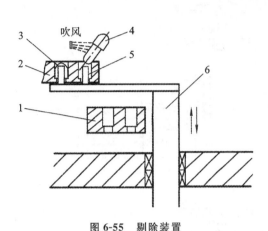

图 6-55 剔除装置

注:1. 下囊板;2. 上囊板;3. 胶囊帽;
4. 未拔开的空胶囊;5. 顶杆;6. 顶杆架。

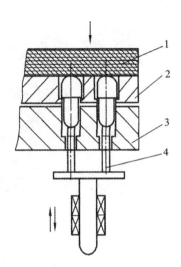

图 6-56 闭合装置

注:1. 弹性压板;2. 上囊板;
3. 下囊板;4. 顶杆。

(六)出囊装置

出囊装置的主要部件是一个可上下往复运动的出料顶杆,其结构与工作原理如图 6-57 所示。当囊板孔轴线对准的上、下囊板携带着闭合胶囊旋转时,出料顶杆处于低位,即位于下囊板下方。当携带闭合胶囊的上、下囊板旋转至出囊装置上方并停止时,出料顶杆上升,其顶端自下面向上伸入上、下囊板的囊板孔中,将闭合胶囊顶出囊板孔。随后,压缩空气将顶出的闭合胶囊吹入出囊滑道中,并被输送至包装工序。

(七)清洁装置

上、下囊板经过拔囊、填充药物、出囊等工序后,囊板孔可能受到污染。因此,上、下囊板在进入下一个周期的操作循环之前,应通过清洁装置对其囊板孔进行清洁。

清洁装置实际上是一个设有风道和缺口的清洁室,如图 6-58 所示。当囊板孔轴线对准的上、下囊板旋转至清洁装置的缺口处时,压缩空气系统接通,囊板孔中的药粉、囊皮屑等污染物被压缩空气自下向上吹出囊板孔,并被吸尘系统吸入吸尘器。随后,上、下囊板离开清洁室,开始下一个周期的循环操作。

视频:硬胶囊填充机填充过程

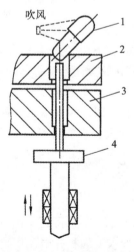

图 6-57 出囊装置

注:1. 闭合胶囊;2. 上囊板;3. 下囊板;4. 出料顶杆。

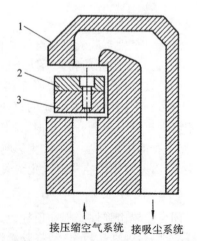

图 6-58 清洁装置

注:1. 清洁装置;2. 上囊板;3. 下囊板。

接压缩空气系统 接吸尘系统

 NOTE

三、胶囊剂的质量检查

《中国药典》规定的胶囊剂质量标准包括胶囊剂的外观、装量差异、崩解时限、溶出度、释放度、含量均匀度等指标的检查。

（1）外观应整洁，不得有黏结、变形、渗漏或囊壳破裂现象，并应无异臭。

（2）水分：中药硬胶囊应进行水分检查。硬胶囊内容物为液体或半固体者不检查水分。

（3）装量差异应符合表6-1规定。

表 6-1 胶囊剂的装量差异

平 均 装 量	装量差异限度
0.30 g 以下	±10%
0.30 g 及 0.30 g 以上	±7.5%

凡规定检查含量均匀度的胶囊剂，可不进行装量差异的检查。

（4）崩解时限：除另有规定外，照崩解时限检查法（通则0921）检查，均应符合规定。凡规定检查溶出度或释放度的胶囊剂，一般不再进行崩解时限检查。

本章小结

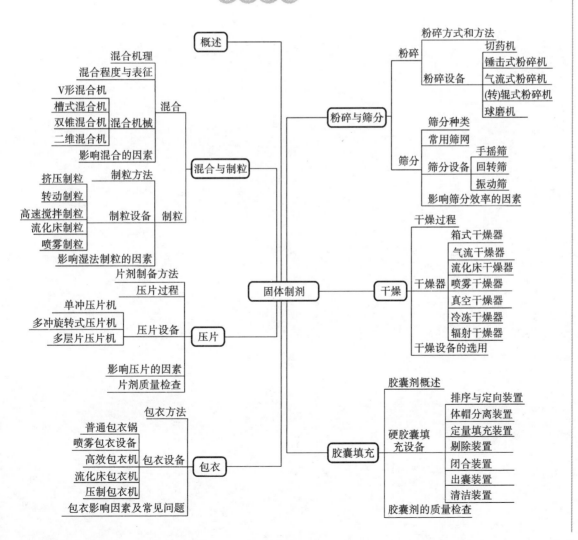

NOTE

参考答案

思考与练习

1. 简述固体制剂的制备工艺流程。
2. 粉碎的施力种类有哪些?
3. 简述喷雾制粒法的工作原理与制粒特点。
4. 制药干燥的目的是什么?
5. 简述压片机工作原理。
6. 片剂生产过程主要采用哪些生产设备?
7. 旋转式包芯压片机与旋转式压片机的结构有何区别?
8. 包衣机主要分为哪几类?
9. 简述全自动型胶囊填充机的工作原理。

(李朋伟　王天帅)

NOTE

第七章　液体制剂

 学习目标 ┃...

1. 掌握：最终灭菌小容量注射剂生产原理和典型设备结构。
2. 熟悉：制药用水的标准，纯化水、注射用水的生产原理和设备结构。
3. 了解：国内外液体灭菌制剂生产设备特点及其选用。

液体制剂是指药物分散在适宜的液体分散介质中所制成的液体形态的制剂。按给药途径，可分为内服液体制剂、外用液体制剂和注射剂。常见液体制剂包括灭菌制剂中的最终灭菌小容量注射剂、最终灭菌大容量注射剂、冻干粉制剂、滴眼剂；内服液体制剂中的口服液、糖浆剂；以及外用液体制剂中的洗剂、搽剂等。液体制剂种类很多，其制备原理和过程有许多相似之处，也有不同之处。特别是因给药途径不同，各类液体制剂生产质量管理规范要求相差很大。

本章首先介绍制药用水标准及其生产原理，然后以最终灭菌小容量注射剂为例，详细介绍其生产过程原理及设备。

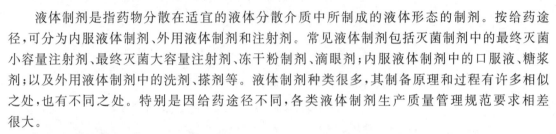 案例导入

维生素 C 注射液为无色至微黄色的澄明液体，用于防治维生素 C 缺乏病，也可用于各种急慢性传染性疾病及紫癜等的辅助治疗、慢性铁中毒的治疗、特发性高铁血红蛋白血症的治疗。克山病患者发生心源性休克时，可用本品大剂量治疗。

维生素 C 注射液的制备过程如下：在配制容器中，加处方量 80% 的注射用水，通二氧化碳饱和，加维生素 C 溶解后，分次缓慢加入碳酸氢钠，搅拌使完全溶解，加入预先配制好的依地酸二钠溶液和亚硫酸氢钠溶液，搅拌均匀，调节药液 pH 为 6.0～6.2，添加二氧化碳饱和的注射用水至足量。用垂熔玻璃漏斗和膜滤器过滤，溶液中通二氧化碳，并在二氧化碳或氮气流下灌封，最后通 100 ℃ 流通蒸汽 15 min 来灭菌。

问题：

1. 在维生素 C 注射液的制备过程中，配制和过滤的主要方式有哪些？
2. 注射液灭菌有哪些方法？

第一节　制药用水

在药品制备过程中水是常用辅料之一，制药用水的质量直接影响药品的质量。《中国药典》(2015 年版) 中，制药用水依据其使用范围可分为四类，分别是饮用水、纯化水、注射用水和灭菌注射用水。四类制药用水都有明确的质量标准和应用范围。药品生产企业可根据各生产工序或使用目的与要求，选用适宜的制药用水，见表 7-1。

NOTE

表 7-1 制药用水的选择

类 别	应 用 范 围
饮用水	1. 制备纯化水 2. 口服液瓶子的初洗 3. 设备、容器的初洗 4. 中药材、中药饮片的清洗、浸泡和提取
纯化水	1. 制备注射用水（纯蒸气）的水源 2. 非无菌药品直接接触药品的设备器具和包装材料的最后一次洗涤 3. 注射剂、无菌药品瓶子的初洗 4. 非无菌药品的配料 5. 非无菌原料的精制
注射用水	1. 无菌产品直接接触药品的包装材料的最后一次精洗 2. 注射剂、无菌冲洗剂配料 3. 无菌原料药精制 4. 无菌原料药直接接触无菌原料的包装材料的最后清洗
灭菌注射用水	注射用灭菌粉末的溶剂或注射剂的稀释剂
纯蒸气	1. 无菌药品物料、容器、设备、无菌衣或其他物品需进入无菌作业区的湿热无菌处理 2. 培养基的湿热灭菌

一、制药用水标准

饮用水（drinking water）为天然水经净化处理所得的水，其质量必须符合《生活饮用水卫生标准》（GB 5749—2006）。饮用水可作为药材净制时漂洗、制药用具的粗洗用水。除另有规定外，也可作为饮片的提取溶剂。

纯化水（purified water）为饮用水经蒸馏法、离子交换法、反渗透法或其他适宜的方法制备而得，不含任何附加剂。其质量必须符合《中国药典》（2015 年版）二部纯化水项下的规定。不同药典中纯化水的水质标准见表 7-2。纯化水可作为配制普通药物制剂用的溶剂或实验用水；可作为中药注射剂、滴眼剂等灭菌制剂所用饮片的提取溶剂；可作为口服、外用制剂配制用溶剂或稀释剂；可作为非灭菌制剂用器具的精洗用水以及非灭菌制剂所用饮片的提取溶剂。

表 7-2 纯化水的水质标准

项 目	《中国药典》（2015 年版）	《英国药典》（2015 年版）	《美国药典》（USP31）
制法	本品经蒸馏法、离子交换法、反渗透法或其他适宜方法制得	由符合法定标准的饮用水经蒸馏、离子交换或其他适宜方法制得	由符合美国环保署、欧共体、日本法定要求或WHO饮用水指南要求的饮用水经适宜方法制得
性状	无色澄清液体、无臭、无味	无色澄清液体、无臭、无味	—
酸碱度	符合规定	—	—

NOTE

续表

项　目	《中国药典》 (2015 年版)	《英国药典》 (2015 年版)	《美国药典》 (USP31)
氨	≤0.3 μg/mL	—	—
氯化物、硫酸盐与 钙盐、亚硝酸盐、 二氧化碳、不挥发物	符合规定	—	—
硝酸盐	≤0.06 μg/mL	≤0.2 μg/mL	—
重金属	≤0.3 μg/mL	≤0.1 μg/mL	—
铝盐	—	用于生产渗析液时才 控制此项	—
易氧化物	符合规定	符合规定	—
总有机碳	—	≤0.5 μg/mL	≤0.5 μg/mL
电导率	—	符合规定	符合规定(1.1 μS/cm(20 ℃)、1.3 μS/cm(25 ℃))
细菌内毒素	—	≤0.25 EU/mL(不是 都要求)	—
无菌检查	—	—	只有灭菌纯化水才需要 进行无菌检查,储罐中的 水只需进行微生物限度 检查
微生物限度	≤100 CFU/mL	≤100 CFU/mL	≤100 CFU/mL

注射用水(water for injection)为纯化水经蒸馏所得的水,其质量必须符合《中国药典》(2015 年版)二部注射用水项下的规定。不同药典中注射用水的水质标准见表 7-3。注射用水可作为配制注射剂、滴眼剂等的溶剂或用于稀释剂及容器的精洗。为保证注射用水的质量,还应对注射用水系统进行定期清洗与消毒。其储存方式和静态储存期限应经过验证以确保水质符合质量要求。

表 7-3　注射用水的水质标准

项　目	《中国药典》 (2015 年版)	《英国药典》 (2015 年版)	《美国药典》 (USP31)
来源	本品为纯化水经蒸馏 所得的水	由符合法定标准的饮 用水或纯化水经适当方 法蒸馏而得	由符合美国环保署、欧 共体、日本法定要求或 WHO饮用水指南要求的 饮用水为原水,经蒸馏或 与蒸馏法除化学物质与微 生物水平相当或更优的纯 化工艺制得
性状	无色澄清液体、无臭、 无味	无色澄清液体、无臭、 无味	—

项　目	《中国药典》 （2015 年版）	《英国药典》 （2015 年版）	《美国药典》 （USP31）
pH	5.0～7.0	—	—
氨	≤0.2 μg/mL	—	—
氯化物、硫酸盐与 钙盐、亚硝酸盐、 二氧化碳、不挥发物	符合规定	—	—
硝酸盐	≤0.06 μg/mL	≤0.2 μg/mL	—
重金属	≤0.3 μg/mL	≤0.1 μg/mL	—
铝盐	—	用于生产渗析液时才 控制此项	—
易氧化物	符合规定	符合规定	—
总有机碳	—	≤0.5 μg/mL	≤0.5 μg/mL
电导率	—	符合规定	符合规定（1.1 μS/cm（20 ℃）、1.3 μS/cm（25 ℃））
细菌内毒素	0.25 EU/mL	0.25 EU/mL	0.25 EU/mL
微生物限度	≤10 CFU/mL	≤10 CFU/mL	≤10 CFU/mL

灭菌注射用水（sterile water for injection）为注射用水按照注射剂生产工艺制备所得。不含任何添加剂。其质量必须符合《中国药典》（2015 年版）二部灭菌注射用水项下的规定。灭菌注射用水主要可作为注射用灭菌粉末的溶剂或注射剂的稀释剂。为避免大规格、多次使用造成的污染，灭菌注射用水灌装规格应与临床需要相适应。

二、纯化水制备

目前国内纯化水制备多以饮用水为原水，经预处理和脱盐两个步骤制得。

1. 预处理

预处理（pre-treatment）装置一般由原水泵、多介质过滤器、活性炭过滤器、软水器组成。

（1）多介质过滤器：过滤介质为石英砂，主要用于过滤除去原水中的大颗粒、悬浮物、胶体及泥沙等。

（2）活性炭过滤器：主要用于除去水中的游离氯、颜色、微生物、有机物以及部分重金属等。

（3）软水器：主要通过离子交换树脂除去水中的钙、镁离子，降低水质硬度。

2. 脱盐

有四种常见脱盐流程：①两级反渗透；②一级反渗透＋电去离子；③两级反渗透＋电去离子；④两级反渗透＋混床。

上述四种流程本质上是由反渗透、离子交换、电渗析等单元操作，按照不同方式组合而成。有关反渗透、离子交换、电渗析等单元操作的原理和设备已在本书第二篇第五章中介绍，这里仅介绍其在制药用水制备中的应用情况。

（1）反渗透（reverse osmosis）：主要用来截留原水中细菌、热原、病毒、高分子有机物、盐类和糖类小分子物质。反渗透技术经济高效，已成为制药用水工艺中首选的水处理单元。

（2）电渗析（electroosmosis）：渗析扩散过程和电化学过程的结合，在外加直流电场的作用下,利用离子交换膜的选择渗透性(即阳离子可以透过阳离子交换膜,阴离子可以透过阴离子交换膜)以及良好的导电性,使水中杂质离子分别向阳极和阴极移动,从而实现溶液淡化、浓缩、精制或纯化等目的。

由于蒸馏法耗能高,离子交换法需要化学再生,消耗大量的酸和碱,当处理含盐量较大(500~30000 mg/L)的水时,电渗析技术要比离子交换法或蒸馏法都经济。在使用离子交换法处理水时,先经电渗析预脱盐处理可大大减少离子交换的再生次数,并可节省大量的酸和碱。

(3)离子交换(ion exchange):利用离子交换树脂去除水中溶解的盐类、矿物质及溶解性气体等。由于水中的杂质种类繁多,该法常需同时使用阳离子交换树脂和阴离子交换树脂,或在装有混合树脂的离子交换器中进行。阴、阳离子交换树脂按不同比例进行搭配可组成离子交换阳床系统、离子交换阴床系统,以及离子交换混床(复床)系统。

用离子交换法制备的水通常称作"去离子水",借以区别于"蒸馏水"。这种离子交换法所制备的去离子水不能除去有机物,其电阻率不能用于表示有机物的污染程度。用去离子法所得到的去离子水在 25 ℃时的电阻率可达 $10 \times 10^6 \ \Omega \cdot cm$ 以上。但是树脂床层可能含有微生物,以致水中含有热原。特别是树脂本身可以释放有机物,如低相对分子质量的胺类物质以及一些大分子有机物均可能被树脂吸附和截留,而使树脂毒化,这就是离子交换法进行水处理时可能引起水质下降的重要原因。

(4)电去离子(electro-deionization,EDI)技术是一种将电渗析和离子交换相结合的除盐工艺,它集合了电渗析和混合床离子交换技术的优点。

该技术利用离子交换能深度脱盐来解决电渗析极化而脱盐不彻底的问题,又利用电渗析极化而发生水电离产生 H^+ 和 OH^- 实现树脂自再生来解决树脂失效后通过化学药剂再生的问题。EDI 装置属于精处理水系统,一般多与反渗透(RO)配合使用,组成预处理、反渗透、EDI 装置的超纯水处理系统,取代了传统水处理工艺的混合离子交换设备。EDI 装置进水要求电阻率为 0.025~0.5 M$\Omega \cdot cm$,反渗透装置完全可以满足要求。EDI 装置可生产电阻率达 15 M$\Omega \cdot cm$ 以上的超纯水。

EDI 装置包括阴、阳离子交换膜,离子交换树脂,直流电源等设备,其工作原理见图 7-1。其中阴离子交换膜只允许阴离子透过,不允许阳离子通过,而阳离子交换膜只允许阳离子透过,不允许阴离子通过。离子交换树脂在阴、阳离子交换膜之间形成单个处理单元,并构成淡水室。单元与单元之间用网状物隔开,形成浓水室。在单元组两端的直流电源阴、阳电极之间形成电场。来水流经淡水室,水中的阴、阳离子在电场作用下通过阴、阳离子交换膜被清除,进入浓水室。在离子交换膜之间填充的离子交换树脂大大地提高了离子被清除的速率。同时,水分子在电场作用下产生氢离子和氢氧根离子,这些离子对离子交换树脂进行连续再生,以使离子交换树脂保持最佳状态。EDI 装置将给水分成三股独立的水流:纯水、浓水和极水。纯水(90%~95%)为最终得到的水,浓水(5%~10%)可以再循环处理,极水(1%)被排放掉。

EDI 装置的特点:①连续运行,产品水质稳定,容易实现全自动控制;②不需要化学再生,不会因再生而停机,无需酸碱储备和酸碱稀释运送设施,节省了再生用水及再生污水处理设施;③产水率高(可达 95%),占地面积小、运行及维护成本低;④设备单元模块化,可灵活地组合各种流量的净水设施;⑤设备初投资大。

三、注射用水制备

注射剂溶剂绝大多数采用注射用水。各国药典对注射用水的电导率、微生物限度、总有机碳(TOC)和细菌内毒素等质量指标基本相同。但各国药典对注射用水的制备工艺均有限定条件,如《美国药典》明确规定注射用水的制备工艺只能是蒸馏法或反渗透(RO)法,《中国药

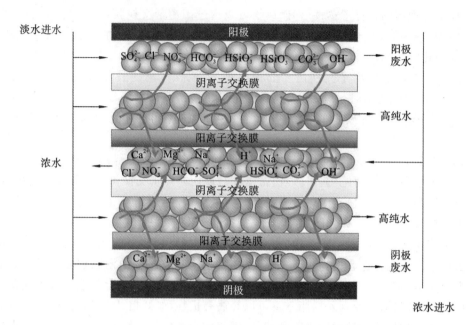

图 7-1　EDI 工作原理图

典》则规定注射用水的生产工艺必须是蒸馏法。国内外注射用水制备技术要求比较见表 7-4。

表 7-4　国内外注射用水的制备技术比较

项　　目	中　国	美　国	欧　盟	日　本
制备方法	蒸馏法	蒸馏法或 RO 法	蒸馏法或 RO 法	蒸馏法或 RO 法
原料水	纯化水	饮用水或纯化水	饮用水或纯化水	饮用水或纯化水
电导率控制方式	在线或离线	在线	RO 法:在线	在线或离线
TOC 控制方式	在线或离线	在线	RO 法:在线	RO 法:在线

注射用水通常用纯化水通过蒸馏获得。蒸馏水机虽然形式多样,但一般均由蒸发装置、分离装置和冷凝装置组成。主要有单效塔式蒸馏水机、多效蒸馏水机和热压式蒸馏水机三种。由于单效塔式蒸馏水机只能蒸发一次,蒸汽消耗较高,目前制药企业多采用节能、高效的热压式蒸馏水机和多效蒸馏水机。

1. 热压式蒸馏水机

热压式蒸馏水机是根据热泵蒸发理论应用于注射用水生产的高效节能设备,以纯化水为原水经过热交换器进行热交换,预热的原水进入蒸汽换热器中换热,使温度升高到 90 ℃,这时原水进入蒸发器底部的收集器,与管内高温纯蒸汽换热,使温度进一步升高至 98 ℃左右。在蒸发室内,较高温度的原水和循环水(蒸发器内循环水收集器)一起被喷洒在蒸发器管束上,一部分被蒸发成纯蒸汽,其余未被蒸发的被收集在循环水收集器中。上述纯蒸汽由容积式压缩机吸入,在一定的体积内压缩,使纯蒸汽温度升高到 125~130 ℃,成为压缩高温纯蒸汽,提高其热焓及温度,使其中本来由于压力较低而无法利用的潜热得到再利用,在蒸发器内经过脱气,使不凝性气体排出,脱气后的纯蒸汽进入蒸发冷凝器管束内部与原水换热,然后被冷凝成注射用水。二次蒸汽压缩的主要优点是节能、高效,每压缩 1 kg 二次蒸汽,若温差为 22 ℃,每小时仅需压缩机的轴功率为 54.12 W;若温差为 5~10 ℃,每小时 1 kW 压缩机的轴功率的蒸发量可达 13.5~40 kg。热压式蒸馏水机的工作原理见图 7-2。

在蒸馏水设备中采用机械压缩式热泵蒸发技术,其最大的优点是节能效果显著,能耗仅为多效蒸馏水机的 32%,为目前所知的能耗最低的注射用水生产设备。除此之外,热压式蒸馏

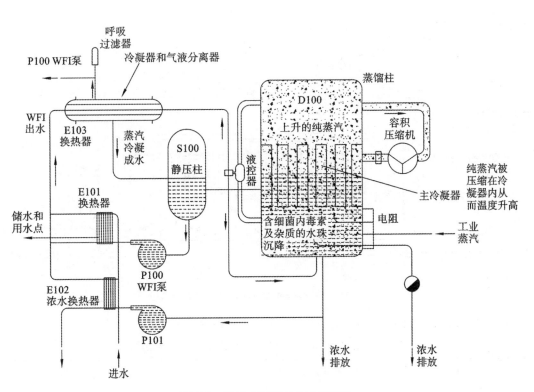

图 7-2 热压式蒸馏水机工作原理

水机还具有以下特点：①容易在线清洗；②内毒素去除能力优良；③主要部件全部位于地面,压缩机和泵优先设计于容易维护的位置；④蒸发器液位低于水平管,不允许管束淹没在进水中,管和管板接点处受腐蚀的可能性降至最低；⑤所有换热器均采用双管板设计,即使蒸汽泄漏也不会影响产品水质；⑥循环系统确保了高湿润率,从而确保管道不出现干斑现象,使结垢的可能性最小；⑦低速压缩机有更长的故障间隔保证,能耗低,配备的变频器可用来调节压缩机的速度,调节生产用水负荷。

热压式蒸馏水机与多效蒸馏水机相比,也存在一些缺点：①由于换热面积庞大,成本较高,约高出多效蒸馏水机30%；②机器的维护需要较高的人力成本；③耗电量较高。

2. 多效蒸馏水机

多效蒸馏水机采用高温高压操作,能确保稳定地生产无热原的注射用水,是目前应用最广泛的注射用水制备系统的关键设备。多效蒸馏设备通常由两个或两个以上蒸发换热器、分离装置、预热器、两个冷凝器、阀门、仪表和控制部分等组成。一般的系统有3~8效,每效包括一个蒸发器。

多效蒸馏水机的工作原理与多效蒸发器基本相同,见图7-3。原水在一效预热器被工业蒸汽加热,被蒸发的原水作为二次蒸汽,继续在蒸发器中盘旋上升,经中上部特殊分离装置,进入纯蒸汽管路,作为次效的热源,未被蒸发的原水被输送到下一效,以后各效与此类似,未被蒸发的进入下一效,直到最后一效仍未被蒸发的,将作为凝结水排放；各效的蒸馏水和末效的二次蒸汽被冷凝器收集,并经过与冷却水、原水换热,冷却成为蒸馏水；经过电导率的在线检测,合格的蒸馏水作为注射用水输出,不合格的蒸馏水将被排放。

各效的二次蒸汽都用于后一效加热,因此本法对工业蒸汽的利用率很高,具有明显的节能效果。随着蒸发器效数的增多,这种节能效果更加明显。同时冷却水的用量也随效数的增加大幅减少。如不计损失,理论上可以认为蒸汽耗量与蒸发气量之比是效数的倒数。实际上当然会存在温差损失及设备热损失,经验上认为三效蒸馏时,其单位蒸汽耗量是单级蒸馏的2/5,

 NOTE

219

四效时可达 3/10。

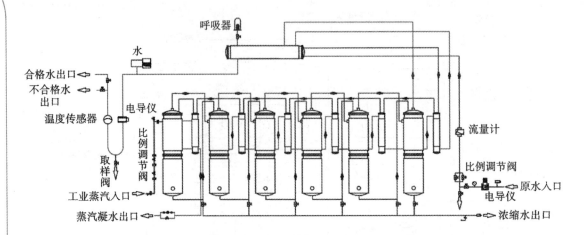

图 7-3　多效蒸馏水机的工作流程

热压式蒸馏水机与多效蒸馏水机的工作参数对比情况参见表 7-5。

表 7-5　热压式蒸馏水机和多效蒸馏水机的工作参数对比

项　目	热压式蒸馏水机	多效蒸馏水机
工业蒸汽压力/MPa	0.2	0.3
原水要求	20 ℃时电导率<10 μS/cm	20 ℃时电导率<2.0 μS/cm
耗能方式	原水通过蒸汽加热、电加压产生所需的纯蒸汽	蒸汽加热产生所需的纯蒸汽
余热利用	原水利用余热 4 次换热，提高进水温度达 99 ℃	高温蒸馏水与原水热交换，原水温度达 70 ℃
蒸馏出水温度/℃	82～85	92～99
注射用水质量	25 ℃时电导率:0.01～0.1 μS/cm 在线 TOC:<0.01 mg/L 细菌内毒素:<0.05 EU/mL	25 ℃时电导率:0.3～0.5 μS/cm 在线 TOC:<0.03 mg/L 细菌内毒素:<0.125 EU/mL
产水量/(t/h)	10～20	5～10
产水效率/(%)	90～93	85～90
自动控制方式	设备提供了一个变频器来调节压缩机的速度,降低速度可维持较小的出水量而不用停止机器,避免了再次开机需预热耗能	在一定液位下需要停机,再次开机需预热启动

第二节　注射液的配制与过滤

一、注射液的配制

1. 不锈钢配液装置

不锈钢配液装置通常装配有搅拌器,夹层可通蒸汽加热,也可通冷水冷却,实际生产应用

广泛。具体配制操作如下：①开启阀门，根据生产工艺的用水量，往配制罐内加入一定量的注射用水，然后关闭阀门；②打开投料孔盖，从投料孔处依次投入原料和辅料，投料完毕关闭孔盖；③启动搅拌电机，开始搅拌；④如果药液配制时需要加热，则打开蒸汽输送管路阀门，往夹层通入蒸汽进行加热（如无须加热，此步骤可以省略）；⑤当药液达到工艺要求时，关闭蒸汽阀，关闭搅拌电机即可。

2. 高效配液装置

高效配液装置是集浓配和稀配于一体的先进配液设备，由自动配料控制器和配液自动称量装置组成。自动配料控制器采用称量法，由控制器按预先输入的配方量控制与料斗连接的加料阀门，准确加料至设定值，保证可靠连续的配料顺序，能迅速精确地控制配料过程，并且记录配料全过程，出现故障时自动报警，自动打印。高效配液装置自动输送原料、辅料，自动称量，微机程控进料阀，计量精确，密闭生产，高效节能，符合 GMP 要求。

二、注射液的过滤

由于药品生产所用的原料、辅料、中间半成品、生产中使用的器具、管道设备、操作人员及室内空气等会受到细菌污染，因此注射剂在灌装前及灌装操作中均存在净化精制的要求。

根据无菌净化的要求，药液精制的主要途径是过滤。过滤是用物理方法截留滤除微生物及其他不溶物而保证药液的组成和化学性能不变的净化方法。依据微生物尺寸采用孔径为 $0.2\sim0.45\ \mu m$ 的微孔滤膜过滤药液，可截留除病毒以外的所有微生物；若采用孔径在 $0.01\ \mu m$ 以下的超滤膜，则可滤除病毒以及更小的不溶物。

有关过滤原理及常见设备参见本书第四章，以下再补充一些注射剂车间常用的滤器。

（一）注射剂车间常用滤器

1. 砂滤棒

砂滤棒（sand filter）是 SiO_2、Al_2O_3、黏土、白陶土等材料经过 1000 ℃ 以上的高温焙烧而成的空心滤棒。棒身中的细微孔是其主体部分，配料的粒度越细，则砂滤棒孔隙越小，滤速也越低，反之亦然。砂滤棒的孔径为 $10\ \mu m$ 左右，相同尺寸的砂滤棒依孔径的不同，可分为细、中、粗等规格。目前市场销售的单支砂滤棒的滤液流量为 $300\sim500\ mL/min$，将砂滤棒的接口与真空系统连接，滤液在压力作用下透过管壁，经管内空间汇集流出，即可完成过滤过程。当处理量较大时，可将多支砂滤棒并联于真空系统上。砂滤棒的过滤目前常作为药液的粗滤。

砂滤棒反复使用后滤速降低，主要原因是颗粒堵塞了砂滤棒的深层孔隙，经过适当处理后可重复使用。处理流程是先将附着在砂滤棒表层的物质用注射用水反复冲净，沥净水后于 30 ℃ 烘箱中烘烤 3 h。此时颗粒焦化变得比较脆弱，易于冲出。待降至适当温度后放于热注射用水中浸泡 1 h，最后用热注射用水加压过滤至滤出的注射用水澄清无色为止。

2. 钛滤器

钛滤器由钛金属粉末烧结而成，用于过滤较细的微粒，是生产中较好的预滤材料，常用于大输液、小针剂、滴眼液、口服液浓配环节中的脱炭过滤及稀配环节中的终端过滤前的保安过滤。钛滤器的抗热性能好、强度大、质量小、不易破碎，且过滤阻力小、滤速大。

3. 垂熔玻璃滤器

垂熔玻璃滤器（vertical fused glass filter）是通过均匀的玻璃细粉高温熔合而成的具有均匀孔径的滤器。孔径越小，滤速越低，这类滤器的总处理量较小，一般最大的漏斗的容量也只有 5 L，主要用于注射剂的精滤或膜滤前的预滤。垂熔玻璃滤器根据形状可分为三种：垂熔玻璃漏斗、垂熔玻璃滤球和垂熔玻璃滤棒。按孔径大小可分为 1~6 号（生产厂家不同，代号有所差异）。常压过滤常用 3 号，加压或减压过滤常用 4 号，而 6 号则用于除菌过滤。

NOTE

垂熔玻璃滤器化学性能稳定,不会影响药液的 pH 且不与药液发生化学反应;吸附性能低,对药液无吸附作用;在过滤过程中,不掉渣,滞留药液少;滤器可热压灭菌和用于加压过滤;价格贵,质脆易破碎。

在使用新的垂熔玻璃滤器时需先用铬酸清洗液或硝酸钠溶液抽滤清洗,再用清水及去离子水抽洗至中性。对使用过的垂熔玻璃滤器进行清洗时,要用水抽洗,并用 1%~2% 硝酸钠-硫酸溶液浸泡处理。

4. PE 管过滤器

PE 管过滤器是聚乙烯高分子粉末烧结成的一端封死的管状滤材,对于粒径大于 0.5 μm 的菌类及悬浮物有良好的截留能力,其结构形式见图 7-4。PE 管无毒、无味,具有良好的化学性能,可以耐酸、碱及大部分有机溶剂的腐蚀;具有耐磨损、耐冲击、机械强度大、不易脱粒、不易破损、再加工性能良好的特点,已广泛应用于制药行业,如针剂的洗瓶用水的过滤、针剂药液的过滤、葡萄糖生产中糖液与活性炭的分离、抗生素发酵液的过滤、葡萄糖液的净化、抗生素结晶的过滤,医药针剂用空气净化过滤等。

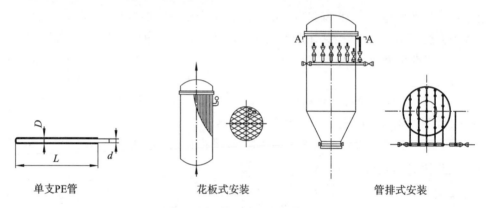

单支PE管　　　　　花板式安装　　　　　管排式安装

图 7-4　PE 管过滤器的结构形式

PE 管过滤器由滤管、滤盒、出液管、本体组成。过滤元件为 PE 管,PE 管由高分子物质烧结而成,根据原料粒径不同、烧结工艺不同,PE 管会有不同的孔径及孔隙度。其可制作成平均孔径为 5~140 μm 的毛细管,内径为 6~140 mm、壁厚为 1~30 mm 的滤管等不同规格产品,适用于过滤不同的介质,用户可根据需求进行定制。通常最大长度可达 1 m,需要时可将数根管连接使用。

PE 管过滤器的工作原理为杂质微粒附着在管的外壁,而液体则通过滤管上的微孔渗入管内,经滤盒收集后溢出,从而达到过滤分离的目的。一般情况下,PE 管的使用温度应控制在 80 ℃以下,个别溶剂则应控制在 70 ℃以下,方可保证其刚度。使用过程中管壁上会聚集大量滤渣,过滤阻力逐渐增大,滤速相应下降。此时从反吹阀中通入压缩空气,附着于管外的滤饼进行瞬间反吹排渣,然后加入洗涤水洗涤,恢复其滤速;也可通过用一定浓度的盐酸浸泡、洗涤进行再生处理,再生处理后的滤管性能同新管。

对于 PE 管过滤器中微孔孔径,可选择略小于最小颗粒尺寸的 PE 管进行截留。当被截留粒子含量较高时,PE 管表面形成的滤渣层可使更小的微粒被截留,滤液会变得更清洁。为获得足够的过滤面积,可以通过应用不同管径的 PE 管来实现。从 PE 管的规格系列可知,不同 PE 管外径的壁厚也不同。而各种药液及其待截留的微粒性质也不尽相同,所以可能造成管壁上微孔的堵塞情况也不可能完全相同。因此在选用 PE 管时,可预选几种不同壁厚的 PE 管,实验其过滤速率的误差情况以及再生周期、再生效率的情况,从中选择再生周期较长、再生效率高的 PE 管。如果再生周期过长,微孔堵塞严重到难以反冲,反冲恢复其过滤速率时,必将导致再生效率过低。相反,如果再生周期过短,虽然其再生效率很高,但是频繁的反冲会造成生产效率下降,操作费用增加。

5. 微孔膜滤器

微孔膜滤器(microporous membrane filter)是一种膜分离设备,广泛应用于医药、大输液、纯水、生物工程的除菌及澄清。滤器用 304 或 316 L 不锈钢制成圆柱形筒状结构,其结构见图 7-5。微孔滤膜有醋酸纤维素滤膜、硝酸纤维素滤膜、醋酸纤维素和硝酸纤维素混合酯滤膜、聚酰胺滤膜、聚酰胺硝化纤维素滤膜、聚四氟乙烯滤膜等多种材料和规格。为增大滤器单位体积的过滤面积,常将微孔滤膜以折叠式滤芯为过滤元件,其结构可见图 7-6,可滤除液体、气体中 $0.1\ \mu m$ 以上的微粒和细菌。微孔滤膜作为末端精滤使用的过滤介质,对其前端的预过滤要求极为严格,极容易引起堵塞和截留淤积,导致过滤不能进行,甚至影响滤膜的寿命。将微孔膜滤器串联在常规滤器后作为末端的滤过设备,用于需要热压灭菌的水针剂、大输液生产时,微孔滤膜孔径为 $0.08\sim0.65\ \mu m$;用于热敏感药物的除菌滤过时,微孔滤膜孔径为 $0.3\ \mu m$ 或 $0.22\ \mu m$。微孔膜滤器具有过滤精度高、过滤速率快、吸附少、无介质脱落、不泄漏、耐酸碱腐蚀、操作方便等优点。

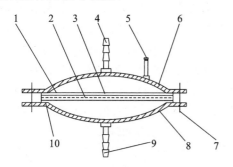

图 7-5　微孔膜滤器结构示意图

注:1. 硅胶圈;2. 滤膜;3. 滤网托板;

4. 进液嘴;5. 排气嘴;6. 上滤盖;

7. 连接螺栓;8. 下滤盖;

9. 出液嘴;10. 硅胶圈。

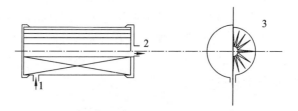

图 7-6　波折管式膜滤器结构示意图

注:1. 原药液进口;2. 滤液出口;

3. 微孔滤膜波折管。

下面就设备的安装前、使用过程中需要注意的问题进行介绍。

(1) 安装前需要对滤芯及外壳进行预处理。新购置的滤芯必须先用消毒液或蒸汽进行消毒灭菌。一般情况下预滤器不必消毒,$0.4\sim0.45\ \mu m$ 的滤芯需要进行消毒处理。采用消毒液灭菌时,将滤芯放入配制好的消毒液中浸泡 $1\sim2\ h$ 后用清水冲洗至无残留消毒液。采用蒸汽灭菌时,用 $0.1\sim0.15\ MPa$ 压力的饱和蒸汽灭菌 $20\sim30\ min$。但应注意蒸汽阀门应慢慢打开,以免蒸汽突然冲入,损坏滤芯。特别需要注意的是醋酸纤维素滤芯只能采用消毒液进行灭菌,不能采用蒸汽灭菌。

(2) 在滤芯及外壳均经彻底的清洗和灭菌后,可进行滤器的安装,安装完毕后,还必须用清水对整个过滤系统进行彻底冲洗,才可进行过滤操作。

(3) 在过滤操作时,先打开排气阀门,并徐徐打开进料阀门,引入待滤料液;当排气阀门有料液流出时,立即关闭排气阀门,并徐徐开启出料阀门。在过滤初期,过滤速率很快,滤器内压一般维持在 $0.05\sim0.1\ MPa$;随着时间的推移,可逐步调高滤器内压维持适当的过滤速率,但滤器内的最大压力均不能超过不同材质滤芯所允许的最大操作压力。当内压已经较高,且过滤速率又减慢得较多时,应停止过滤操作,并对滤器进行清洗。

(4) 滤器滤芯常采用反冲洗方式进行清洗。如果滤芯使用时间较长,反冲后其过滤速率仍然不够理想时,可将滤芯卸下放入浓度为 $2\%\sim4\%$ 的 NaOH 溶液中浸泡 $4\sim8\ h$,再用经终端过滤的洁净水冲洗至无残留后进行安装。

（二）联合过滤

注射剂生产中，一般采用二级过滤，先将药液用常规的滤器如砂滤棒（常用中间号）、板框压滤器等进行初滤（粗滤），再用4号垂熔玻璃滤器和微孔滤膜精滤。微孔滤膜一般选用孔径为 $0.45~\mu m$ 的滤膜，对于不耐热产品需要过滤除菌时，可选用 $0.22~\mu m$ 的滤膜。

（三）过滤方式

根据生产规模及配液区域与灌封区域的相对位置和距离，联合过滤设备可分为高位静压过滤、减压过滤和加压过滤三种类型。

1. 高位静压过滤装置

该装置主要是利用液位差所产生的压力进行过滤，适用于生产量不大、缺乏加压或减压设备的情况，特别是在有楼房时，药液在楼上配制，通过管道过滤到楼下进行灌封。此法压力稳定，质量好，但过滤速率较慢。

2. 减压过滤装置

减压过滤装置是利用抽气泵使抽滤瓶中的压力降低，以达到固液分离的目的，其装置示意图见图7-7。合理的设计能做到连续过滤，整个系统也处于良好的密闭状态。该法适用于各种滤器，设备要求简单，但减压过滤的缺点是压力不够稳定，操作不当时容易使滤层松动而影响过滤效果。同时，由于整个系统处于负压状态，一些微生物或杂质容易从不紧密处吸入系统而污染产品，因此除菌过程不宜采用减压过滤。一般可先经滤棒和垂熔玻璃滤球预滤，再经膜滤器精滤。此装置可以连续过滤，整个系统都处在密闭状态，药液不易污染，但进入系统中的空气必须经过过滤。

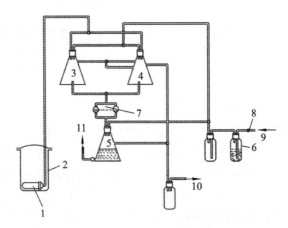

图7-7 减压过滤装置示意图

注：1. 滤棒；2. 储液桶；3. 滤液瓶；4. 滤液瓶；5. 滤液瓶；6. 洗气瓶；
7. 垂熔玻璃漏斗；8. 滤气球；9. 进气口；10. 抽气口；11. 接灌注器口。

3. 加压过滤装置

加压过滤多用于药厂大量生产，其压力稳定，过滤速率快，质量好，产量高。由于所有装置保持正压，如果过滤时中途停顿，对滤层影响较小，同时外界空气不易漏入过滤装置。但此法需要离心泵和压滤器等耐压设备，适用于配液、滤过及灌封工序在同一平面的情况。无菌滤过宜采用此法，以防止污染。注射液生产中，其过滤过程通常不是采用一种过滤设备，而常常将两种或两种以上的过滤设备串联使用，以保证注射液质量。正常情况下，用滤棒和板框压滤机进行粗滤，用垂熔玻璃滤球、PE管过滤器、微孔膜滤器进行精滤。

工业生产中最常用的是自动加压过滤，装置如图7-8所示，主要利用离心泵对过滤系统加压而达到过滤的目的。注射液经离心泵输送，经砂滤棒和垂熔玻璃滤球或微孔膜滤器过滤后

NOTE

进入储液瓶,然后经导管送至各台灌封机。灌封速率与过滤速率不可能完全相同,而储液瓶中药液又需维持一定量以供灌装,可通过储液瓶中药液量来控制离心泵的开关,以维持储液瓶内药液。在过滤过程中,药液从配液容器中经导管初滤或精滤,导管必须用不锈钢管或聚四氟乙烯软管,粗滤品和精滤品应分别置于密闭和经过灭菌的密闭不锈钢或玻璃容器中。为使产品避免热原污染,所有设备及容器应易于清洁并能耐受 200 ℃ 的温度,对塑料或不耐热的材料可用环氧乙烷、过氧化氢或酸碱等化学方法处理,配液至灌封的整个系统在每次生产结束后应及时清洗,保持清洁。在操作过程中如加压仓加不上压,应检查低压风管手动蝶阀是否打开,加压仓是否有漏风的地方,滤布是否损坏或滤液管是否损坏;如气动阀门打不开,应检查是否有高压风、电磁阀是否通电;如不能维持正常压力时则应检查手动球阀是否打开、电磁阀是否通电,否则应更换密封圈。

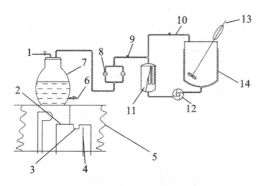

图 7-8 自动加压过滤装置示意图

注:1. 空气进口滤器;2. 限位开关(常断);3. 连板接点;
4. 限位开关(常通);5. 弹簧;6. 接灌注器;7. 储液瓶;
8. 滤器;9. 阀门;10. 回流管;11. 砂滤棒;
12. 泵;13. 电动搅拌器;14. 配液釜。

图 7-9 为某药厂药液配制、过滤工艺流程图。

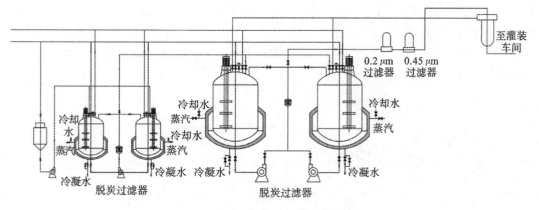

图 7-9 药液配制、过滤工艺流程图

第三节 安瓿洗、灌、封

注射剂药液的储装一般由硬质中性玻璃制成,称为安瓿,也有采用无毒聚氯乙烯、聚乙烯、聚丙烯等材料的容器。安瓿在灌装后能立即进行烧熔封口,保证密封且无菌,应用最为广泛。

安瓿按体积分为 1 mL、2 mL、5 mL、10 mL、20 mL 五种规格;颜色多为无色,也有琥珀色安瓿。琥珀色安瓿含氧化铁,可滤除紫外线,适用于对光敏感的药物。

一、安瓿洗涤设备

安瓿在其制造及运输过程中常常有微生物及不溶性尘埃黏滞于瓶内,在注射剂生产过程中,首先必须对其进行反复洗涤,且最后一次清洗时,需采用经微孔滤膜精滤过的注射用水加压冲洗,再经灭菌干燥方能灌注药液。目前常见的洗涤方法有甩水洗涤法、加压喷射气水洗涤法和超声波洗涤法。

甩水洗涤法是用喷淋机将安瓿灌满水,再用甩水机甩出水,如此反复即可。该法设备简单、劳动强度低、生产效率高,但耗水量大,占用场地大,洗涤质量不如加压喷射气水洗涤法,一般适用于 5 mL 以下的安瓿。

加压喷射气水洗涤法是将加压水与压缩空气由针头交替喷入安瓿内,通过加压水与压缩空气交替数次强烈冲洗。冲洗的顺序为气→水→气→水→气。所用空气必须经过净化处理,以免污染安瓿。

超声波洗涤法是安瓿在超声波发生器的作用下处于剧烈的超声振动状态,产生“空化”作用,将安瓿内、外表面的污垢冲击剥落达到清洗安瓿的目的。所谓“空化”是指在超声波作用下,液体内部产生无数微气泡空穴,空穴在超声波作用下逐渐长大,当尺寸适当时产生共振而闭合。在微气泡受压缩崩裂而湮灭的瞬间,自中心向外产生冲击波,在其周围产生上千个大气压的高压和数百度的高温,利用闭合时的爆炸冲击波破坏不溶性污物而使它们分散在清洗液中,达到净化的目的;空穴间的激烈摩擦产生电离,引起放电、发光现象;空穴附近的微冲流增加了流体搅拌及冲刷作用。“空化”作用所产生的搅动、冲击、扩散和渗透等一系列机械效应有利于安瓿的清洗。

下面介绍目前常用的两种洗涤设备:安瓿冲淋机和超声安瓿洗涤机。

1. 安瓿冲淋机

安瓿冲淋机的作用是将安瓿内注满水,并冲淋安瓿内、外的浮尘。最简单的安瓿冲淋机如图 7-10 所示,它由供水及传送系统构成。安瓿在安瓿盘内一直处于口朝上的状态,在传送带上逐一通过各组喷淋嘴下方;冲淋水压为 0.12~0.2 MPa,水通过喷淋嘴上的小孔喷出,其有足够冲淋力将内、外污物冲净,并将瓶内注满水。安瓿冲淋机洗瓶的缺点是耗水量大,个别瓶子因受水量小而冲洗不充分。

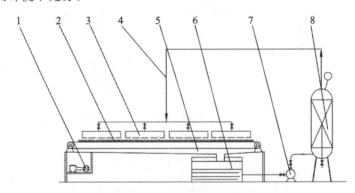

图 7-10 安瓿冲淋机结构示意图

注:1. 电机;2. 安瓿盘;3. 喷淋嘴;4. 进水管;5. 传送带;6. 集水箱;7. 泵;8. 过滤器。

为克服上述不足,可以利用一排往复运动的注射针头向传送到位的一组安瓿进行冲淋。冲淋时针头插入安瓿颈中,使洗涤水直接冲洗瓶子内壁。部分清洗机在安瓿盘入机后,利用翻盘机构使安瓿口朝下,上面由喷淋嘴冲洗瓶外壁,下面一排针头由下向上喷冲瓶内壁,使污尘能及时流出瓶口。部分清洗机装有循环水喷淋、蒸馏水喷淋和无油压缩空气吹干等过程,以确保清洗质量。已冲淋、注水的安瓿,待加热蒸煮后还需经离心甩水机甩干,即用压紧栏杆将数排安瓿盘固定在离心机的转子上,利用大于重力80～120倍的离心力,将安瓿内的洗涤水甩净、沥干。

2. 超声安瓿洗涤机

超声安瓿洗涤机由清洗部分、动力装置、供水及压缩空气系统三大部分组成。清洗部分由超声波发生器、上下瞄准器、装瓶斗、推瓶器、出瓶器、水箱、转盘等组成。供水及压缩空气系统由循环水、新鲜注射用水、水过滤器、压缩空气精过滤器与粗过滤器、控制阀、压力表、水泵等组成。动力装置由电机、蜗轮蜗杆减速器、分度盘、齿轮、凸轮等组成。超声波的洗涤效果是其他清洗方法不能比拟的,当将安瓿浸没在超声波清洗槽中时,它不仅可以保证外壁洁净,也可保证安瓿内部无尘、无菌,达到洁净指标。

整个洗涤机分为粗洗和精洗两个部分。图7-11为18工位连续回转超声波洗涤机的外观图,图7-12为其工作原理示意图。在工作中将安瓿排放在倾斜的安瓿斗中,安瓿斗下口与洗涤机的第1工位针头平行,并开有18个通道。利用通道口的机械栅门控制,每次放行18支安瓿到传送带的V形槽搁瓶板上,18支安瓿被推瓶器依次推入转盘的第1工位,当转盘转到第2工位时,由针头注入循环水。从第2工位到第7工位,安瓿进入水箱,共停留25 s左右以接受超声波空化清洗,使污物震散、脱落或溶解。此时水温控制在50～60 ℃,这一阶段为粗洗。

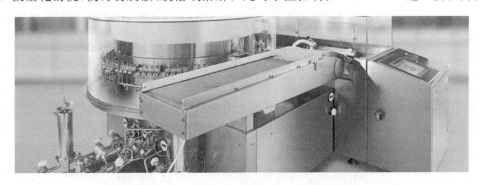

图7-11 18工位连续回转超声波洗涤机外观图

当针毂间歇旋转将安瓿带出水面到第8、9工位时,将洗涤水倒出,针毂转到第10、11、12工位时,安瓿倒置。针头对安瓿内冲注循环水进行洗涤,到第13工位时,针管喷出压缩空气将安瓿内污水吹净,在第14工位时,接受新鲜注射用水的最后冲洗,经第15、16工位时,再次吹入压缩空气。至此安瓿洗涤干净,此阶段为精洗。

最后安瓿转到第18工位时,针管再一次对安瓿送气并利用气压将安瓿从针管架上推离出来,再由出瓶器送入输送带,推出洗涤机。

超声安瓿洗涤机具有以下特点:①用电磁阀控制,新鲜注射用水脉冲冲洗,节约用水;②由加热器和热继电器自动控制水槽的温度;③冲洗所用的压缩空气、新鲜注射用水、循环水均通过净化过滤;④利用水槽液位带动限位棒使继电器动作,以启闭循环水泵。

二、安瓿干燥灭菌设备

经淋洗的安瓿能去除稍大的菌体、尘埃及杂质粒子,但细菌、热原等生物粒子需进行干燥和灭菌,通常放入烘箱中120～140 ℃干燥。用于无菌分装或低温灭菌的安瓿则须用180 ℃干热灭菌1.5 h。安瓿干燥、灭菌后要密闭保存,防止污染,并且存放时间不得超过24 h。在实际生产过程中,安瓿干燥灭菌岗位的标准操作规程如下:①安瓿需用过滤后的注射用水灌注甩

NOTE

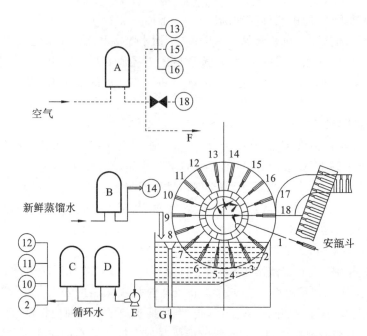

图 7-12 18 工位连续回转超声波洗涤机工作原理示意图

注:1. 引瓶;2. 注循环水;3. 超声清洗;4. 超声清洗;5. 超声清洗;6. 超声清洗;7. 超声清洗;8. 空位;9. 空位;10. 循环水冲洗;11. 循环水冲洗;12. 循环水冲洗;13. 吹气排水;14. 注新蒸馏水;15. 压气吹净;16. 压气吹净;17. 空位;18. 吹气送瓶;A. 过滤器;B. 过滤器;C. 过滤器;D. 过滤器;E. 循环泵;F. 吹除玻璃屑;G. 溢流回收。

水洗涤 2 次,检查安瓿质量,通过澄明度和 pH 两项指标是否符合《中国药典》(2015 年版)规定判断洗涤合格与否。②对洗涤合格甩尽水的安瓿进行烘干灭菌,100～200 ℃干燥灭菌 4～6 h,160～170 ℃干燥灭菌 2～3 h。③烘干的安瓿口处应无白色水垢。安瓿损耗率应控制在 2%及以下。④干燥灭菌后要及时使用。灭菌好的安瓿存放在柜中时应有净化空气保护,存放时间不得超过 24 h。⑤应经常打扫烘箱,每次灭菌完毕后清场并随手关门。

干燥灭菌设备的类型很多,按生产连贯性可分为间歇式和连续式。所用的能源有蒸汽、煤气及电热等。当产量较少时,宜选择间歇式干燥灭菌,箱内温度取决于蒸汽压力和传热面积。实验室用小型灭菌干燥箱则多采用电热丝或电热管加热,并有热风循环装置和湿空气外抽功能。

目前安瓿大量生产多采用隧道式灭菌干燥机,隧道内平均温度在 200 ℃以上,采用高温短时方法进行干燥灭菌,有利于连续自动化生产。隧道式加热灭菌形式一般有两种,一是热风循环,二是远红外辐射,其共同点均为干热灭菌。

1. 热风循环型隧道式灭菌干燥机

热风循环型隧道式灭菌干燥机采用热空气平行流灭菌方式,将高湿热空气流经高效空气过滤器过滤,获得洁净度为 A 级的平行流空气,然后直接对安瓿加热,进行干燥灭菌,是目前国际公认的先进方法。热风循环型隧道式灭菌干燥机的优点:容易控制温度和热风压力差;温度分布均匀;整箱长度较远红外辐射型隧道式灭菌干燥机短。其缺点:灭菌干燥中使用的过滤器昂贵,且需要超过 350 ℃的高温,使用成本较高;预热段升温较快,对安瓿的管壁均匀性有一定要求。

2. 远红外辐射型隧道式灭菌干燥机

远红外辐射型隧道式灭菌干燥机是利用波长大于 5.6 μm 的红外线,以电磁波的形式直接辐射到被加热物体上,热传递过程中不需要其他介质,加热快、热损小,能迅速实现干燥灭菌,具体表现在热穿透性强,受到辐射热和热空气层流双重干燥灭菌作用;配件成本相对较低。

其缺点如下:箱内气流干扰和电热管启闭影响较大,对烘箱前后两段风压控制要求较高;箱体长度比热风循环型隧道式灭菌干燥机要长;为保证升温及热穿透指标一致,安瓿需要以整排方式推入。

隧道式远红外烘箱由远红外发生器、传送带和保温排气罩组成,其结构示意图如图7-13所示。为保证箱内干燥速率不致降低,在隧道顶部设有强制抽风系统,以便使湿热空气及时排出;隧道上方的罩壳上部应保持5～20 Pa的负压,以保证远红外发生器的燃烧稳定。

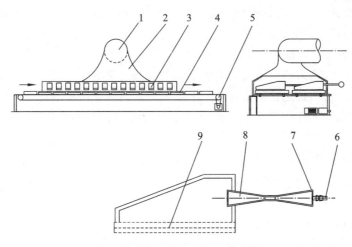

图7-13 隧道式远红外烘箱结构

注:1.排风管;2.罩壳;3.远红外发生器;4.盘装安瓿;5.传送带;6.煤气管;7.通风板;8.喷射器;9.铁铬铝网。

两类隧道式灭菌干燥机各具特点,都能满足药品生产要求。在2000年前,国内对抗生素瓶的灭菌干燥一般选用传统的远红外热辐射型,这是由于其价格略低、运行成本相对较少,非常适宜于模制瓶。但近年来,抗生素无菌制剂大量使用管制瓶,由于它壁薄和均匀性的特点,加之热风循环型的控制方便与热均匀性好,热风循环型隧道式灭菌干燥机被大量使用,也是目前此类设备的首选。

在对隧道式灭菌干燥机的产能进行选择时,需要考虑到药瓶在隧道式灭菌干燥机内升温和降温的整个过程,避免购买后产能过剩或产量不能达到预期目的。隧道式灭菌干燥机(以下简称隧道烘箱)根据结构功能一般分为预热段、加热段和冷却段。在选型中首先应该考虑加热段的灭菌能力和冷却段的降温能力,即验证隧道烘箱加热段和冷却段的长度。

不同的药瓶,瓶身高低、瓶径大小、瓶壁厚薄不同,其升温和降温曲线都不一样。但也有一定的规律:瓶子小且壁薄的,容易升温和降温,如安瓿;反之,药瓶大且壁厚时,难升温,降温更难,如模制瓶。如要合理选择隧道烘箱,必须先知道药瓶在一定温度和风速的层流风中的升温和降温时间,以该数据作为选型计算依据,分别计算加热段的灭菌能力和冷却段的降温能力,以确定加热段和冷却段长度,才能使所选机型满足生产工艺的要求,同时也能发挥机器的最佳性能。最终验证隧道烘箱产能是否符合设计和选型要求,必须在一定的网带速度、压力和风速的条件下,进行负载热穿透实验和微生物挑战实验。

三、安瓿灌封设备

灌封是指将过滤洁净的药液,定量地灌注进经过清洗、干燥及灭菌处理的安瓿内,并加以封口的过程,该过程是注射剂装入容器的最后一道工序,也是注射剂生产中最重要的工序。灌封区域是整个注射剂生产车间的关键区域,为保证灌封过程的洁净,药液暴露部位均需在A级层流空气保护下操作。同时,灌封设备的合理设计及正确使用也直接影响注射剂产品质量的优劣。

安瓿灌封机是注射剂生产的主要设备之一。由于安瓿规格大小的差异,灌封机的机械结构也会有所差异,但一般情况下适当更换灌封机某些附件,即可适应不同安瓿的要求。药液的灌注和安瓿封口一般要求在同一台设备上完成。对于易氧化的药品,需在灌装药液的同时填充惰性气体以替代安瓿内药液上部的空气,防止药品氧化。安瓿的灌封操作分为手工灌封和机械灌封两种。手工灌封常用于小试,药厂多采用全自动灌封机,采用洗、灌、封联动机或割、洗、灌、封联动机。

安瓿灌封机按其功能可将结构分解为三个基本部分:传送部分、灌注部分、封口部分。传送部分负责进出和输送安瓿;灌注部分负责将一定容量的药液注入安瓿内,当传送装置未送入空瓶时,该部分能自动停止灌注;封口部分负责将装有注射剂安瓿的瓶颈封闭,封口包括熔封和拉丝封口两种形式,国内药厂所采用的安瓿灌封设备主要是拉丝灌封机。拉丝封口不仅是瓶颈玻璃自身的融合,而且用拉丝钳将瓶颈上部多余的玻璃靠机械动作强力拉走,加上安瓿自身的旋转动作,可以保证封口严密不漏,且使封口处玻璃厚薄均匀,不易出现冷爆现象。

1. 传送部分

安瓿灌封机传送部分的作用是在一定的时间间隔(灌封机动作周期)内,将定量的安瓿按一定的距离间隔排放于灌封机的传送装置上,并由传送装置输送至灌封机的各个工位,完成相应的工序操作,最后将安瓿送出灌封机。

安瓿灌封机传送部分的结构示意图如图7-14所示。放瓶斗与水平面成45°倾角,底部设有梅花盘,梅花盘上开有轴向直槽,槽的横截面与安瓿外径相当。梅花盘由链条带动,每旋转1/3周可将2支安瓿推至固定齿板上。固定齿板由上、下两条齿板组成,每条齿板的上端均设有三角形槽,安瓿上、下端可分别置于三角形槽中,此时,安瓿与水平面仍成45°倾角。移瓶齿板通过边杆与偏心轴相连。当偏心轴带动移瓶齿板向上运动时,移瓶齿板随即将安瓿从固定齿板上托起,并越过固定齿板三角形槽的齿顶,然后前移两格将安瓿重新放入固定齿板中,随后移瓶齿板空程返回。可见,偏心轴每转动一周,固定齿板上的安瓿会向前移动两格。随着偏心轴的转动,安瓿不断前移,并依次通过灌注区和封口区而完成灌封过程。在偏心轴的一个转动周期内,前1/3个周期使移瓶齿板完成托瓶、移瓶和放瓶动作;在后2/3个周期内,安瓿在固定齿板上滞留不动,以完成灌注、充氮和封口等工序。出瓶斗前设有一块舌形板,该板成一定角度倾斜。完成灌封的安瓿在进入出瓶斗前仍与水平面成45°倾角,但在舌形板的作用下,安瓿将转动45°并呈竖立状态进入出瓶斗。

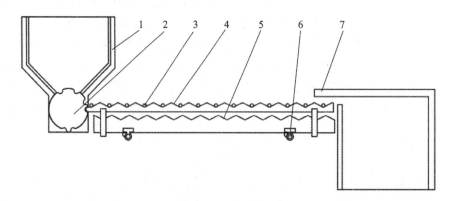

图7-14 安瓿灌封机传送部分结构示意图

注:1. 放瓶斗;2. 梅花盘;3. 安瓿;4. 固定齿板;5. 移瓶齿板;6. 偏心轴;7. 出瓶斗。

2. 灌注部分

整个安瓿灌封机灌装机构示意图如图7-15所示,其主要由凸轮、扇形板、顶杆、顶杆座及针筒等构件组成。它的整个工作过程如下。凸轮的连续转动,通过扇形板,转换为顶杆的上、下往复移动,再转换为压杆的上下摆动,最后转换为筒芯在针筒内的上下往复移动。针筒内的筒芯做上、下往复运动,将药液从储液瓶中吸入针筒内并输向针头进行灌装。实际上,这里的针筒与一般容积式医用注射器相仿。所不同的是在它的上、下端各装有一个单向玻璃阀。当筒芯在针筒内向上移动时,筒内下部产生真空,下单向玻璃阀开启,药液由储液瓶中被吸入针筒的下部;当筒芯向下运动时,下单向玻璃阀关闭,针筒下部的药液通过底部的小孔进入针筒上部。筒芯继续上移,上单向玻璃阀受压而自动开启,药液通过导管及伸入安瓿内的针头而注入安瓿内。与此同时,针筒下部因筒芯上提造成真空而再次吸取药液;如此循环完成安瓿的灌装。一般针剂在药液灌装后尚需注入某些气体(如氮气或二氧化碳)以增加制剂的稳定性。充气针头与灌液针头并列安装在同一针头托架上,同步动作。整个过程中,当送瓶机构因某种故障致使在灌液工位出现缺瓶时,能自动停止灌液(止灌装置),以免药液的浪费和污染。当灌装工位因故缺瓶时,拉簧将摆杆下拉,直至摆杆触头与行程开关触头相接触,行程开关闭合,致使电磁阀动作,使顶杆失去对压杆的上顶动作,从而达到止灌的目的。

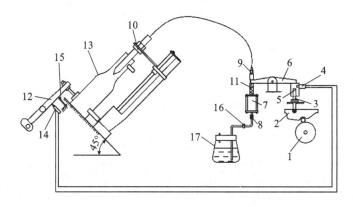

图 7-15 安瓿灌封机灌装机构示意图

注:1. 凸轮;2. 扇形板;3. 顶杆;4. 电磁阀;5. 顶杆座;6. 压杆;7. 针筒;8. 下单向玻璃阀;9. 上单向玻璃阀;
10. 针头;11. 压簧;12. 摆杆;13. 安瓿;14. 行程开关;15. 拉簧;16. 螺丝夹;17. 储液瓶。

3. 封口部分

安瓿拉丝封口机构由拉丝、加热和压瓶三个机构组成。拉丝机构的动作包括拉丝钳的上、下移动及钳口的启闭。按其传动形式可分为气动拉丝和机械拉丝两种,其主要区别在于前者是借助气阀凸轮控制压缩空气进入拉丝钳管路而使钳口启闭,而后者是通过连杆-凸轮机构带动钢丝绳从而控制钳口的启闭。气动拉丝机构结构简单、造价低、维修方便,但亦存在噪声大并有排气污点等缺点;机械拉丝机构结构复杂,制造精度要求高,但它无污染、噪声低,可用于无气源的场所。

气动拉丝封口机构示意图如图 7-16 所示,其工作原理如下。

(1)当灌好药液的安瓿到达封口工位时,由于压瓶凸轮-摆杆机构的作用,安瓿被压瓶滚轮压住不能移动,但由于受到蜗轮蜗杆箱的传动却能在固定位置绕自身轴线缓慢转动。此时瓶颈受到来自喷嘴火焰的高温加热而呈熔融状态。与此同时,气动拉丝钳沿钳座导轨下移并张开钳口将安瓿头钳住,然后拉丝钳上移将熔融态的瓶口玻璃拉成丝头。

(2)当拉丝钳上移到一定位置时,钳口再次启闭两次,将拉出的玻璃丝头拉断并甩掉。拉丝钳的启闭由偏心凸轮及气动阀机构控制;加热火焰由煤气、氧气及压缩空气的混合气体燃烧而得,火焰温度约 1400 ℃,煤气压力≥0.98 kPa,氧气压力为 0.02～0.05 MPa。火焰头部与安瓿颈的最佳距离为 10 mm。安瓿封口后,由压瓶凸轮-摆杆机构将压瓶滚轮拉开,安瓿则被移动齿板送出。

安瓿的两种
封口方式

NOTE

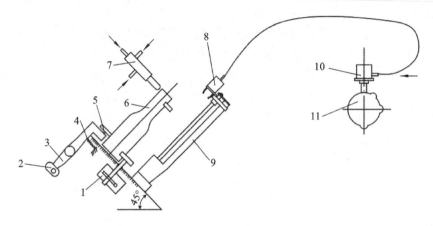

图 7-16　气动拉丝封口机构示意图
注:1.蜗轮蜗杆箱;2.压瓶凸轮;3.摆杆;4.拉簧;5.压瓶滚轮;6.安瓿;
7.火头;8.拉丝钳;9.拉丝钳座;10.气阀;11.气阀凸轮。

四、安瓿洗、灌、封联动机

安瓿洗、灌、封联动线是一种将安瓿洗涤、烘干灭菌以及药液灌封三个工序联合起来的小容量注射剂生产线。每台可单机使用,也可联动生产,联动生产时可完成喷淋水、超声波清洗、机械手夹瓶、翻转瓶、冲水(瓶内、瓶外)、充气(瓶内、瓶外)、预热、烘干灭菌、冷却、灌装、封口等二十多个工序。主要用于制药厂针剂车间小容量注射剂生产。采用 PLC 控制人机界面操作,能联动控制和单机操作,保证了整个机组的正常运行,其自动化程度高,操作人员少,劳动强度低。图 7-17 为安瓿洗、灌、封联动机的外形图,图 7-18 为安瓿洗、灌、封联动机工作原理示意图。

图 7-17　安瓿洗、灌、封联动机

安瓿洗、灌、封联动机实现了注射剂生产承前启后的同步性协调操作,不仅节省了车间、厂房场地的投资,也减少了半成品的中间周转,将药物受污染的可能性降到最低。参照最终灭菌小容量注射剂洗、烘、灌、封工艺流程,其干燥灭菌和灌封都在 A 级洁净空间中进行。操作人员分为两组,一组操作洗瓶设备及隧道灭菌设备,另一组操作灌装封口设备。

现行安瓿洗、烘、灌、封生产线联动的协调控制方式中采用手动调速,各单机的协调运行主

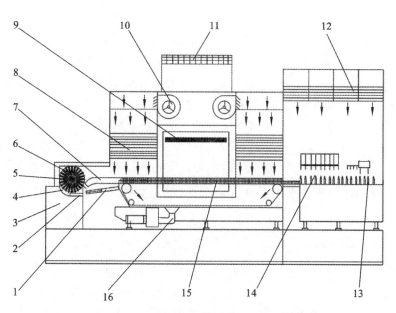

图 7-18　安瓿洗、灌、封联动机工作原理示意图

注:1.进瓶斗;2.超声波发生器;3.电热装置;4.超声波清洗槽;5.转鼓;6.水气喷头;7.出瓶器;8.高效过滤器;9.加热元件;10.风机;11.中效过滤器;12.高效过滤器;13.拉丝封口;14.充气灌封;15.输送网带;16.排风机。

要依靠堆、缺瓶控制和速率匹配来实现,因此仍存在许多不足,主要体现在如下几个方面:①洗瓶机、灭菌干燥机网带和灌封机绞龙启停频繁,工艺参数不稳定,影响药品生产质量的一致性;②机器的接触器频繁动作,电器故障率增高;③当速率匹配不好时,灭菌干燥机的网带与安瓿底的相对运动较大,易摩擦产生微粒,造成污染;④各单机之间速度匹配调整不方便。现就一些控制原理进行简要介绍。

(1)洗瓶机和灭菌干燥机的堆、缺瓶是依靠接近开关与安瓿感应板的相互作用来执行的。当灭菌干燥机入口处瓶子过少时,其呈现疏松状态,安瓿感应板在拉簧的作用下脱离接近开关,此时接近开关发出信号,令灭菌干燥机的输瓶电机停止运转,网带停止运行。

当灭菌干燥机入口处瓶子增多时,安瓿挤压拨瓶板,克服拉簧的拉力。当安瓿感应板覆盖接近开关时,接近开关发出信号,令烘干机网带电机运转,网带送瓶。网带运行一段距离后,入口处的安瓿又会呈现疏松状态,网带停止运转。如此周而复始,洗瓶机和灭菌干燥机才能达到安瓿的动态平衡。

当灭菌干燥机入口处瓶子过多时,发生堵塞,安瓿感应板覆盖挤瓶接近开关,洗瓶机停止运转,避免瓶子因过度挤压而破损。

(2)当灭菌干燥机与灌封机之间设有缓冲区时,灭菌干燥机和灌封机的堆、缺瓶是依靠缓冲区伸缩带的移动端与缺瓶、挤瓶接近开关相互作用来执行的。当缓冲区瓶子过少(即出现缺瓶)时,伸缩带移动端靠近灭菌干燥机,缺瓶接近开关动作,进瓶绞龙停止进瓶;当缓冲区瓶子过多(即出现堆瓶)时,伸缩带移动端远离灭菌干燥机,挤瓶接近开关动作,灭菌干燥机网带停止运转,停止送瓶。

(3)各单机的速度匹配主要靠手动调速来实现。

第四节　灭　菌

灭菌是注射剂生产必不可少的环节,符合药典规定的无菌检查也是注射剂的重要标准之一,但灭菌时应注意避免药物的降解,以免影响药效。目前,我国注射剂生产厂家最常使用湿热灭菌方法,即一般情况下 1～2 mL 注射剂多采用 100 ℃流通蒸汽灭菌 30 min,10～20 mL 注射剂则采用 100 ℃流通蒸汽灭菌 45 min。对于某些特殊的注射剂产品,可根据药物性质适当选择灭菌温度和时间。也可采用其他灭菌方法,如微波灭菌法和高速热风灭菌法。灭菌效果常以 D 值(降低 90% 微生物所需的时间)、z 值(降低一个 $\lg D$ 所需的温度)、F 值及 F_0 值(杀菌致死值)来表示。其中 F_0 值能将不同的受热温度折算成相当于 121 ℃灭菌时的热效应,对于验证灭菌效果极为有用,因此 F_0 值在灭菌过程中最为常用。安瓿在灌封过程中有时会出现质量问题,如冷爆、有毛细孔等,药液被微生物与污物污染或药物泄漏污损包装等问题用肉眼难以分辨,检漏灭菌后的安瓿应立即进行漏气检查,一般将灭菌与检漏在同一密闭容器中完成。

一、安瓿检漏灭菌器

安瓿检漏灭菌常采用卧式热压灭菌箱,图 7-19 为其外形图,图 7-20 为其结构示意图。它采用蒸汽灭菌、色水检漏、喷淋清洗和真空风干等技术,具有灭菌可靠、时间短、节约能源、控制程序先进等优点。安瓿检漏灭菌器适用于安瓿的灭菌、检漏、清洗。它采用蒸汽对安瓿进行升温、灭菌,然后使用真空、色水、正压等方法对安瓿进行检漏。检漏结束后用洗涤水对安瓿进行清洗。

图 7-19　卧式热压灭菌箱

热压灭菌箱的工作程序分为灭菌、检漏、冲洗三个阶段。

(1)灭菌阶段:开始使用时需先打开蒸汽阀,蒸汽通入夹层中加热约 10 min,压力表读数上升到灭菌所需压力,热压灭菌温度与相应压力的关系见表 7-6,同时用搬运车将装有安瓿的格车沿轨道推入灭菌箱内,严密关闭箱门,控制一定压力,当箱内温度达到灭菌温度时,开始计时,灭菌时间达到后,先关蒸汽阀,然后开排气阀排出箱内蒸汽,灭菌过程结束。

NOTE

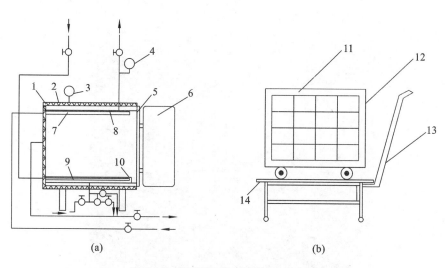

图 7-20　卧式热压灭菌箱结构示意图

注:1. 保温层;2. 外壳;3. 安全阀;4. 压力表;5. 高温密封圈;6. 箱门;7. 淋水管;
8. 内壁;9. 蒸汽管;10. 消毒箱轨道;11. 安瓿盘;12. 格车;13. 搬运车;14. 格车轨道。

表 7-6　热压灭菌温度与相应压力及时间的关系

温度/℃	压力/MPa	建议的最短灭菌时间/min
115～116	0.070	30
121～123	0.105	15
126～129	0.140	10
134～138	0.225	3

（2）检漏阶段:利用湿热法的蒸汽高温灭菌未冷却降温之前,立即向密闭容器注入色水,将安瓿全部浸没后,安瓿内的气体与药水遇冷成负压,此时若安瓿封口不严密,会发生色水渗入安瓿现象,从而同时实现灭菌和检漏工艺。也可采用真空检漏法进行,具体步骤如下:在灭菌结束后先使安瓿温度降低,然后关闭箱门将箱内空气抽出,当箱内真空度达到 0.85～0.90 MPa 时,打开色水管,将有色溶液(常用 0.05% 亚甲蓝或曙红溶液)吸入箱内,将安瓿全部浸没,由于压力关系,封口不严的安瓿内会有有色溶液进入,从而分辨出安瓿封口好坏。

（3）冲洗阶段:由于检漏过程中使用了色水,安瓿表面留有色斑,淋水管可放出热水冲洗安瓿上的色斑。整个灭菌检漏工序全部结束,安瓿从灭菌箱内用搬运车取出,干燥后直接剔除漏气安瓿,注射剂其他质量指标待检。

二、双扉式程控消毒检漏箱

双扉式程控消毒检漏箱的工作原理与热压灭菌箱相同,只是外形和箱门不同,图 7-21 为其外形图。双扉式程控消毒检漏箱为卧式长方形,采用立管式环形薄壁结构,可以加强箱体强度和刚性,同时可作为蒸汽的外通道。双门采用拉移式机械自锁保险,密封结构采用耐高温 O 形圈,通过控制内部压力自锁,密封性好。工作时产品从箱体一个门进入,程控调节温度、压力、时间等完成灭菌检漏操作(饱和蒸气压(表压)、温度对应表见表 7-7),灭菌后产品从另一个门取出,产品消毒前、后严格分开,不要混淆。双扉式程控消毒检漏箱的完整功能见表 7-8。

图 7-21   双扉式程控消毒检漏箱外形图

表 7-7   饱和蒸气压(表压)、温度对应表

温度/℃	饱和蒸气压(表压)/MPa
100	0
109	0.041
110	0.046
111	0.051
112	0.056
113	0.061
115	0.072
116	0.078
117	0.084
118	0.090
120	0.102
121	0.116
123	0.122
124	0.129
125	0.137

表 7-8　双扉式程控消毒检漏箱的功能清单

功 能 类 别	具 体 功 能
灭菌	器械灭菌程序(适用于器械等物品的灭菌):开门—装车—进灭菌室—关门—程序开始—预热—脉动真空—升温—灭菌—排汽—真空干燥—进空气—结束—开门—卸车
	液体灭菌程序(适用于液体或不需要抽真空的物品):开门—装车—进灭菌室—关门—程序开始—预热—进汽升温—灭菌—慢排汽—结束—开门—卸车
	液体灭菌程序(带脉动真空)
	灭菌腔体真空自动检漏测试程序
	干燥程序
	预留两个以上可调节灭菌参数的备用程序,程序开始前夹套内可以通蒸汽对设备进行预热
	内腔使用纯蒸汽,夹层使用工业蒸汽
脉动真空	能对不同灭菌物品选用脉动真空功能(脉动次数、真空度等)
	能够通过脉动真空将冷空气排出
	任何与产品相接触的冷却用介质(液体或气体)应经过除菌处理
控制	控制系统有强大的操作和升级功能。具有自动、半自动、手动控制功能,软件具有可编程功能。控制系统包括安全警报系统,可对温度、压力、真空的异常等进行报警、监控和保护,并配置必要的安全连锁系统
	具有自动和手动两种控制方式;具有温度监测系统,温度超出范围时停止进汽
	具有压力监测系统,压力超出范围时安全阀开启并停止进汽
连锁装置	具有压力容器安全连锁功能
报警	具有在线检测功能;当工艺要求、安全要求、设备运行条件异常时进行报警,必要时停机
数据记录	在验证和生产过程中,用于监测或记录的温度探头与用于控制的温度探头应分别设置,具备独立的温度显示器
	自由地编程自动过程开始的日期和时间
	能监控温度、压力、时间、灭菌 F_0 值、日期并显示和打印
	每次灭菌都能记录灭菌过程的时间-温度曲线并打印

三、水浴式灭菌柜

1. 水浴式灭菌柜结构

水浴式灭菌柜的结构主要为腔体(柜内受压)、布水器(喷淋循环水)、进出料门(压缩空气密封与电机传动)、热交换器(工业蒸汽与 RO 水作为热源)、循环水泵(柜内的 RO 水的循环)、压力连锁装置、温度连锁装置(只有柜内相对压力和温度达到要求时才能开门)、柜内安全阀(当柜内压力过大时排空泄压)、手动排水(排气)阀门(异常情况下排放柜内的水和空气)等。内部结构如图 7-22 所示。

2. 水浴式灭菌柜工作原理

水浴式灭菌柜的基本管路如图 7-23 所示,其工作过程包括注水阶段、快速升温阶段、灭菌阶段、降温泄压阶段、清洗阶段。整个灭菌过程要保证柜内压力符合生产工艺要求。

NOTE

图 7-22　水浴式灭菌柜内部结构图

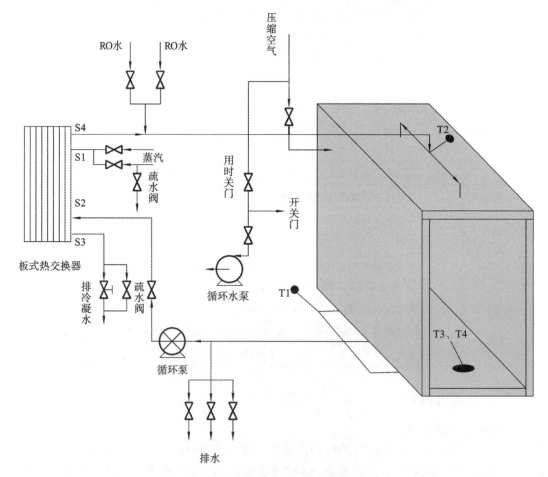

图 7-23　水浴式灭菌柜基本管路图

注水阶段：将要灭菌的药品按一定的摆放方式放置于灭菌柜内,关好密封门,然后往柜内注入 RO 水。快速升温阶段：当 RO 水达到一定的高度时,关闭 RO 水的阀门,启动循环水泵,同时开启大、小蒸汽阀门,通过热交换器加热柜内循环的 RO 水。灭菌阶段：当循环水的温度达到工艺设定温度(如 100 ℃)后,通过间隔开启小蒸汽阀门来控制柜内温度,使之维持在灭菌温度。停留在此阶段的时间即为通常工艺要求的灭菌时间。

第五节 质 检

小容量注射剂是直接注入人体内的药品,除了对药品的 pH 及稳定性等方面有特殊要求且无菌、无热原外,澄明度检查也是一项重要内容。在生产过程中带入的异物会对人体产生非常大的危害,异物经注射进入血管中,在体内会引起肉芽肿、微血管阻塞及肿块等不同的危害。《中国药典》(2015 年版)要求"产品在出厂前应采用适宜的方法逐一检查并同时剔除不合格产品",因此安瓿水针剂生产厂家将真空检漏、外壁洗擦干净的安瓿通过一定照度的光线照射,用人工或光电设备可进一步判别是否存在破裂、漏气、装量过满或不足等问题,以确保产品合格出厂,保证患者的身体健康及生命安全。

一、人工灯检

人工灯检要求灯检人员视力不低于 4.9,且必须每年定期检测视力,使用 40 W 日光灯,工作台及背景为不反光的黑色。人工灯检要求手工夹取安瓿时用一定手法直接对着灯光目测,按《中国药典》(2015 年版)的有关规定查找不合格的安瓿并加以剔除。由于长期在灯光下目测,灯检工作被视为药厂高强度劳动工作,而且人工灯检还存在以下几个方面的缺陷:①人工灯检对视力要求较高,并非人人都可胜任;②生产效率低,每人每小时检查 1000～2000 支;③灯检人员视力不同,依据也不同,无统一判断标准;④灯检工作极易受疲劳以及情绪的影响,容易造成误检或漏检;⑤人的视力有限,目视最大可见的微粒为 50～80 μm;⑥对人的眼睛有一定损害。

因此,这种落后的检测方式无法从根本上保证药品质量持续处于高水平,也无法与现代大规模生产水平相适应。对制药企业而言,投入安瓿异物检查机在提高安瓿注射剂产品质量的同时,还可降低生产成本和劳动力,提升整个制药企业的生产水平。

二、异物光电自动检查

对生产安瓿水针剂企业而言,准确地对可见异物进行检测是确保产品质量的关键工序之一,把这道工序交给机器自动检查能更好地保障产品质量均一稳定。

异物光电自动检查机由进瓶装置、转动盘、压瓶旋转装置、制动装置、出瓶装置、光源检测部分、伺服系统、控制系统和机架等组成,异物光电自动检查机见图 7-24,其结构示意图见图 7-25。其工作原理是当被检安瓿送到输送带后,由输送带输送至进瓶拨轮,进瓶拨轮输送至连续旋转的瓶座上,并使被检安瓿高速旋转。进入光电检测前,通过刹车制动,被检安瓿虽停止旋转,但瓶内液体仍可旋转。此时,被检安瓿进入光电检测区,以束光照射安瓿,背后的荧光屏上同时出现安瓿及药液的图像。利用光电系统采集运动图像中(此时只有药液是运动的)微粒的大小和数量的信号,再经电路处理直接得到不溶物的大小及数量。若被检安瓿内液体含有可见异物,即可判定为不合格品。检测结果不受瓶壁影响,还可判定液位是否满足工艺要求。为提高检查合格率,被检安瓿将经过二次检查,只要任何一次检查结果判定为不合格,则此被检安瓿将视为不合格品。

表 7-9 为异物光电自动检查与人工灯检的比较。与人工灯检方法相比,异物光电自动检查机检出率为人工灯检的 2～3 倍,而漏检率为人工灯检的 1/2,误检率在人工灯检误检率的范围内,说明其检测效果优于人工灯检。同时,异物光电自动检查机结构简单,操作维修方便,也可以代替人工操作,减轻工人劳动强度。

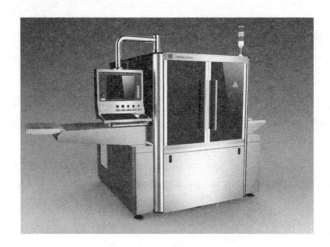

图 7-24　异物光电自动检查机

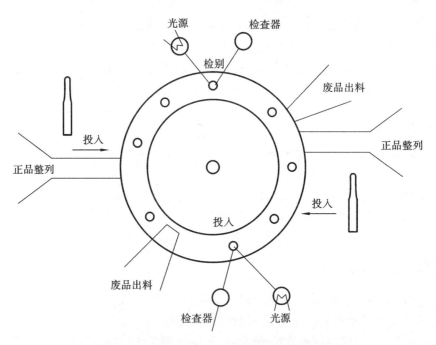

图 7-25　异物光电自动检查机结构示意图

表 7-9　异物光电自动检查与人工灯检的比较

比 较 内 容	人 工 灯 检	异物光电自动检查
检测方法	经长期培训且视力在 4.9 或 4.9 以上的检测人员,在灯光下进行检测	机器视觉自动检测
检测项目	玻璃屑、纤维、白块、白点 和毛发等可见异物、液位	玻璃屑、纤维、白块、白点 和毛发等可见异物、液位
可见异物检测次数	2～3 次	3 次
检测分辨力	50～80 μm	40 μm
检测速度	慢	快(300 支/分)
漏检率	高	低
破损率	—	<0.01%
工作时间	不能长时间连续工作	可长时间连续工作
检测稳定性	不稳定	稳定

本章小结

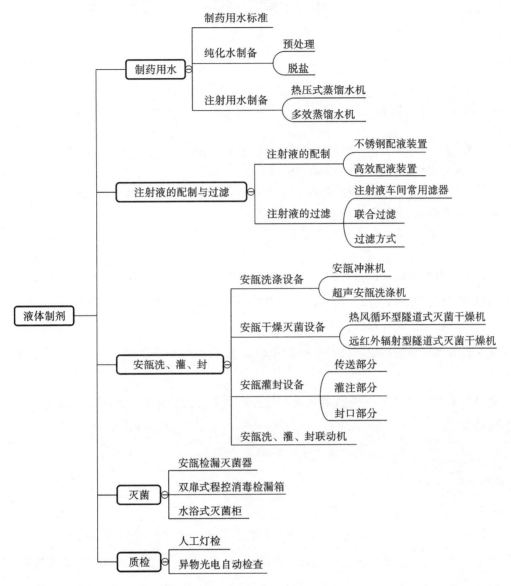

制药用水
- 制药用水标准
- 纯化水制备
  - 预处理
  - 脱盐
- 注射用水制备
  - 热压式蒸馏水机
  - 多效蒸馏水机

注射液的配制与过滤
- 注射液的配制
  - 不锈钢配液装置
  - 高效配液装置
- 注射液的过滤
  - 注射液车间常用滤器
  - 联合过滤
  - 过滤方式

液体制剂

安瓿洗、灌、封
- 安瓿洗涤设备
  - 安瓿冲淋机
  - 超声安瓿洗涤机
- 安瓿干燥灭菌设备
  - 热风循环型隧道式灭菌干燥机
  - 远红外辐射型隧道式灭菌干燥机
- 安瓿灌封设备
  - 传送部分
  - 灌注部分
  - 封口部分
- 安瓿洗、灌、封联动机

灭菌
- 安瓿检漏灭菌器
- 双扉式程控消毒检漏箱
- 水浴式灭菌柜

质检
- 人工灯检
- 异物光电自动检查

思考与练习

1. 我国的制药用水有哪些分类以及各自的应用范围是什么?
2. 纯化水生产的设备有哪些?并简述其各自的特点。
3. 多效蒸馏水机的工作原理是什么?
4. 联合过滤的设备有哪些类型?各自的特点是什么?
5. 超声安瓿洗涤机的工作原理是什么?
6. 热压灭菌箱的工作原理是什么?
7. 简述水浴式灭菌柜的结构及工作原理。
8. 试比较异物光电自动检查与人工灯检。

参考答案

(吴德智)　 NOTE

241

学习目标 ....

1. 掌握：药品包装的作用及分类，铝塑泡罩包装机的工艺流程、常见机型的结构与特点，注射剂包装设备的组成与结构。

2. 熟悉：药品包装材料、药品包装设备分类，带状包装机、双铝箔包装机的结构与特点，瓶装设备、袋装设备的结构与特点。

3. 了解：药品包装设备发展趋势。

扫码看课件

药品是一种特殊的商品，用药安全直接影响患者生命健康。药品在流通过程中易受光照、潮湿、温度等环境影响而变质。药品包装是保障药品可长时间储存并保留原有特性，保证使用时安全、有效、稳定的必要举措。药品包装的作用和地位已引起生产厂家、商家和消费者的高度重视。只有选择恰当的包装材料和包装方式，才能真正有效地保证药品质量和消费者的用药安全。

通过对本章内容的学习，掌握制药生产过程所需要的药品包装设备，熟悉相关包装工艺和设备的特点。

案例导入

案例导入
解析

案例一：

2017 年 8 月 6 日上午，合浦县一名 4 岁男童误服家人的神经类药物后出现昏昏沉沉、站立不稳的症状。当晚 7 点被家人紧急送往医院救治，经过医护人员的洗胃和补液急救后，该男童的病情逐渐稳定下来。

案例二：

2017 年 8 月 6 日，家住周口的 2 岁 9 个月的涛涛误服了家人的止泻药 30 余片，等家人发现送往医院时，涛涛已中毒 16 h，常规洗胃已无济于事。后经多天的血液透析后，涛涛的生命体征才逐渐趋于稳定。

问题：

1. 如何有效防止儿童误服药品？

2. 如果家长发现孩子误服了药品，怎么办？

3. 作为药品生产企业，应如何改进药品包装，以减少儿童误服药品事件的发生？

NOTE

第一节 药品包装概述

一、药品包装的作用

（一）保护功能

药品生产、运输、储存与使用常经历较长时间，包装不当可能使药品的物理性质或化学性质发生改变，进而使药品减效、失效，产生不良反应。药品包装应将保护功能作为首要因素考虑。保护功能主要包括以下两个方面：①阻隔作用。包装能保证容器内药物不穿透、不泄漏，也能阻隔外界的空气、光、水分、热、异物与微生物等与药物接触。②缓冲作用。药品包装具有缓冲作用，可防止药品在运输、储存过程中受到各种外力的震动、冲击和挤压。

（二）方便使用

药品包装能方便患者及临床使用，也能帮助医师和患者科学而安全地用药。

标签、说明书与包装标志是药品包装的重要组成部分，向人们科学而准确地介绍具体药品的基本内容、商品特性。药品的标签分为内包装标签与外包装标签。内包装标签与外包装标签内容不得超出国家药品监督管理局批准的药品说明书所限定的内容；文字表达应与说明书保持一致。药品说明书应包含有关药品的安全性、有效性等基本科学信息。包装标志是为了帮助使用者识别药品而设的特殊标志。

药品包装便于药品取用和分剂量，提高患者用药的依从性。随着包装材料与包装技术的发展，药品包装呈多样化。如剂量化包装，方便患者使用，亦适用于药房发售药品；旅行保健药盒，内装风油精、去痛片、黄连素等常用药；冠心病急救药盒，内装硝酸甘油片、速效救心丸、麝香保心丸等。

（三）商品宣传

药品属于特殊商品，首先应重视其质量和疗效。从商品性看，产品包装的科学化、现代化程度，在一定程度上有助于显示产品的质量、生产水平，能给人以信任感、安全感，有助于营销宣传。

二、药品包装的分类

主要分为单剂量包装、内包装和外包装三类。

1. 单剂量包装

单剂量包装又称分剂量包装，指按照用途和给药方法，对药物制剂进行分剂量包装的过程。如将颗粒剂装入小包装袋的分装过程，将片剂、胶囊剂装入泡罩式铝塑包装材料中的分装过程，将注射剂装入玻璃安瓿的分装过程等。

2. 内包装

内包装指直接与药品接触的包装。如将数粒成品片剂或胶囊剂装入泡罩式铝塑包装材料中，然后装入纸盒、塑料袋、金属容器等，以防止潮气、光、微生物、外力撞击等因素对药品造成破坏和影响。

3. 外包装

外包装指将已完成内包装的药品装入箱或袋、桶和罐等容器中的过程。由里向外分为中包装和大包装。进行外包装的目的是将小包装的药品进一步集中于较大的容器内，以便于药品的储存和运输。

《中华人民共和国药品管理法》第四章 药品生产（节选）

药包材标准

三、药品包装材料

药品包装材料(drug packaging materials),简称药包材,是指直接与药品接触的包装材料和容器。

作为药品的一部分,药包材本身的质量、安全性、使用性能以及药包材与药物之间的相容性对药品质量有十分重要的影响。药包材是由一种或多种材料制成的包装组件组合而成,应具有良好的安全性、适应性、稳定性、功能性、保护性和便利性,在药品的包装、储藏、运输和使用过程中起到保障药品质量、实现给药目的(如气雾剂)的作用。

药包材可按材质、用途和形制进行分类。

1. 按材质分类

药包材可分为塑料类、金属类、玻璃类、陶瓷类、橡胶类和其他类(如纸、干燥剂)等,也可以由两种或两种以上的材料复合或组合而成(如复合膜、铝塑组合盖等)。

2. 按用途和形制分类

药包材按用途和形制可分为输液瓶(袋、膜及配件)、安瓿、药用(注射剂、口服或者外用剂型)瓶(管、盖)、药用胶塞、药用预灌封注射器、药用滴眼(鼻、耳)剂瓶、药用硬片(膜)、药用铝箔、药用软膏管(盒)、药用喷(气)雾剂泵(阀门、罐、筒)、药用干燥剂等。

药包材在生产和应用中应符合下列要求:药包材的原料应经过物理、化学性能和生物安全评估,应具有一定的机械强度,化学性质稳定,对人体无生物学意义上的毒害作用。药品生产企业生产的药品及医疗机构配制的制剂应使用国家批准的、符合生产质量管理规范的药包材,药包材的使用范围应与所包装的药品给药途径和制剂类型相适应。

四、药品包装设备分类

国家标准(GB/T 4122.2—2010)包装术语中对包装机械(packaging machinery)的定义如下:完成全部或部分包装过程的机器。包装过程包括成型、充填、封口、裹包等主要包装工序,以及清洗、干燥、杀菌、贴标、捆扎、集装、拆卸等前后包装工序,转送、选别等其他辅助包装工序。

包装设备的分类如下。

1. 按包装设备的自动化程度分类

(1) 全自动包装机:自动供送包装材料和内装物,并能自动完成其他包装工序。

(2) 半自动包装机:由人工供送包装材料和内装物,但能自动完成其他包装工序。

2. 按包装产品的类型分类

(1) 专用包装机:专门用于包装某一种产品。

(2) 多用包装机:通过调整或更换有关工作部件,可以包装两种或两种以上产品。

(3) 通用包装机:在指定范围内适用于包装两种或两种以上不同类型产品。

3. 按包装设备的功能分类

包装机械按功能不同可分为充填机械、灌装机械、裹包机械、封口机械、贴标机械、清洗机械、干燥机械、杀菌机械、捆扎机械、集装机械、多功能包装机械,以及完成其他包装作业的辅助包装机械。我国国家标准采用的就是这种分类方法。

由数台包装机和其他辅助设备连成的能完成一系列包装作业的生产线叫作包装生产线。

五、药品包装设备的组成

药品包装机械作为包装机械的一部分,包括以下八个组成要素。

(1) 药品的计量与供送装置:对被包装的药品进行计量、整理、排列,并输送到预定工位的

NOTE

244

装置系统。

（2）包装材料的整理与供送系统：将包装材料进行定长切断或整理排列，并逐个输送至预定工位的装置系统。

（3）主传送系统：将被包装药品和包装材料由一个包装工位顺序传送到下一个包装工位的装置系统。单工位包装机无此系统。

（4）包装执行机构：直接进行裹包、充填、封口、贴标、捆扎和容器成型等操作的机构。

（5）成品输出机构：将包装好的成品从包装机上卸下，定向排列并输出的机构。

（6）动力传动系统：将动力源的动力与运动传递给执行机构和控制元件，使之实现预定动作的装置系统。一般由机、电、光、液、气等多种形式的传动、操纵、控制以及辅助装置等组成。

（7）控制系统：由各种自动和手动控制装置等组成。它包括包装过程及其参数的控制，包装质量、故障与安全的控制等。

（8）机身：用于支撑和固定有关零部件，保持其工作时要求的相对位置，并起一定的保护、美化外观的作用。

六、药品包装设备发展趋势

随着我国制药工业的飞速发展，我国对医药包装行业的关注度逐渐提升。医药包装行业"十三五"规划中提出，要重在实现医药包装产业提升，配合、推动、引领医药制剂发展，保证药品质量和用药安全的目标和路径，适应医药工业多元化的发展需求。随着医药工业改革的深化，对药品和包装的要求越来越高。在该背景下，我国制药包装设备市场迎来新的发展机遇。

（一）医药包装机械亟待更新换代

与国外先进的医药包装机械相比，国产的医药包装机械存在较大的差距。我国的包装机械产品由于品种少、技术水平低、产品可靠性差等原因，面临着激烈的国际竞争。在之前的发展道路上，国产医药包装机械由于价格低廉确实深受欢迎。但随着药品种类的多元化，医药包装的形式也越来越多样化，行业要求的提升促使医药包装机械多样化，价格已经不能成为竞争优势。因此，国产医药包装机械需要进一步加快更新换代。

（二）打造更高端智能化产品

目前，我国的医药包装机械还只是处于一个较低水平的初级智能化阶段，国内医药行业的不断发展对智能化提出了较高的要求，意味着我国医药包装设备行业必须开发高级智能化的药品包装技术。未来包装业将配合产业自动化趋势，在技术发展上朝着机械功能多元化，结构设计标准化、模组化，控制智能化，结构高精度化等几个方向发展。

（三）坚持走绿色包装道路

除了走智能化道路外，绿色、可持续生产也是医药包装行业面临的转型突破口。提高包装材料的绿色环保档次，考验的是包装设备企业的研发能力。医药包装企业只有把目光放长远，实行走出去、站得住的发展战略，在新材料、新设备的研究上拥有自己的研发团队，才能更稳健地走绿色包装之路。

（四）加强自主知识产权保护

医药包装企业对知识产权保护不够重视，国产的医药包装设备市场呈现散而乱的特点。只有尊重他人的知识产权，同时保护好自主知识产权，才能净化市场竞争秩序，建立良好的产业生态环境，才有利于整个医药包装设备产业的持续发展。

第二节 固体制剂包装

包装是固体制剂生产的最后一道工序。常见固体制剂的包装类型分为三类:①泡罩包装,亦称水泡眼包装,简称 PTP(press through packaging);②条带状包装,亦称条式包装,简称 SP(strip packaging),其中主要是条带状热封包装;③瓶包装或袋包装之类的散包装。

药物制剂的泡罩包装和条带状包装都是把片剂或胶囊剂有规则地封装在两张包装材料的薄片之间。泡罩包装或条带状包装机包装出一张张板片,再将 5～10 张板片叠加在一起,在枕形包装机上捆扎成枕形包装,然后装进纸盒里,称其为装内盒;又以 5 个或 10 个内盒为单元加以捆扎(捆包)后再装进纸盒,即装外盒;最后装进瓦楞纸箱。

一、铝塑泡罩包装机

铝塑泡罩包装是先将透明塑料硬片吸塑成型后,将片剂、丸剂或颗粒剂、胶囊剂等固体药物填充在凹槽内,再与涂有黏合剂的铝箔片加热黏合在一起,形成独立的密封包装。这种包装是现今制药行业应用广泛、发展迅速的药品软包装形式之一,正逐步取代传统的玻璃瓶包装和散包装,成为固体药物包装的主流。

与瓶装药品相比,泡罩包装最大的优点是便于携带、可减少药品在携带和服用过程中的污染,此外泡罩包装在气体阻隔性、防潮性、安全性、生产效率、剂量准确性等方面也具有明显的优势。泡罩包装的另一优势是全自动的封装过程最大限度地保障了药品包装的安全性。全自动泡罩包装机包括泡罩的成型、药品填充、封合、外包装纸盒的成型、说明书的折叠与插入、泡罩板的入盒以及纸盒的封合,全部过程一次性完成。先进机型还有多项安全检测装置,包括包装盒和说明书的识别与检测,可提高安全性和卫生性,有效减少药品的误装。

泡罩包装使用的材料主要是药用铝箔及塑料硬片。药用铝箔是密封在塑料硬片上的封口材料,它以硬质工业用纯铝箔为基材,具有无毒、耐腐蚀、不渗透、阻热、防潮、阻光等优点,很容易进行高温消毒灭菌。塑料硬片的材料通常选用聚氯乙烯(PVC)、聚偏二氯乙烯(PVDC)或复合材料。它们对水、光具有良好的阻隔性能。一般来说,对防潮性能要求不高的普通片剂可选用聚氯乙烯(PVC)硬片;对有防潮及抗氧化要求,或保质期要求较长的药品,可选用聚酯(PET)硬片、聚丙烯(PP)硬片。

(一)泡罩包装机工艺流程

由于塑料膜多具有热塑性,在成型模具上使其加热变软,利用真空或正压、将其吸(吹)塑成与待装药物外形相近的形状及尺寸的凹泡,再将单粒或双粒药物置于凹泡中,以铝箔覆盖后,用压辊将无药物处(即无凹泡处)的塑料膜及铝箔挤压连接成一体。根据药物的常用剂量,将若干粒药物构成的部分(多为长方形)切割成一片,就完成了铝塑包装的过程。在泡罩包装机上需要完成薄膜输送、加热、凹泡成型、加料、印刷、打批号、密封、压痕、冲裁等工艺过程,如图 8-1 所示。

1. 薄膜输送

包装机上设置有若干个薄膜输送机构,其作用是输送薄膜并使其通过上述各工位,完成泡罩包装工艺。国产各种类型泡罩包装机采用的输送机构有槽轮机构、凸轮-摇杆机构、凸轮分度机构、棘轮机构等,可根据输送位置的准确度、加速度曲线和包装材料的适应性进行选择。

2. 加热

将成型膜加热到能够进行热成型加工的温度,这个温度是根据选用的包装材料确定的。

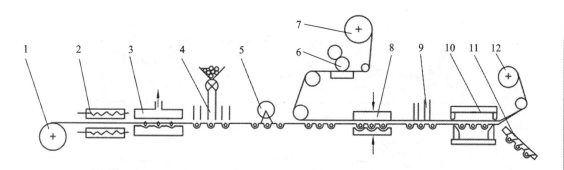

图 8-1 泡罩包装机工艺流程图

注:1. 塑料膜辊;2. 加热器;3. 成型;4. 加料;5. 检整;6. 印字;
7. 铝箔辊;8. 热封;9. 压痕;10. 冲裁;11. 成品;12. 废料辊。

对硬质 PVC 而言,较容易成型的温度范围为 110～130 ℃。此范围内 PVC 薄膜具有足够的热强度和伸长率。温度的高低对热成型加工效果和包装材料的延展性有影响,因此要求对温度进行准确控制。

国产泡罩包装机加热方式有辐射加热和传导加热,如图 8-2 所示。大多数热塑性包装材料吸收 3.0～3.5 μm 波长红外线发射出的能量,因此最好采用辐射加热方法对薄膜进行加热。传导加热也称接触加热。这种加热方法是将薄膜夹在成型模与加热辊之间,或者夹在上、下加热板之间。这种加热方法已经成功应用于 PVC 材料加热。加热元件以电能作为热源,这是因为其温度易于控制。加热器有金属管状加热器、乳白石英玻璃管状加热器和陶瓷加热器。金属管状加热器适用于传导加热,后两者适用于辐射加热。

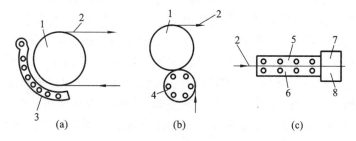

图 8-2 PVC 硬片加热方式

注:(a) 辐射加热;(b) 传导加热;(c) 传导加热;1. 成型模;2. PVC 硬片;
3. 远红外加热器;4. 加热辊;5. 上加热板;6. 下加热板;7. 上成型模;8. 下成型模。

3. 成型

成型是整个包装过程的重要工序,泡罩成型方法可分以下四种,如图 8-3 所示。

(1) 吸塑成型(负压成型)。利用抽真空将加热软化的薄膜吸入成型模的泡罩窝内成一定几何形状,从而完成泡罩成型。吸塑成型一般采用辊式模具,成型泡罩尺寸较小,形状简单,泡罩拉伸不均匀,顶部较薄。

(2) 吹塑成型(正压成型)。利用压缩空气将加热软化的薄膜吹入成型模的泡罩窝内,形成需要的几何形状的泡罩。成型的泡罩壁厚度比较均匀,形状挺阔,可成型尺寸大的泡罩。吹塑成型多用于板式模具。

(3) 凸凹模冷冲压成型。当采用的包装材料刚性较大时,热成型方法显然不适用,而应该采用凸凹模冷冲压成型方法,即凸凹模合拢,对膜片进行成型加工,其中空气由成型模内的排气孔排出。

(4) 冲头辅助吹塑成型。借助冲头将加热软化的薄膜压入模腔内,当冲头完全压入时,通

 NOTE

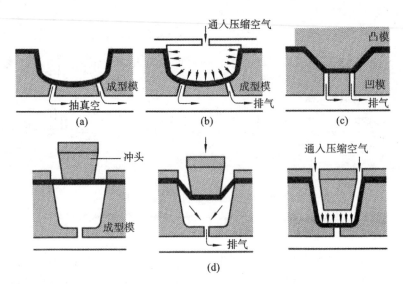

图 8-3　泡罩成型方法

注:(a) 吸塑成型(负压成型);(b) 吹塑成型(正压成型);
(c) 凸凹模冷冲压成型;(d) 冲头辅助吹塑成型。

入压缩空气,使薄膜紧贴模腔内壁,完成成型加工工艺。冲头尺寸为成型模腔的 60%~90%。合理设计冲头形状、尺寸及冲头推压速度和推压距离,可获得壁厚度均匀、棱角挺阔、尺寸较大、形状复杂的泡罩。冲头辅助吹塑成型多用于平板式泡罩包装机。

4. 充填

向成型后的塑料凹槽中填充药物可以使用多种形式的加料器,并可以同时向一排凹槽中装药。常用图 8-4 所示的旋转隔板加料器及图 8-5 所示的弹簧软管加料器。可以通过严格机械控制,间隙的单粒下料于塑料凹槽中,也可以一定速度均匀地铺撒式下料,同时向若干排凹槽中加料。在料斗与旋转隔板间通过刮板或固定隔板限制旋转隔板凹槽或孔洞中只落入单粒药物。旋转隔板的旋转速率应与带泡塑料膜的移动速率相匹配,即保证膜上每排凹槽均落入单粒药物。塑料膜上有几列凹泡就需相应设置足够的旋转隔板长度或个数。对于图 8-4 左侧所示的水平轴隔板,有时不设软皮板,但对于塑料膜宽度上两侧必须设置围堰及挡板,以防止药物落到膜外。

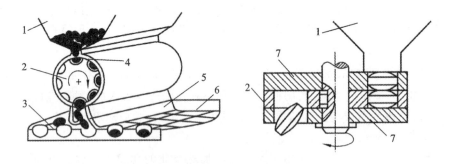

图 8-4　旋转隔板加料器

注:1. 加料斗;2. 旋转隔板;3. 带泡塑料膜;4. 刮板;5. 软皮板;6. 围堰;7. 固定隔板。

图 8-5 所示的弹簧软管多是不锈钢细丝缠绕的密纹软管,常用于硬胶囊剂的铝塑泡罩包装,软管的内径略大于胶囊外径,可以保证管内只储存单列胶囊。保证软管不发生死弯,即可保证胶囊在管内流动通畅,通常借助整机的振动,软管自行抖动,即可使胶囊总堆储于下端出口处。卡簧机构形式很多,可以利用棘轮,间歇拨动卡簧启闭,要保证每掀动一次,只放行一粒

胶囊,也可以利用间隙往复运动启闭卡簧,每次放行一粒胶囊。在机构设置中,常是一排软管由一个间歇机构保证联动。

5. 检整

利用人工或光电检测装置在加料器后边及时检查药物填落的情况,必要时可以人工补片或拣取多余的丸粒。较普遍使用的是旋转软刷,在塑料膜前进中,伴随着慢速推扫。由于软刷紧贴着塑料膜工作,多余的丸粒总是被赶往未填充的凹泡方向,又由于软刷推扫,空缺的凹泡也必会填入药粒。

6. 印字

铝塑包装中药品名称、生产厂家、服用方法等应向患者提示的标注都需印刷到铝箔上。当成卷的铝箔引入机器将要与塑料膜压合前进行上述印刷工作。印刷中所用的无毒油墨还应具有易干的特点,以确保字迹清晰、持久。

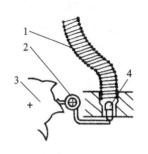

图 8-5 弹簧软管加料器

注:1. 弹簧软管;2. 卡簧片;
3. 棘轮;4. 待装药物。

7. 热封

热封成型膜泡罩内填充好药物,覆盖膜即覆盖其上,然后将两者封合。

热封有两种形式:辊压式和板压式。①辊压式:使准备封合的材料通过转动的两辊之间,使之连续封合,但是包装材料通过转动的两辊之间时在压力作用下停留时间极短,若想得到合格热封,必须使辊的速率非常慢或者包装材料在通过热封辊前进行充分预热。②板压式:当准备封合的材料到达封合工位时,通过加热的热封板和下模板与封合表面接触,并将其紧密压在一起进行焊合,然后迅速离开,完成一个包装工艺循环。板式模具热封包装成品比较平整,封合所需压力大。

热封板(辊)的表面用化学铣切法或机械滚压法制成点状或网状的纹,提高封合强度和包装成品外观质量。但更重要的一点是在封合时起到拉伸热封部位材料的作用,从而消除收缩褶皱。但必须小心,防止在热封过程中戳穿薄膜。

我国法律对产品包装的限制越来越严格,对包装物上的标示和印刷提出了更高要求,药品泡罩包装机行业标准中明确要求包装机必须有打批号装置。包装机打印一般采用凸模模压法印出生产日期和批号。打批号可在单独工位进行,也可以与热封、压痕同工位进行。

8. 压痕

一片铝塑包装药物可能适于服用多次,为了使用方便,可在一片上冲压出易裂的断痕,在服用时方便将一片断裂成若干小块,每小块为可供一次服用的量。

9. 冲裁

将封合后的带状包装成品冲裁成规定的尺寸,称为冲裁工序。为了节省包装材料,不论是纵向还是横向,冲裁刀的两侧均是每片包装所需的部分,尽量减少冲裁余边。由于冲裁后的包装片边缘锋利,常需将四角冲成圆角,以防伤人。冲裁成成品后所余的边角仍是带状的,在机器上利用单独的辊杆将其收拢。

(二)泡罩包装机常见机型

泡罩包装机根据自动化程度、成型方法、封接方法和驱动方式等的不同,可分为多种机型。泡罩包装机按照结构形式可分为平板式泡罩包装机、辊筒式泡罩包装机和辊板式泡罩包装机。

1. 平板式泡罩包装机

平板式泡罩包装机的结构如图 8-6 所示。平板式泡罩包装机的主传动力多采用变频无级调速电动机。PVC 片通过预热装置预热软化至 120 ℃左右,在成型装置中吹入高压空气或先以冲头顶成型,再加高压空气成型泡窝,PVC 泡窝片通过上料时自动填充药品于泡窝内;在驱动装置作用下进入热封装置,使得 PVC 片与铝箔在一定温度和压力下密封,最后由冲裁装置冲裁成规定尺寸的板块。

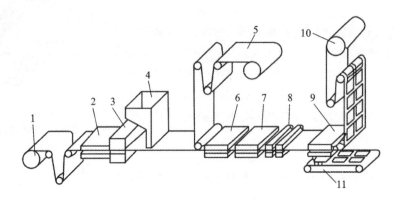

图 8-6 平板式泡罩包装机结构

注:1. 薄膜卷筒;2. 加热;3. 成型;4. 充填物料;5. 覆盖膜卷筒;6. 热封;

7. 打字压印;8. 薄膜输送;9. 冲切;10. 废料卷筒;11. 输送机。

平板式泡罩包装机的特点如下。

(1)热封时,上下模具平面接触,为了保证封合质量,要有足够的温度和压力以及封合时间,否则不易实现高速运转。

(2)热封消耗功率较大,封合牢固程度不如滚筒式封合,适合于中小批量药品包装和特殊形状药品包装。

(3)泡窝拉伸比大,泡窝深度可达 35 mm,满足大蜜丸、医疗器械行业的需要。

(4)生产效率一般为 800~1200 包/时,最大容量尺寸可达 200 mm,深度可达 90 mm。

2. 辊筒式泡罩包装机

辊筒式泡罩包装机的结构如图 8-7 所示。其采用的泡罩成型模具和热封模具均为圆筒形。塑模的成型及封合均是在带凹槽的辊筒上进行的,也有成型和下料在辊筒上进行、封合在平面上进行的。

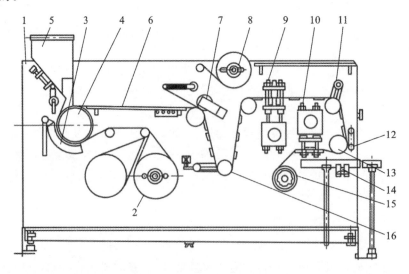

图 8-7 辊筒式泡罩包装机结构

注:1. 机体;2. 薄膜卷筒;3. 远红外加热器;4. 成型装置;5. 料斗;6. 监视平台;7. 热封装置;8. 薄膜卷筒;

9. 印字装置;10. 冲裁装置;11. 可调式导向辊;12. 压紧辊;13. 间歇进给辊;14. 输送机;15. 废料辊;16. 游辊。

 NOTE

其工作流程为卷筒上的 PVC 片穿过导向辊,利用辊筒式成型模具的转动将 PVC 片均匀放卷,半圆弧加热器将紧贴于成型模具上的PVC片加热到软化程度,成型模具的泡窝孔型转动到适当的位置与机器的真空系统相通,将已软化的PVC片瞬时吸塑成型。已成型的PVC片通过料斗或上料机时,药片填充入泡窝。连续转动的热封装置中的主动辊表面制有与成型模具相似的孔型,主动辊拖动装有药片的PVC泡窝片向前移动,外表面带有网纹的热压辊压在主动辊上面,利用温度和压力将盖材(铝箔)与PVC片封合,封合后的PVC泡窝片利用一系列的导向辊间歇运动,通过印字装置时在设定的位置打出批号,通过冲裁装置冲裁出成品,由输送机传到下一道工序,完成泡罩包装作业。

辊筒式泡罩包装机的特点如下。

(1)真空吸塑成型,连续包装,生产效率高,适合大批包装作业。

(2)瞬间封合,线接触,消耗动力小,传导到药片上的热量少,封合效果好。

(3)真空吸塑成型难以控制壁厚,泡罩壁厚度不均匀,不适合深泡窝成型。

(4)适合片剂、胶囊剂、丸剂等剂型的包装。

(5)具有结构简单、操作维修方便等特点。

3. 辊板式泡罩包装机

辊板式泡罩包装机的结构如图8-8所示。其泡罩成型模具为平板形,热封模具为圆筒形。

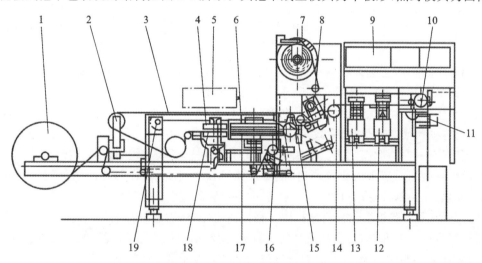

图8-8 辊板式泡罩包装机结构

注:1. PVC支架;2. 张紧辊;3. 填充台;4. 成型上模;5. 上料机;6. 上加热器;
7. 铝箔支架;8. 热压辊;9. 仪表盘;10. 步进辊;11. 冲裁装置;12. 压痕装置;13. 印字装置;
14. 张紧辊;15. 机架;16. PVC送片装置;17. 加热工作台;18. 成型下膜;19. 步进辊。

辊板式泡罩包装机的特点如下。

(1)结合了辊筒式和平板式泡罩包装机的优点,克服了两种机型的不足。

(2)采用平板式成型模具,压缩空气成型,泡罩壁厚度均匀、坚固,适合各种药品包装。

(3)辊筒式泡罩包装机可连续封合,PVC片与铝箔在封合处为线接触,封合效果好。

(4)高速印字、打孔(断线型),无横边废料冲裁,效率高,节省包装材料,泡罩质量好。

(5)上、下模具通冷却水,下模具通压缩空气。

二、带状包装机与双铝箔包装机

带状包装机又称条形热封包装机,它是将一个或一组片剂或胶囊剂类的小型药品包封在两层连续的带状包装材料之间,每组药品周围热封成一个单元的包装方法。每个单元可以单独撕开或剪开以便于使用和销售。带状包装机是以塑料薄膜为包装材料,每个单元为两片或单片片剂,具有压合密封性好、使用方便等特点,属于一种小剂量片剂包装机。带状包装机还

NOTE

251

可以用来包装少量的液体、粉末或颗粒状产品。

图 8-9 所示为片剂带状包装机结构图。药片倒入振动送料装置，经出片装置送出，在控片装置处被往复运动的牙条逐片送入两条即将热封的包装材料中间。分别缠绕在两个热压轮上的两条包装材料随着热压轮相向运动，先被热封成小袋状，小袋内装入药品后，再被热封。下面的切刀可以切出方便撕开的小口，也可以规定每若干剂量切断一次。热封的温度可以通过热敏电阻进行控制。

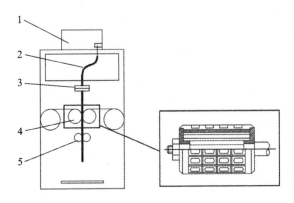

图 8-9　片剂带状包装机结构图

注：1. 储片装置；2. 方形弹簧；3. 控片装置；4. 热压轮；5. 切刀。

双铝箔包装机的全称为双铝箔自动充填热封包装机，其所采用的包装材料是涂覆铝箔，热封的方式近似带状包装机，产品的包装形式为板式包装。

由于涂覆铝箔具有优良的气密性、防湿性和遮光性，因此双铝箔包装对要求密封、避光的片剂、丸剂等的包装具有优越性，效果优于黄玻璃瓶包装。除可以包装圆形片外，还可以包装异形片、胶囊剂、颗粒剂、粉剂等。双铝箔包装也可以用于纸袋形式的包装。

双铝箔包装机一般采用变频调速，裁切尺寸可任意设定，能在两片铝箔外侧同时对版打印，可实现填充、热封、压痕、打批号、裁切等工序的连续进行。

图 8-10 所示为双铝箔包装机结构图。铝箔通过印刷机，经一系列导向轮、预热辊，在两个封口模轮间进行填充并热封，在切割机构进行纵切及纵向压痕，在压痕切线器处横向压痕、打批号，最后在裁切机构处按所设定的排数进行裁切。压合铝箔时，温度在 130～140 ℃之间。封口模轮表面有纵横精密棋盘纹，可确保封合严密。

三、瓶包装设备

瓶包装历史悠久，其具有密封性能好、药包材耗用少、占用空间小等特点，使其具备药品保质期长、包装和运输成本低、仓库占用空间小等诸多优点，因而被广泛采用，至今仍然占有主导地位。

瓶包装设备能完成理瓶、计数、输瓶、塞纸、理盖、旋盖、贴标签、印批号等工作。许多固体药物，如片剂、胶囊剂、丸剂等常以瓶装形式供应于市场。瓶装生产线一般包括理瓶机构、输瓶轨道、数片头、塞纸机构、理盖机构、旋盖机构、贴签机构、打批号机构、电器控制部分等。它们既可连续组合操作，又可单机独立使用。

（一）自动理瓶机

自动理瓶机的结构如图 8-11 所示。其主要由机架、驱动装置、储瓶筒、螺旋导杆、理瓶机构、出口机构、刹车、电机箱、光电控制系统等组成。适用于圆瓶的整理，使瓶子自动理齐，定向输出至自动生产线。自动理瓶机简单实用，动作可靠、平稳，噪声低，采用红外线光电检测，自动化程度高，适用性广，方便调整。

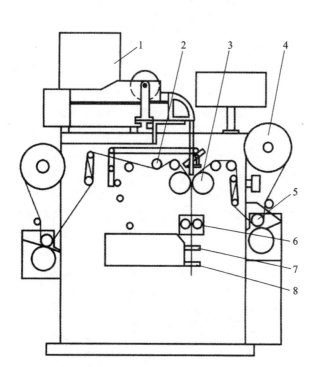

图 8-10 双铝箔包装机结构图

注:1. 振动给料;2. 预热辊;3. 模轮;4. 包装材料;

5. 印刷装置;6. 切割机构;7. 压痕切线器;8. 裁切机构。

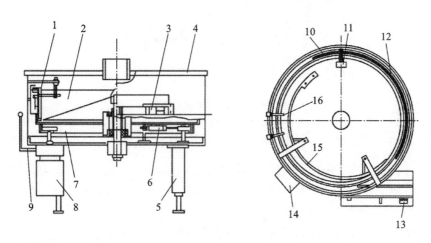

图 8-11 自动理瓶机结构

注:1. 理瓶机构;2. 储瓶筒;3. 出口机构;4. 上盖;5. 机架;6. 刹车;

7. 旋转基座;8. 驱动装置;9. 离合杆;10. 导瓶杆;11. 光电头;12. 推进挡板;

13. 限位开关;14. 电机箱;15. 螺旋导杆;16. 空气吹头。

当杂乱无章的塑料瓶被倒入储瓶筒后,自动理瓶机启动,此时塑料瓶便沿着螺旋导杆运动至旋转理瓶机构的各个工位,经整理后的塑料瓶均开口向上被送到灌装机的输送机输送带上等待灌装。

(二)自动计数机构

自动计数机构是瓶用包装生产线的主要和关键设备,自动计数机构的性能决定了固体制剂包装能否满足生产工艺要求。目前广泛使用的数粒(片、丸)计数机构主要有圆盘计数机构、光电计数机构。

 NOTE

1. 圆盘计数机构

圆盘计数机构是机械式的固定计数机构,结构如图 8-12 所示。一个与水平面成 30°倾角的带孔转盘,盘上有几组小孔,每组的孔数依据每瓶的装量数而定。在转盘下面装有一个固定不动的托盘,托盘不是一个完整的圆盘,而是具有一个扇形缺口,其扇面面积只容纳转盘上的一组小孔。缺口下方紧接着一个下料斗,下料斗下方直抵装药瓶口。转盘的围墙具有一定高度,其高度要保证倾斜转盘内可积存一定量的药片或胶囊。转盘上小孔的形状应与待装药粒形状相同,且尺寸略大,转盘的厚度要满足小孔内只能容纳一粒药的要求。转盘速率为 0.5~2 r/min,不能过快,因为要与输送带上瓶子移动频率相匹配,若太快将产生过大离心力,不能保证转盘转动时,药粒在盘上靠自重滚动。当每组小孔随转盘旋至最低位置时,药粒将埋住小孔,并落满小孔。当小孔随转盘向高处旋转时,小孔上面叠堆的药粒靠自重将沿斜面滚落到转盘的最低处。

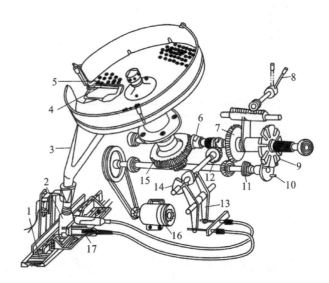

图 8-12　转盘计数机构结构图

注:1. 输瓶带;2. 药瓶;3. 下料斗;4. 托盘;5. 带孔转盘;6. 蜗杆;7. 大齿轮;8. 手柄;9. 槽轮;
10. 曲柄轮;11. 小齿轮;12. 蜗轮;13. 摆动杆;14. 闸门凸轮;15. 料盘蜗轮;16. 电机;17. 定瓶器。

为保证各组小孔均落满药粒和多余的药粒自动滚落,常需要使转盘非匀速旋转。为此可将手柄拨向右侧位置,使槽轮与曲柄轮配合,同时将大齿轮与小齿轮脱开。电机驱动曲柄轮匀速旋转,槽轮间歇变速旋转,引起转盘抖动旋转,以利于准确计数。

为使输瓶带上的容器瓶口和下料斗下口准确对位,闸门凸轮动作,通过软线传输,驱动定瓶器动作,使将到位的药瓶定位,以防药粒散落瓶外。

当需要改变容器的装药粒数时,更改带孔转盘即可。

2. 光电计数机构

利用一个旋转平盘,将药粒抛向旋转平盘周边,在周边围墙缺口处,药粒将被抛出转盘。光电计数机构如图 8-13 所示。在药粒由旋转平盘滑入药粒溜道时,溜道设有的光电传感器通过光电系统将信号放大并转换成脉冲电信号,输入具有"预先设定"及"比较"功能的控制器内。当输入的脉冲个数等于人为设定的数目时,控制器的磁铁发生脉冲电压信号,磁铁动作,将通道上的翻板翻转,药粒通过并引导入瓶。

对于光电计数机构,根据光电系统的精度要求,只要药粒尺寸足够大、反射的光通量足以启动信号转换器就可以工作。这种装置可根据要求的瓶装数量值,任意设定控制器参数,不需要更换机器零件,即可完成不同装量的调整。

NOTE

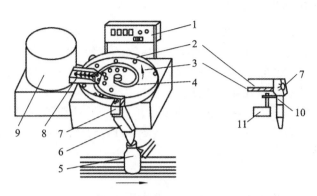

图 8-13 光电计数机构

注:1. 控制器面板;2. 围墙;3. 旋转平盘;4. 回形拨杆;5. 药瓶;6. 药粒溜道;

7. 光电传感器;8. 下料溜板;9. 料桶;10. 翻板;11. 磁铁。

(三) 输瓶机构

输瓶机构多是采用直线、匀速、常走的输送带,输送带的速度可调,由自动理瓶机送到输送带上的瓶子,应具有足够的间隔,因此送到计数器落料口前的瓶子不该有堆积的现象。在落料口处多设有挡瓶定位装置,间歇挡住待装的空瓶和放走装完药物的满瓶。

也有许多装瓶机构采用梅花盘间歇旋转输送机构输瓶,如图 8-14 所示。梅花盘间歇转位、停位准确。数片盘及运输带连续运动,灌装时弹簧顶住梅花盘不动,使空瓶静止装料,灌装后凸块通过钢丝控制弹簧松开梅花轮使其运动,带走瓶子。

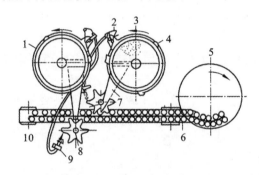

图 8-14 梅花盘间歇旋转输送机构

注:1. 数片盘;2. 钢丝;3. 摆杆;4. 凸块;5. 送瓶盘;6. 挡瓶板;7. 漏斗;8. 梅花盘;9. 弹簧;10. 输送带。

(四) 塞纸机构

为了防止储存运输过程中药物相互磕碰,造成破碎、掉末等现象,常用洁净碎纸条或纸团、脱脂棉等填充瓶中的剩余空间。在装瓶联动机或生产线上单设有塞纸机。自动塞纸机是将卷纸筒上的纸自动拉出、剪断,再塞进瓶中压紧药片。常见塞纸机构有两种:一种是利用真空吸头,从裁好的纸中吸起一张纸,然后转移到瓶口处,由塞纸冲头将纸折好并塞入瓶中;另一种是利用钢钎扎起一张纸后塞入瓶中。

采用卷盘纸的塞纸机构如图 8-15 所示。卷盘纸拉开后,成条状由送纸轮向前输送,并由切刀切成条状,然后由塞杆塞入瓶内。塞杆有两个,一个为主塞杆,另一个为复塞杆。主塞杆塞完纸,瓶子到达下一工位,复塞杆重塞一次,以保证塞纸的可靠性。

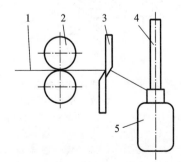

图 8-15 塞纸机构

注:1. 条状纸;2. 送纸轮;

3. 切刀;4. 塞杆;5. 瓶子。

（五）封蜡机构与封口机构

封蜡机构是将药瓶加盖软木塞后，为防止吸潮，用石蜡将瓶口封固的机械，包括熔蜡罐及蘸蜡机构。熔蜡罐是利用电加热使石蜡熔化并保温的容器；蘸蜡机构利用机械手将输瓶轨道上的药瓶（已加木塞的）提起并翻转，使瓶口朝下并浸入石蜡液面一定深度（2~3 mm），然后再翻转到输瓶轨道前，将药瓶放在输瓶轨道上。

用塑料瓶装药物时，由于塑料瓶尺寸规范，可以采用浸树脂纸封口，利用模具将胶模纸冲裁后，经加热使封纸上的胶软熔。届时，输瓶轨道将待封药瓶送至压辊下，当封纸带通过时，封口纸粘于瓶口上，废纸带自行卷绕收拢。

（六）拧盖机

主要用于玻璃瓶和PEP瓶的螺纹盖。拧盖机是在输瓶轨道旁设置机械手，将到位的药瓶抓紧，由上部自动落下扭力扳手，先衔住送盖机械手送来的瓶盖，再快速将瓶盖拧在瓶口上，当旋拧到一定松紧时，扭力扳手自动松开，并回升到上停位。当轨道上没有药瓶时，机械手抓不到瓶子，扭力扳手不下落，送盖机械手也不送盖，直到机械手抓到瓶子时，下一周期才重新开始。

四、自动制袋装填包装机

自动制袋装填包装机用于包装颗粒冲剂、片剂、粉状物料以及流体和半流体物料，具有直接用卷筒状的热封包装材料自动完成制袋、计量和填充、排气或充气、封口和切断等多种功能。其包装材料是由纸、玻璃纸、聚酯膜镀铝与聚乙烯膜复合而成的复合材料，并利用聚乙烯受热后的黏结性完成包装袋的封固功能。

自动制袋装填包装机按总体布局分为立式和卧式两类，按制袋的运动形式分为间歇式和连续式两类。

下面主要介绍在冲剂、片剂包装中应用广泛的立式自动制袋装填包装机的结构和工作原理。

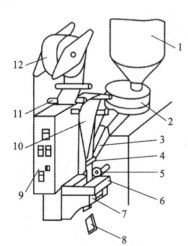

图 8-16 立式连续制袋装填包装机结构示意图

注：1. 料桶；2. 计量加料器；3. 落料溜道；
4. 折带夹；5. 挤压辊；6. 热压板；
7. 冲裁器；8. 成品药袋；9. 控制箱；
10. 包装带；11. 张紧辊；12. 包装带辊。

国内立式自动制袋装填包装机有立式间歇制袋中缝封口包装机、立式连续制袋三边封口包装机、立式双卷膜制袋和单卷膜等切对合成型制袋四边封口包装机。

立式自动制袋装填包装机有多种型号，适用于不同物料以及多种规格范围的袋型。但其外部及内部结构基本相似，以下介绍其共同的结构和包装原理。

典型的立式连续制袋装填包装机总体结构如图8-16所示。整机包括七个部分：传动系统、薄膜供送装置、袋成型装置、纵封装置、横封及切断装置、物料供给装置以及电控检测系统。

成卷的可热封的复合包装带通过两个带密齿的挤压辊拉伸，当挤压辊相对旋转时，包装带往下拉送。挤压辊间歇转动的持续时间，可依不同的袋长尺寸调节。平展的包装带经过折带夹时，于幅宽方向对折而形成袋状。折带夹后部与落料溜道紧连。每当一段新的包装带折成袋后，落料溜道里落下计量的药物。挤压辊可同时作为纵缝热压辊，此时热合器中只有一个水平

的热压板，当挤压辊旋转时，热压板后退一段微小距离。当挤压辊停歇时，热压板水平前移，将袋顶封固，又称横缝封固。如挤压辊内无加热器时，在挤压辊下方有另一对加热辊，单独完成

纵缝热压固封,之后在冲裁器处被水平裁断,一袋成品药袋落下。

该机器应用范围广泛,可配置不同形式的计量装置。当装颗粒药物及食品时,可用容积计量装置代替质量计量装置,如量杯、旋转隔板等容积计量装置。当装片剂、胶囊剂时,可选用旋转模板式计量装置。当装填膏状药物或液体药物时可用注射筒计量装置,还可用电子秤计量装置及电子计数器计量装置。

第三节 注射剂包装

经过灭菌且质量检验合格后,注射剂安瓿便可进行下一步的包装,也就是在瓶身上印药品通用名称、规格、产品批号、有效期等内容,并装盒加说明书等。目前我国注射剂的包装多采用机器与人工相配合的半机械化安瓿印包生产线,该生产线通常由开盒机、印字机、装盒开关机、贴签机等单机联动而成。印包生产线的流程如图 8-17 所示。

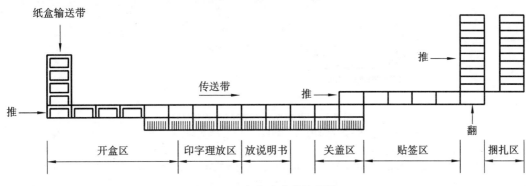

图 8-17 印包生产线流程图

通常 1～2 mL 安瓿印包生产线与 10～20 mL 安瓿印包生产线所用单机的结构不完全相同,但其工作原理是一致的。现以 1～2 mL 安瓿印包生产线为例,简要介绍主要单机的结构与工作原理。

一、开盒机

开盒机的作用是将一叠叠堆放整齐的空标准纸盒的盒盖翻开,以供储放印好字的安瓿。开盒机主要由输送带、光电管、推盒板、翻盒爪、弹簧片、翻盒杆等部件构成,其结构与工作原理如图 8-18 所示。

工作时,由人工将 20 盒一叠的空纸盒以底朝上、盖朝下的方式堆放于输送带上。输送带做间歇直线运动,带动纸盒向前移动。当纸盒被推送至图 8-18 所示的位置时,只要推盒板尚未动作,纸盒就只能在输送带上原地打滑。光电管的作用是检查纸盒的数量并指挥输送带和推盒板的动作。若光电管前无纸盒,则光电管发出信号,指挥推盒板将输送带上的一叠纸盒推送至往复推盒板前的盒轨中。往复推盒板做往复运动,而翻盒爪则绕自身轴线不停地旋转。往复推盒板与翻盒爪的动作是协调同步的,翻盒爪每旋转一周,往复推盒板即将盒轨中最下面的纸盒向前推移一只纸盒长度的距离。当纸盒被推送至翻盒爪位置时,旋转的翻盒爪与其底部接触,即对盒底下部施加一定的压力,使盒底打开。当盒底上部越过弹簧片高度时,翻盒爪已转过盒底并与盒底脱离,盒底随即下落,但盒盖已被弹簧片卡住。随后,往复推盒板将此状态的纸盒推送至翻盒杆区域。翻盒杆为曲线形结构,能与盒底的边接触并使已张开的盒口张大直至盒盖完全翻开。翻开的纸盒由另一条输送带输送至安瓿印字机区域。

NOTE

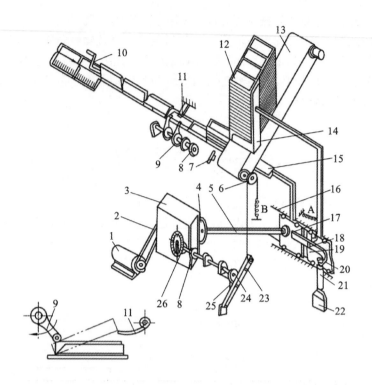

图 8-18　开盒机的结构与工作原理

注:1. 电机;2. 皮带轮;3. 变速箱;4. 曲柄盘;5. 连杆;6. 飞轮;7. 光电管;8. 链轮;9. 翻盒爪;10. 翻盒杆;
11. 弹簧片;12. 储盒;13. 输送带;14. 推盒板;15. 往复推盒板;16. 滑轨;17. 滑动块;18. 返回钩;19. 滑板;
20. 限位销;21. 脱钩器;22. 牵引电磁铁;23. 摆杆;24. 凸轮;25. 滚轮;26. 伞齿轮;A. 大弹簧;B. 小弹簧。

二、印字机

经检验合格的注射剂在装入纸盒前,需在安瓿上用油墨清楚地印上药品名称、产品批号、有效日期等,以确保使用安全。

安瓿印字机是在安瓿上印字的专用设备,该设备还能将印好字的安瓿摆放于已翻开盒盖的纸盒中。常见的安瓿印字机主要由输送带、安瓿斗、托瓶板、推瓶板和印字轮等组成,其结构与工作原理如图 8-19 所示。

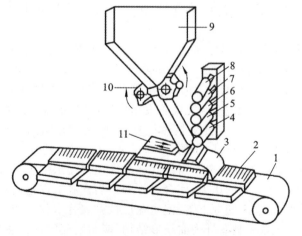

图 8-19　印字机结构与工作原理

注:1. 输送带;2. 纸盒;3. 托瓶板;4. 橡胶印字轮;5. 字模轮;6. 橡胶上墨轮;
7. 钢质轮;8. 匀墨轮;9. 安瓿斗;10. 拨瓶轮;11. 推瓶板。

安瓿斗与机架成25°倾角,底部出口外侧装有一对转向相反的拨瓶轮,其目的是防止安瓿在出口窄颈处被卡住,以使安瓿能顺利进入出瓶轨道。印字轮系统由五只不同功能的轮子组成。匀墨轮上的油墨经转动的钢质轮、橡胶上墨轮均匀地加到字模轮上,转动的字模轮又将其上的正字模印翻印到橡胶印字轮上。

工作时,橡胶印字轮、推瓶板、输送带等的动作均保持协调同步。在拨瓶轮的协助下,安瓿由安瓿斗进入出瓶轨道,落于镶有海绵垫的托瓶板上。此时,往复运动的推瓶板将安瓿推送至印字轮下,转动的印字轮在压住安瓿的同时也使安瓿滚动,从而完成安瓿印字的动作。此后,推瓶板反向移动,将另一支待印字的安瓿推送至托瓶板上,推瓶板再将它推送至橡胶印字轮下印字,印好字的安瓿从托瓶板的末端落入输送带上已翻盖的纸盒内。此时一般再由人工将盒中未放整齐的安瓿摆放整齐,并按要求放上一张说明书,最后盖好盒盖,并由输送带输送至贴签机区域。

由于安瓿与印字轮滚动接触只占其周长的1/3,故所有字必须在小于1/3安瓿周长范围内分布。通常安瓿上需印有三行字,其第一行、第二行是厂名、剂量、商标、药名等内容,是用钢板排定固定不变的。第三行是药品的批号,则需使用活版铅字,准备随时变动调整,这就使字轮的结构十分复杂且需紧凑。

使用油墨印字的缺点是容易产生糊字现象。控制字轮上的弹簧强度要适当,才能保证字迹清晰。同时油墨的质量也十分重要。

三、贴签机

贴签机的作用是在每只装有安瓿的纸盒盒盖上粘贴一张预先印制好的产品标签。贴签机主要由推板、挡盒板、胶水槽、上浆滚筒、真空吸头和标签架等组成,其结构与工作原理如图8-20所示。

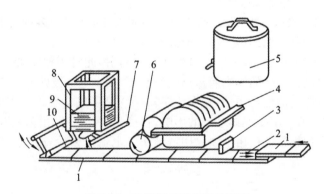

图 8-20　贴签机结构与工作原理
注:1.纸盒;2.推板;3.挡盒板;4.胶水槽;5.胶水储槽;
6.上浆滚筒;7.真空吸头;8.标签架;9.标签;10.压辊。

《药品说明书和标签管理规定》

工作时,由印字机传送过来的纸盒被悬空的挡盒板挡住。当推板向右运动时,将空出一个盒长使纸盒落于工作台面上。工作台面上的纸盒首尾相连排列。因此,当往复推板向左运动时会使工作台上的一排纸盒同时向左移动一个盒长。当大滚筒在胶水槽内回转时,即可将胶水带起,并经中间滚筒将胶水均匀涂布于上浆滚筒的表面。上浆滚筒与其下的纸盒盒盖紧密接触,而将胶水滚涂于盒盖表面。涂胶后的纸盒继续向左移动至压辊下方进行贴签。贴签时,真空吸头和压辊的动作保持协调同步。当真空吸头摆至上部时可将标签架上最下面的一张标签吸住,随后真空吸头向下摆动将吸住的标签顺势拉下。同时,另一个摆动的压辊从一端将标签压贴在盒盖上,此时真空系统切断,而推板推动纸盒继续向左运动,压辊的压力将标签从标签架中拉出并将其滚压平贴于盒盖上。至此,一次贴签操作完成,随后开始下一个贴签循环。

传统工艺是用胶水将标签粘贴于盒盖上,目前大多已采用不干胶代替胶水,并将标签直接印制在反面有胶的胶带纸上。印制时预先在标签边缘处划上剪切线,因胶带纸的背面贴有连续的背纸(即衬纸),故剪切线不会导致标签与整个胶带纸分离。采用不干胶贴签时贴签机的工作原理如图8-21所示。印有标签的整盘不干胶装于胶带纸轮上,并经多个张紧轮引至剥离刃前。背纸的柔韧性较好,并已被预先引至背轮上。当背纸在剥离刃上突然转向时,刚度大的标签纸仍保持前伸状态,并被压签滚轮压贴到输送带上不断前移的纸盒盒盖上。背纸轮的缠绕速率与输送带的前进速率保持协调同步。随着背纸轮直径的增大,其转速应逐渐下降。

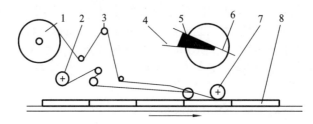

图8-21 不干胶贴签机工作原理

注:1. 胶带纸轮;2. 背纸轮;3. 张紧轮;4. 背纸;5. 剥离刃;6. 标签纸;7. 压签滚轮;8. 纸盒。

已印好的标签在使用前还需专门打印批号和药品失效期,所以还需用标签印字机,其功能和结构同安瓿印字机,只是印字位置不必像安瓿那样准确,之前的输送比安瓿麻烦一些,在此不再介绍。除此之外,还有纸盒捆扎机或大纸箱封箱设备等,这里也不再一一赘述。

四、喷码机

喷码机在制药行业包装工艺上的应用越来越广泛。喷码机的作用是将所有设定的文字、数字等喷印在药品包装纸盒或纸箱上,避免贴签造成的不利因素,从而提高生产效率。下面以CCS-L型连续式喷码机为例简略介绍。

CCS-L型连续式喷码机可喷印32点阵的高品质文字,适用于多种工业(如食品业、饮料业、卷纸业、家用化工用品与制药行业等),能满足不同的喷印要求。

喷印原理:如图8-22所示,加压过的印墨从喷嘴喷射,此时依据所加一定周波数的振动,使其形成安定的印墨滴。产生的印墨滴根据喷印数据,在带电电极处充电,带电的印墨滴按各自的带电量在偏向电极的静电场中偏向,在印字对象物上形成文字。不需要印字的印墨滴因在带电电极处不带电,所以不受偏向电极的影响,直接飞入导墨嘴,由回收泵回收,用于再次印字。设在带电电极旁的检知电极用于测出印墨滴所带电荷量来检查带电量是否正常,从而判断印墨滴的生产是否正常。

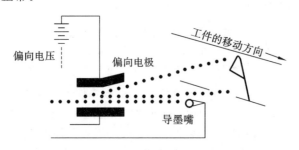

图8-22 连续式喷码机喷印原理

喷码机主要由CCS主机、触摸屏、喷头和喷头电缆组成。CCS主机驱动控制喷头的电子电路和向喷头供给印墨的墨循环系统,触摸屏进行印字内容的编辑和印字条件的设定,喷头是向喷印物件喷印文字的部件,喷头电缆是连接喷头和主机的部件。

CCS-L型连续式喷码机为防止喷嘴部的印墨干固化,在运行终止时采用了导墨嘴密封喷嘴的自动喷嘴密封机构。

本章小结

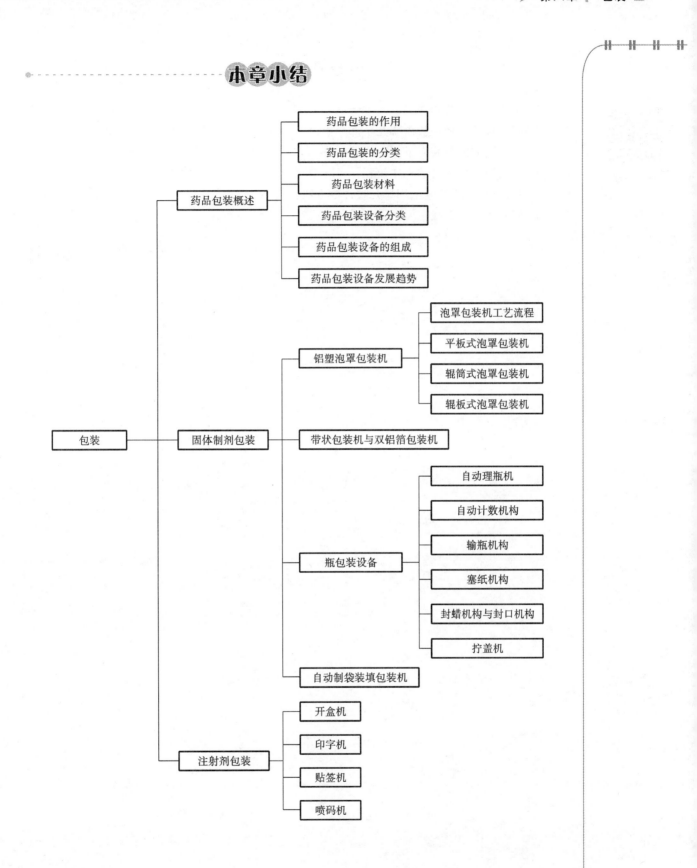

药品包装的作用
药品包装的分类
药品包装材料
药品包装设备分类
药品包装设备的组成
药品包装设备发展趋势

药品包装概述

泡罩包装机工艺流程
平板式泡罩包装机
辊筒式泡罩包装机
辊板式泡罩包装机

铝塑泡罩包装机

包装

固体制剂包装

带状包装机与双铝箔包装机

自动理瓶机
自动计数机构
输瓶机构
塞纸机构
封蜡机构与封口机构
拧盖机

瓶包装设备

自动制袋装填包装机

开盒机
印字机
贴签机
喷码机

注射剂包装

NOTE

参考答案

思考与练习

1. 试述药品包装的作用。
2. 药品包装机械一般由哪几个部分组成?
3. 固体制剂的包装有哪几种主要形式?
4. 说明泡罩包装机的工作流程。
5. 片剂包装中,可以采用哪几种计数方法?
6. 安瓿包装生产线主要由哪些设备组成?

(邱婧然)

 NOTE

参 考 文 献

[1] 郭文峰,丁晓红.我国制药机械行业的现状与发展趋势[J].药学研究,2014,33(10): 607-608.

[2] 曹珣,沈启雯,梁毅.浅谈国外制药设备最新发展趋势[J].机电信息,2016(8):51-57.

[3] 白鹏.制药工程导论[M].北京:化学工业出版社,2003.

[4] 宋航.制药工程技术概论[M].北京:化学工业出版社,2006.

[5] 姚日生.制药工程原理与设备[M].北京:高等教育出版社,2007.

[6] 周长征,李学涛.制药工程原理与设备[M].2版.北京:中国医药科技出版社,2018.

[7] 张卫红,李为民.化学反应工程[M].3版.北京:中国石化出版社,2020.

[8] 袁其朋,梁浩.制药工程原理与设备[M].2版.北京:化学工业出版社,2018.

[9] 王志祥.制药工程原理与设备[M].3版.北京:人民卫生出版社,2016.

[10] 王德平,张复兴,朱小明.苯佐卡因合成实验方法的改进[J].广东化工,2016,43 (7):220.

[11] 曾令康,冯菊红,曹燕丽,等.抗前列腺癌药恩杂鲁胺的研究进展[J].武汉工程大学学报,2015,37(9):11-17.

[12] 郭玉蕾,唐亮,孙瑞强,等.高通量微型生物反应器的研究进展[J].中国生物工程杂志,2018,38(8):69-75.

[13] 贾士儒.生物反应工程原理[M].4版.北京:科学出版社,2020.

[14] 陈国豪.生物工程设备[M].北京:化学工业出版社,2007.

[15] 刘晓兰.生化工程[M].北京:清华大学出版社,2010.

[16] 元英进.制药工艺学[M].北京:化学工业出版社,2011.

[17] 郭立玮.中药分离原理与技术[M].北京:人民卫生出版社,2010.

[18] 李小芳.中药提取工艺学[M].北京:人民卫生出版社,2014.

[19] 张珩,万春杰.药物制剂过程装备与工程设计[M].北京:化学工业出版社,2012.

[20] 周长征.制药工程原理与设备[M].北京:中国医药科技出版社,2015.

[21] 张洪斌.药物制剂工程技术与设备[M].北京:化学工业出版社,2010.

[22] 曹光明.中药制药工程学[M].北京:化学工业出版社,2007.

[23] 班玉凤,朱静,朱海峰,等.反应与分离过程[M].北京:中国石化出版社,2012.

[24] 宋航.制药分离工程[M].上海:华东理工大学出版社,2011.

[25] 薛昊,刘亚婧,刘冠,等.曲唑酮有关物质的合成及鉴定[J].中国药物化学杂志,2016,26 (4):330-332.

[26] 张龙,王淑娟.绿色化工过程设计原理与应用[M].北京:科学出版社,2018.

[27] 滕怀华,林成彬,王斌.应用三级分离技术改造褐藻酸钠传统工艺[J].山东化工,2013, 42(12):126-129.

[28] 罗兰多·M.A.罗克-马勒布.纳米多孔材料内的吸附与扩散[M].史成喜,白书培,译. 北京:国防工业出版社,2018.

[29] 佐田俊胜.离子交换膜:制备,表征,改性和应用[M].汪锰,任庆春,译.北京:化学工业

出版社,2015.

[30] 王方.现代离子交换与吸附技术[M].北京:清华大学出版社,2000.

[31] 田亚平.生化分离原理与技术[M].2版.北京:化学工业出版社,2020.

[32] 张爱华,王云庆.生化分离技术[M].2版.北京:化学工业出版社,2020.

[33] 陈欢林,张林,吴礼光.新型分离技术[M].3版.北京:化学工业出版社,2020.

[34] 付晓玲.生物分离与纯化技术[M].北京:科学出版社,2012.

[35] 胡永红,刘凤珠,韩曜平.生物分离工程[M].武汉:华中科技大学出版社,2015.

[36] 刘承先.流体输送与非均相分离技术[M].2版.北京:化学工业出版社,2014.

[37] 陶永清.生物工程下游技术之分离与纯化[M].北京:中国水利水电出版社,2019.

[38] 陈国豪.生物工程设备[M].北京:化学工业出版社,2007.

[39] 王湛,王志,高学理.膜分离技术基础[M].3版.北京:化学工业出版社,2019.

[40] 杨维慎,班宇杰.金属-有机骨架分离膜[M].北京:科学出版社,2018.

[41] 陈翠仙,郭红霞,秦培勇.膜分离[M].北京:化学工业出版社,2017.

[42] 崔福德.药剂学[M].7版.北京:人民卫生出版社,2020.

[43] 刘落宪.中药制药工程原理与设备[M].北京:中国中医药出版社,2010.

[44] G.阿尔德勃,C.尼斯特伦.药物粉体压缩技术[M].崔福德,译.北京:化学工业出版社,2008.

[45] G.C.科尔.制药生产设备应用与车间设计[M].2版.张珩,万寿杰,译.北京:化学工业出版社,2008.

[46] 王沛.中药制药工程原理与设备[M].北京:中国中医药出版社,2013.

[47] 伍善根.当前国外压片机及压片技术的创新与研究[J].医药工程设计,2007,28(1):46-50.

[48] 王志祥.制药工程学[M].3版.北京:化学工业出版社,2015.

[49] 朱宏吉,张明贤.制药设备与工程设计[M].2版.北京:化学工业出版社,2011.

[50] 薛大全,洪怡,肖学成.药物制剂新技术与新药研发[M].武汉:华中科技大学出版社,2016.

[51] 王立江.制药用水质量标准及制备系统技术的探讨[J].中国医药工业杂志,2018,49(9):1230-1238.

[52] 张明,萧惠来.EMA与我国不同用途制药用水质要求的对比分析[J].药物评价研究,2019,42(5):815-821.

[53] 郭强,谢佳,王小明.制药用水水质及其使用[J].化学工程与装备,2019(3):215-218.

[54] 张忍虎.注射剂过滤除菌的风险控制[J].中国医药生物技术,2018,13(3):286-287.

[55] 杨灿,杨玉军,艾庆蕊,等.注射剂灭菌工艺的探讨研究[J].山东化工,2020,49(6):105-106.

[56] 谢纪珍,冯巧巧,刘军田,等.化学药品注射剂灭菌工艺选择及工艺验证常见问题探讨[J].药学研究,2018,37(6):370-372.

[57] 谢淑俊.药物制剂设备(上册)[M].北京:化学工业出版社,2005.

NOTE